冲刺高薪Offer

Java通用架构方案及面试指南

吴晓勇 梁建全 编著

人民邮电出版社
北京

图书在版编目（CIP）数据

冲刺高薪Offer : Java通用架构方案及面试指南 / 吴晓勇，梁建全编著. -- 北京 : 人民邮电出版社，2024.6

ISBN 978-7-115-63615-7

Ⅰ. ①冲… Ⅱ. ①吴… ②梁… Ⅲ. ①JAVA语言一程序设计一指南 Ⅳ. ①TP312.8-62

中国国家版本馆CIP数据核字(2024)第021956号

内 容 提 要

本书旨在帮助 Java 求职者在面试中脱颖而出，内容涵盖 Java 通用架构方案的多个关键主题，如微服务架构、高性能架构、高可用架构、高并发架构、分布式原理和分布式缓存等。本书的特点在于，它将互联网领域的名企、大厂的面试问题与实际案例相结合，对面试问题和面试官的心理进行深度剖析，并将面试问题的相关解答和相应技术点详细展开，以帮助读者全面理解相关概念和技术，并能在面试和实际工作中灵活应用。

通过学习本书，读者可以深入了解名企、大厂的实际案例和相关问题的解决方案。书中总结的一些宝贵经验将有助于读者在面试中表现得更加出色，增加成功的机会，斩获高薪 Offer，并提升自己的实际工作能力。读者无论是要做好面试准备还是要适应实际工作需求，都能从本书中获益。

◆ 编　　著　吴晓勇　梁建全

责任编辑　李永涛

责任印制　王　郁　胡　南

◆ 人民邮电出版社出版发行　　北京市丰台区成寿寺路 11 号

邮编　100164　　电子邮件　315@ptpress.com.cn

网址　https://www.ptpress.com.cn

固安县铭成印刷有限公司印刷

◆ 开本：700×1000　1/16

印张：16.5　　2024 年 6 月第 1 版

字数：266 千字　　2024 年 6 月河北第 1 次印刷

定价：69.90 元

读者服务热线：(010)81055410　印装质量热线：(010)81055316

反盗版热线：(010)81055315

广告经营许可证：京东市监广登字 20170147 号

前言

PREFACE

本书致力于帮助读者在求职过程中成功获得高薪职位，同时提升技术及架构方面的专业能力。书中不仅涵盖了丰富的理论知识，还整合了大型企业的实际案例和实践经验，以帮助读者在面试过程中脱颖而出，并提升个人工作能力。

本书将面试问题、理论知识与实践经验相结合，为每个主题提供常见面试问题的解答思路和详细答案。此外，还对扩展内容进行了详细阐述，以帮助读者更深入地理解知识点，并将其应用于面试场景和实际工作中。

本书不仅指导读者如何回答面试问题，还深入剖析了面试官的心理。通过了解面试官的期望和评判标准，读者可以更有效地准备面试，并尽可能给出准确、全面的回答，从而成功获得高薪工作机会。

本书以大型企业实际案例和相关问题的解决方案为基础，帮助读者将理论知识与实践应用相结合，全面掌握Java通用架构方案，从而在面试和工作中取得更好的成绩。

本书分为6章，各章内容简要介绍如下。

- 第1章、微服务架构：深入探讨微服务架构的相关内容，重点剖析在面试中经常出现的热点问题，如微服务的痛点、高可用的微服务设计、服务的拆分标准，以及微服务之间的通信模式。
- 第2章　高性能架构：探讨构建高性能架构的核心技术方案，重点解析面试中常见的疑问，如应对高并发读取需求的方法、设计高性能读服务的策略，以及确保数据一致性的手段。
- 第3章　高可用架构：详细介绍构建高可用架构的原则和实践，关注面试中的常见问题，如处理海量数据写入问题的方法、设计高可用查询方案的技巧。
- 第4章　高并发架构：重点讨论设计高并发架构的关键概念和技术，关注面试中的常见问题，如应对高并发场景挑战的方法、设计高可用秒杀服务的策略。

- 第5章　分布式原理：重点介绍分布式系统的原理，关注面试中的常见问题，如CAP理论、分布式事务一致性、锁的实现原理等。
- 第6章　分布式缓存：重点讨论分布式缓存的设计和应用，关注面试中常见的问题，如设计高可用的缓存策略、选择合适的缓存模式和组件，以及处理缓存一致性的方法。

为了进一步加强对读者学习和能力提升的支持，我们强烈推荐您访问“架构驿站”在线教育平台。该平台提供了与本书内容相关的在线课程，将有助于您更深入地学习和应用架构知识。通过这些课程的学习，您将获得更多的实践经验和技巧，从而为您的面试和职业发展提供更全面的支持。

此外，我们诚挚地邀请您关注我们的微信公众号——西二旗程序员。在该公众号中，我们将定期分享行业内最新的技术动态、面试技巧和实战经验。我们致力于为您带来有关面试资料、架构设计和实际项目中的优质实践案例等内容，以帮助您在职业道路上持续成长。

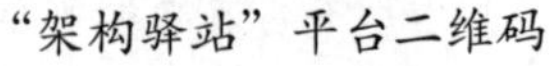

“架构驿站”平台二维码

“西二旗程序员”微信公众号二维码

感谢您选择了本书。我们期望通过对本书的学习，以及您对“架构驿站”在线教育平台和“西二旗程序员”微信公众号的利用，能有利于您在Java求职面试中的表现，从而获得心仪的高薪职位，并在职业生涯中不断取得卓越成就。

梁建全　吴晓勇

2023年10月

目录

CONTENTS

第1章 微服务架构

1.1 面试官：使用微服务的痛点有哪些？

相信很多求职者在面试时碰到这个问题都会感到困惑，因为我们通常讨论的都是微服务的各种好处，比如敏捷开发、可扩展性、灵活性和独立性等，很少会碰到关于使用微服务的痛点的问题。

然而，恰恰是通过讨论微服务的痛点，才能展现候选人对微服务架构的丰富实践经验和深入思考的能力。在面试中，这样做会给面试官留下深刻印象，表明候选人对微服务架构有着全面的理解。

在微服务架构实际落地的过程中，我们经常会碰到如下痛点。

（1）微服务的拆分难题。

微服务架构的核心思想是将应用程序拆分为一组独立的服务进行“分而治之”，每个服务专注于解决一个特定的业务问题。因此，在进行微服务开发时，首要难题是如何拆分微服务并确定其职责划分。

（2）如何把握微服务拆分粒度。

如何把握微服务的拆分粒度是一个复杂的决策，如果将微服务拆分得过粗，每个服务包含了过多的功能和模块，会导致团队在进行版本迭代时受到限制。一个小的变动都可能导致重新构建和部署整个服务；如果将微服务拆分得过细，导致服务之间的通信频繁增加，会大幅度增加网络延迟和人力成本。

（3）认不清微服务整体架构的全貌。

由于微服务架构的复杂性和分散性，要了解整体架构的全貌会变得异常困难，每个开发团队或个人只能看到系统中自己负责的微服务的那部分，无法全面了解整体架构。这种局部视角会导致对整体系统交互和依赖关系的理解不完整或片面。

（4）重复代码多，冗余度高。

在微服务架构中，大量重复的代码是一个常见的痛点，尤其是当微服务数量增多时，代码的重复性会显著增加。重复的代码意味着当需要进行更改或优化时，需要在多个服务中进行相同的修改。出现问题并不可怕，可怕的是没有发现问题，重复代码就是这种情况。重复代码通常是零散分布在不同的微服务中，而不是集中在一个可复用的库或模块中。这使得其他开发人员难以发现和复用这些代码，导致了代码复用的难度和低效性。

（5）需要更多服务器，资源耗费量大。

微服务架构中的每个微服务都需要独立部署，每个微服务都拥有自己的数据库或存储实例，相比于传统的单体应用，微服务架构需要更多的服务器资源。此外，微服务架构还需要引入许多外部组件来实现可视化和治理工作。例如，为了监控和管理微服务的性能、可用性和健康状况，需要引入监控工具，如Prometheus、Grafana等。为了实现服务发现和负载均衡，需要使用服务注册与发现工具，如Nacos、Eureka等。此外，为了实现请求路由、API管理和安全认证等功能，还需要使用API网关工具，如Kong、Gateway等。通过引入这些外部组件，微服务架构能够更好地实现对微服务的可视化管理和运维工作，但也增加了架构复杂性和对服务器资源的需求。

（6）地狱般的分布式事务控制。

分布式事务是微服务架构中的一个技术挑战，与传统的单体架构不同，一个简单的下单流程需要协调多个服务才能完成。如何在确保用户体验的情况下保证所有服务要么一起成功要么一起回滚，是一个具有地狱级难度的问题。

（7）服务间关系复杂，理不清的服务依赖。

理不清的服务依赖同样也是一个棘手的问题。组成微服务架构中的每个服务都可能对其他服务进行调用，随着业务愈发复杂和微服务数量的大幅增加，服务之间的依赖关系变得异常难以管理，调用关系变得像迷宫一样，难以追踪和理解。在这种错综复杂的依赖关系下，一旦出现问题，很难快速定位和解决，而且一个微服务的变更可能会影响到其他多个微服务的正常运行，进而引发连锁反应。由于服务之间的交互错综复杂，即使是微小的调整也存在导致严重后果的风险。

在一个微服务项目中，影响项目排期的往往不是技术问题，而是第三方依赖问题，毕竟人往往比技术更不稳定。微服务项目中的每个服务通常需要依赖多个上下游或外部服务，这些依赖的可用性、稳定性和性能都不在服务团队的直接控制范围内。如果第三方依赖出现问题，如服务中断、性能下降、未开发完成等，有可能会导致项目排期受阻。

（8）多个服务集成测试，联调痛苦不堪。

每次联调对于技术团队都是一次考验。使用单体架构时，每个开发人员都可以在本地将整个系统部署完后再进行调试，此时部署方式非常简单。但是迁移到微服务后，每个项目动辄涉及几十个微服务。这时，如果要求开发人员在本地部署完这几十个微服务后再进行联调，根本无法实现。先不说内存是否足够，就算内存足够，任何一个开发人员都不可能熟悉几十个微服务的部署。

（9）服务部署难度大，每次部署都要“扒层皮”。

微服务的部署难度可以类比为造船厂将多个零件组装成一艘巨轮，一艘巨轮需要大量的零件，微服务架构也是由多个微服务和很多基础组件或系统构成，而每个微服务自身也非常复杂，通常包含多个模块、库、配置文件和依赖项，这些“零件”需要正确地组装在一起才能使整个系统正常运行。造船厂将零件组装在一起时需要考虑它们的互连性和协作关系，以确保船只的功能完整和协调。类似地，微服务架构中的每个微服务也需要与其他微服务进行通信和协作，以确保微服务之间的互操作性和无缝集成。

分析了上述开发微服务项目的痛点之后，我们就可以整理思路，解答面试官的问题。下面将上述痛点展开讲解。

1.1.1 微服务的拆分难题

微服务架构的核心思想是将一个复杂的应用系统拆分为多个独立的微服务，每个微服务负责特定的业务功能。所以在微服务项目开发中，微服务的拆分是一个非常重要的决策，直接影响到系统的可扩展性、灵活性和独立部署性。

然而微服务的拆分并不是一项简单的任务，为什么呢？因为目前就微服务拆分而言，没有一个绝对统一的标准。不同的企业、不同的技术团队、不同的业务场景都会演化出不同的服务结构，没有哪种服务拆分方式是绝对正确的。

微服务项目在进行拆分时的难点如下。

（1）领域知识和业务复杂性。

微服务架构通常应用于处理复杂的业务场景。在这个大前提下，不同领域知识和业务规则交织在一起，因此深入了解业务领域知识是微服务拆分的基础。

开发团队通常专注于技术领域的钻研，他们擅长用技术解决业务问题，而对于业务领域的深入了解，通常需要由业务专家或领域专家提供。技术领导者通常也不会在业务领域方面拥有深入的知识，毕竟技术领导者的职责是指导和管理技术团队，确保技术方案的实施和项目的成功，虽然他们需要具备一定的业务理解，但他们的专长通常更加专注于技术和团队管理方面。

微服务的拆分需要明确定义不同的子领域，了解业务实体、关系和流程，以明确定义服务边界。这就要求开发团队必须在对业务有全面理解的基础上，才能够有效地进行微服务的拆分。在进行微服务拆分时，开发团队需要与业务专家或领域专家进行合作，确保微服务的拆分是基于准确的业务理解和需求。这种跨职能团队的协作需要克服领域知识和业务复杂性所带来的挑战。

（2）微服务边界的确定复杂。

确定微服务的边界是微服务拆分的核心工作，但是确定微服务边界是一个复杂的任务，需要综合考虑多个因素，并涉及多个团队和利益相关者之间的合作和协商。由于微服务的边界涉及业务功能的职责划分、数据关系、服务之间的依赖关系以及未来的扩展性等方面，不同团队和利益相关者可能对于微服务边界的理解存在差异，这就导致难以达成一致意见。

（3）数据管理和一致性的挑战。

微服务架构中的每个微服务都拥有自己的本地数据库，这种设计原则带来的好处是每个微服务都可以独立地管理和维护自己的数据，使得微服务之间的耦合度较低，提高了系统的可伸缩性和独立性。但这种设计是把双刃剑，当将单一的单体应用程序拆分成多个微服务时，会导致数据的分散和拆分，一个业务场景中的数据会存储在不同的微服务中，数据的管理会变得复杂，分布式事务的处理也会变得复杂，需要不同的微服务协同工作才能保证数据的一致性，这涉及多个事务参与者，涵盖了跨多个微服务的操作。

不同的微服务在很多场景中需要访问和修改相同的数据，由此带来的是数据在同步时的延迟和不一致问题。确保数据在各个微服务之间保持同步时的一致性，需要非常复杂的设计，特别是在高负载和大规模的情况下。

（4）服务间通信和协作的复杂性。

在微服务架构中，各个微服务是相互独立的，需要通过网络进行通信。所以在进行微服务项目开发时需要确定适合的通信方式、通信协议以及接口设计，以确保微服务之间的有效交互。选择适当的通信方式对于满足业务需求至关重要。有的场景中需要同步通信，而有的场景中异步通信可能更合适。这就需要基于业务需求和性能进行综合考量。

此外，接口设计也是一个复杂的任务。微服务之间的接口必须定义清晰，以确保数据的有效传输和正确性。接口的变更很有可能会对多个微服务产生影响，这就需要丰富的经验才能进行兼容和扩展性的设计。

（5）团队能力和组织架构的限制。

微服务的拆分要求开发团队具备相应的技术能力和经验，而有些开发团队会在这些方面存在技术限制，缺乏必要的知识和经验，或者在采用新技术和工具方面遇到困难。此外，组织架构也会对微服务的拆分和实施产生影响，传统的组织结构和开发流程并不适合微服务的需求。微服务通常需要敏捷和跨职能的团队协作，才能更快地响应需求变化和故障处理。但是组织结构的改变是一个复杂的过程，需要面对时间、资源及内部政治和技术差异等挑战。

综上所述，微服务的拆分是一个复杂的任务，涉及多个因素的综合考虑，没有一个绝对正确的拆分方式，关键是根据团队能力、业务场景、组织架构等因素来进行合理的拆分。在实践中，需要灵活应对，并根据实际情况进行调整和迭代。

关于微服务拆分的原则和策略将在1.3.1小节和1.3.2小节讨论。

1.1.2 如何把握微服务拆分粒度

当考虑微服务拆分的粒度时，存在以下挑战和痛点，需要仔细权衡各种因素。

- 功能耦合和耦合度高：如果微服务的粒度设置得过粗，多个相关功能被放在一个微服务中，会导致功能之间的糅合和内部耦合度过高，微服务内部会变得复杂，功能之间的交互不够清晰，难以独立管理和维护。

- 微服务众多和管理复杂：如果微服务的粒度划分得过细，系统中将涌现大量微服务。这会带来管理和部署的复杂性问题。每个微服务都需要独立部署和维护，团队需要投入更多的精力来管理微服务的生命周期。
- 性能开销：粒度过细的微服务之间会频繁通信，增加系统的性能开销。微服务间的通信会引入网络延迟和额外的负载，对系统性能产生负面影响。
- 跨微服务调用复杂性：微服务架构中，微服务之间需要进行跨微服务调用。如果微服务数量众多，调用链会变得非常复杂，涉及多个微服务的嵌套调用，增加调试和故障排除的难度。
- 数据管理问题：微服务拆分通常伴随着数据的分散，数据存储在不同的微服务中，而数据的同步和一致性变得复杂，维护一致性的挑战会变得更加明显，特别是在分布式系统中。
- 团队自治受限：当系统被过度微服务化时，团队需要处理大量微服务之间的依赖关系，面对复杂的微服务依赖性和协调工作。有可能导致需求的实现延迟，增加协调和合作的需求，对项目的排期和交付时间产生负面影响。
- 不合理的复用：不合理的复用是微服务架构中的一个潜在问题。如果微服务的粒度划分得不当，很有可能导致相似的功能在不同的微服务中重复开发，缺乏复用性。这会增加维护的成本，还可能导致代码冗余和不一致等问题。

综上所述，在微服务的拆分粒度上，需要谨慎权衡功能独立性、业务需求、性能要求和团队能力等多个因素。这个过程需要不断地迭代和优化，以适应具体项目的需求。微服务拆分不是一个单一的标准，需要根据实际情况和项目目标进行调整和决策。

“Two-Pizza Teams”是亚马逊提出的一种微服务组织原则，“Two-Pizza Teams”组织原则的理念是，一个团队的规模应该保持在可以用两个披萨让所有成员吃饱的程度。这个原则强调团队的小而自治，以支持敏捷的开发和创新。亚马逊将其服务组织为众多小型团队，每个团队负责构建、部署和运营一个或多个微服务。这些团队通常由8到10个成员组成，他们负责整个服务的生命周期，包括设计、开发、测试和运维。每个团队都有独立的职责和目标，并通过明确的API接口与其他团队进行交互。

1.1.3 认不清微服务整体架构的全貌

微服务架构提供了灵活性和可维护性，但同时也带来了服务分散性和整体架构的复杂性。在编者之前参与的几个微服务项目中，应用程序由数十个甚至数百个微服务组成，这导致了整体架构的复杂性。

微服务架构中单个服务的独立性天然适合快速开发和迭代，但这也意味着架构的变更和演进周期更快。微服务的拆分、合并、新增、迭代都是常见的，导致架构变得动态和难以捉摸。

不同的微服务团队只能掌握自己所负责的服务，导致对整体架构的认知零碎化。整体架构通常是由多个微服务“拼凑”而成，每个微服务只关注自身的功能和接口，因此很难形成对整体系统的全局视图。

发现问题并积极寻找解决方案是团队成功落地微服务架构的关键因素之一。面对复杂性，需要一系列方法来管理和应对。

首先，建立清晰的系统架构图和服务地图。通过可视化工具展示整个架构的组成部分，包括各个微服务之间的依赖关系和数据流动，让团队成员能够理解系统的整体情况，快速定位问题。同时，利用服务注册与发现、API网关、监控和日志等技术，提供实时的系统状态和交互数据，跟踪和分析微服务的行为和性能，更好地管理复杂性。

其次，实施微服务治理机制。通过采用统一的命名规则、版本控制、接口文档和合约测试等方式，降低微服务的复杂性，促进团队之间的协作和沟通。此外，引入自动化的部署和测试流程能大幅减少人为错误和系统中断。

最后，定期进行系统审查和评估，并制定SOP（Standard Operating Process，标准操作规程）。通过监测和分析微服务的性能、可伸缩性和安全性，能够及时发现潜在问题并采取相应的措施。为了加强对整体系统的了解，鼓励团队成员进行合作和知识分享。同时，建议制定SOP来规范团队的工作流程和行为，以便通过制度改善整体系统的运作。

尽管微服务架构带来了一些挑战，但通过适当的方法和实践，能够有效地应对这些挑战。关键在于要意识到微服务的复杂性，以及采取适当的措施来管理和解决这些复杂性，以确保系统的高效性和稳定性。

1.1.4 重复代码多，冗余度高

在微服务项目开发中，重复代码多是一个常见的痛点。作为一个优秀的开发者，光知道重复代码多是远远不够的，还需要知道为什么在微服务项目中重复代码多，以及重复代码多带来的问题和解决重复代码多的方案。

（1）为什么在微服务项目中重复代码多？

微服务的核心概念之一是服务的自治性，即每个微服务都可以独立运行，拥有自己的数据存储和业务逻辑。这就要求每个微服务具有自包含性，所以开发者通常会在每个微服务中重复编写一些通用的功能，如身份验证、日志记录和错误处理。

微服务架构允许开发团队选择最适合其需求的技术栈和编程语言。这导致了不同微服务可能使用不同的技术和语言，无法直接共享代码。因此相同的功能可能需要在不同技术栈和不同语言的微服务中重复编写。

微服务通常由不同的团队或开发者开发和维护。每个团队独立工作，使协作和代码共享比较困难，因此每个团队倾向于在其微服务中实现所需的功能，即使其他团队可能已经实现了类似的功能。

有些开发者喜欢自己重复“造轮子”，即重新实现已经存在的功能或库，而不是使用已有的解决方案。导致这种现象的原因有很多，不能一概而论。有些人觉得自己去实现某个功能，能深入理解其内部工作原理和实现细节，从而提高自己的技术水平；也有些人对自己的代码充满自信，觉得自己写的代码更好、更高效、更符合需求；还有些人对第三方类库存在依赖性和可靠性的考量，担心这些库的维护情况、更新速度、兼容性等，因此选择自己实现功能，以减少对外部因素的依赖。但无论是什么原因，其结果都是导致服务间的重复代码越来越多。

（2）重复代码多带来的问题。

重复代码分散在不同的微服务中，当需要进行修改、修复或升级时，开发者必须在多个地方进行操作。开发者需要确保对所有重复的代码进行同步更改，这增加了维护的复杂性。如果某个地方被遗漏或错误地更改了其中一个微服务中的代码，会导致不一致的行为和错误的结果。

重复代码在不同的微服务中进行相同的工作，如编写相同的验证逻辑、数据转

换或错误处理，是低效的工作。这些任务本可以在单个地方完成，但由于重复代码的存在，开发者被迫在多个微服务中重复相同的代码，导致效率下降。

重复代码块会导致代码库变得庞大而复杂，降低了代码库的可读性。开发者需要花费更多的时间和精力来理解和维护这些重复的代码，从而影响工作效率和代码的可维护性。

每个微服务都包含一些重复代码，会增加部署和测试的复杂性，每个微服务都必须单独部署和测试，增加了整体的工作量，还有可能引入部署和测试的错误。毕竟在软件开发领域，复杂性是万恶之源。

（3）解决重复代码多的方案。

架构设计的目标之一就是提高复用性，通过代码的重用、功能的重用、服务的重用和抽取中台等方式来实现。这种复用性的设计可以将通用的、重复的或核心的组件、功能和服务抽象出来，形成可独立使用的模块或中台服务，供整个系统或其他子系统复用。

通过代码的重用，开发人员可以将已经实现并经过测试的代码片段或模块应用于新的功能开发中，避免了重复编写相似的代码，这种重用可以采用面向对象编程中的最基本的继承、组合等机制，也可以通过库、框架、设计模式或开源项目来实现。

功能的重用意味着将独立的、可复用的业务功能进行抽象和封装，形成可供其他模块或系统调用的接口或服务。这样一来，其他模块或系统就无须重复实现相同的功能，而是通过调用已有的功能接口来完成相应的业务需求。这种重用可以通过服务化的方式来实现，比如将常用的功能封装为微服务，供其他模块通过API调用。

服务的重用是指将系统中的服务抽象出来，形成可独立调用和复用的服务。这些服务可以是基础服务，如身份验证、授权、日志记录等，也可以是专用的业务服务，如订单处理、支付服务等。通过将服务进行标准化和服务化的设计，其他模块或系统可以通过调用这些服务来满足自身的需求，避免了重复实现相同的功能。

中台的抽取是指将系统中的核心功能和共享功能抽取出来，形成一个独立的中台服务。这个中台服务提供通用的、高度复用的功能和服务，供整个系统或其他子系统共享和使用。中台的抽取可以帮助实现系统内部的解耦和模块化，提高系统的可维护性和可扩展性，同时也促进了团队之间的协作和资源共享。中国互联网大企业，包括阿里巴巴、腾讯、字节跳动和美团等，都在中台架构方面有成功的案例，如美团通过美团外卖、美团点评等中台的打造，实现了订单管理、支付和定位等核心功能的共享，提高了服务效率和用户体验。

实践中可以通过采用上述部分或全部的解决方案，减少微服务架构中重复代码的问题，降低代码维护的成本，提高开发效率，确保代码的一致性、复用性和可维护性。

1.1.5 需要更多服务器，资源耗费量大

微服务架构通常需要引入一系列基础设施组件来支持其运行和管理，包括网关、注册中心、配置中心、APM（Application Performance Management，应用程序性能监控）等。虽然这些组件在提供可靠性和可扩展性方面起到了作用，但它们也会占用服务器资源。每个组件或微服务都需要至少部署一个服务实例来运行，因此随着微服务数量的增加，所需的服务器资源也会相应增加。

微服务架构的核心思想是将系统拆分为多个小型服务，每个服务专注于特定的业务功能。每个服务都需要独立部署和运行，也都需要分配独立的服务器资源，包括计算资源、存储资源和网络资源等。这种情况在大型企业和复杂系统中尤其明显。过多的服务数量将导致服务器资源的分散和浪费。

为了确保系统的高可用性和负载均衡，微服务架构通常要求每个服务至少部署在两个节点上。这样一来，每个服务都需要至少两台服务器来支持其运行。当系统中的服务数量增加时，这些额外的服务器资源需求也会成倍增加。

微服务架构的一个重要优势是其可扩展性和弹性。当系统负载增加时，可以根据需要动态地扩展特定服务的实例数量。这种扩展性带来了额外的服务器资源消耗，因为每个新增的实例都需要一台服务器来支持。

虽然微服务架构的确带来了一些资源消耗的问题，但可以通过以下方法来缓解这些问题。

- 可以考虑将多个相对较小的服务部署在同一台服务器上，以减少服务器数量和资源消耗。这样能够节省硬件成本，并降低管理和维护的复杂性。然而，需要注意避免过度的耦合和性能瓶颈，确保服务之间的隔离性和互不干扰。
- 使用容器化技术可以更有效地利用服务器资源，实现更高的密度和资源共

享。通过将每个微服务打包到独立的容器中，可以更灵活地进行部署和扩展，同时最大限度地利用服务器的计算能力和存储空间。

- 定期进行容量规划和性能优化，以确保服务器资源的合理利用。通过监控和分析系统的负载情况，及时做出调整，根据需求进行扩展或缩减，避免资源短缺或浪费。
- 在引入额外的基础设施组件时，需要评估其对服务器资源的消耗，并权衡利弊。引入新的组件或服务会增加服务器资源的需求，因此需要仔细考虑其对整体架构和资源利用率的影响，确保增加的价值超过资源消耗。

综上所述，在设计微服务架构时，需要综合考虑服务数量、高可用性和负载均衡需求，并根据具体情况做出合理的决策，以最优化地利用服务器资源。

1.1.6 “地狱般”的分布式事务控制

微服务架构基于分布式系统，微服务以多个独立部署的服务形式存在。因此，事务涉及多个微服务的数据交互，导致事务的管理变得极其复杂。分布式事务需要协调不同服务之间的操作，确保它们要么全部成功，要么全部失败。这与单体应用中的本地事务处理方式截然不同。

因此，维护数据一致性在微服务架构中变得尤为棘手。由于数据分布在不同的微服务之间，确保数据的一致性变得更加复杂。即使使用两阶段提交（2PC）等协议来处理分布式事务，也难以避免可能出现的一致性问题。此外，2PC等协议引入了额外的性能开销和复杂性。为了提高性能和扩展性，有时需要在事务处理中放宽一致性要求，采用最终一致性或基于事件的模式，但这样的折中也增加了开发和维护的复杂性。

分布式事务的性能开销比较大。事务协调、锁定和资源管理需要更多的计算和网络通信。这会导致事务性能下降，尤其是在高负载情况下。这对于许多微服务架构来说是不可接受的。

事务的复杂性对系统的可维护性产生负面影响。在一个快速迭代的微服务环境中，每个微服务可能会频繁更新，可能会引入破坏性的更改，进一步加大了事务管理和调试的难度。

在分布式事务中，故障处理也是个问题。当涉及多个服务时，更有可能会发生故障，处理这些故障并保证数据一致性需要额外的工作。由于微服务架构的复杂性，发生故障并不是罕见的情况。当某个微服务发生故障或事务失败时，要能够正确地回滚和恢复事务状态。

微服务事务在分布式环境中引入了复杂性和性能问题，被形容为具有挑战性的“地狱般”任务。这些挑战迫使开发人员和架构师不断权衡一致性、性能和可维护性，以找到适合其特定微服务架构的解决方案。在本书的5.3节中，分享了一些常见的解决方案，用以处理分布式事务。

1.1.7 服务间关系复杂，理不清的服务依赖

微服务架构面临的一个挑战是服务之间复杂的依赖关系。在大规模的微服务系统中，存在数量庞大的服务依赖关系，这些关系可能是直接的、间接的、循环的，也可能跨越多个服务层级。这种复杂性给系统的设计、开发、测试和维护带来了许多挑战。以下是导致微服务依赖关系难以厘清的一些常见原因。

- 服务拓扑的不透明性：在复杂的微服务系统中，服务之间的依赖关系通常缺乏明确的文档或可视化图表来展示。开发人员需要通过查看代码、配置文件或与其他开发人员交流来了解服务之间的依赖关系，这增加了理解和维护系统的难度。
- 动态的服务发现和注册：微服务通常使用服务发现和注册机制来实现动态的服务调用。这意味着服务的位置和实例数量可能随时发生变化，导致服务之间的依赖关系难以跟踪和管理。
- 循环依赖和复杂的依赖路径：在微服务系统中，循环依赖是常见问题之一。当多个服务之间形成循环依赖时，很难确定服务的启动顺序和调用顺序，导致启动失败或死锁。此外，当依赖路径非常复杂时，跟踪和理解服务之间的依赖关系变得困难。
- 隐式依赖和难以察觉的副作用：某些服务之间的依赖关系可能是隐式的，即没有明确的接口或显式的调用关系。当一个服务的行为发生变化时，可能会对其他服务产生意想不到的影响，这些副作用很难被发现和解决。

为了应对微服务架构中复杂的依赖关系和难以厘清的问题，可以采取以下策略。

- 引入服务发现与注册工具。它可以帮助管理和发现微服务实例的位置和状态。然而，使用这样的工具也可能会遇到一些问题，比如配置复杂性、延迟和网络开销，以及一致性和同步等方面的挑战。但只要进行合理的配置和管理，就能够尽可能地规避这些问题。
- 打造显式定义和文档化依赖关系。在微服务的设计和开发过程中，要明确地定义和文档化服务之间的依赖关系。通过编写接口文档、定义API约定或采用其他适当的方式来实现。清晰的文档可以帮助开发者理解和管理服务之间的依赖。
- 要避免循环依赖。在微服务系统的架构设计中，尽量避免循环依赖的产生。如果已经存在循环依赖问题，可以通过重构微服务的代码，将循环依赖关系解开，将共享的功能抽取到独立的服务中，通过服务间的调用来实现功能复用，而不是直接相互引用；或者引入中间层，在存在循环依赖的微服务之间引入一个中间层，该中间层负责协调和处理微服务之间的通信，将循环依赖的关系转化为中间层与各个微服务之间的依赖关系，实现解耦；再有就是调整微服务边界，通过重新定义微服务的边界，将紧密相关的功能放在同一个微服务中，避免微服务之间产生循环依赖。
- 引入可观测性和监控机制。通过引入可观测性和监控机制，实时监测和收集微服务之间的调用关系和依赖关系，以便及时发现潜在的问题和副作用，并采取相应的措施解决。以下是一些常用的可观测性和监控机制。
  - 服务调用链追踪：服务调用链追踪机制可以跟踪和记录每个服务之间的调用路径和传递的数据，形成完整的服务调用链，以可视化的方式展示微服务之间的依赖关系。通过监控服务调用链，能够及时发现异常、延迟或错误的调用，并追踪到具体的服务或组件。
  - 指标监控：在各个微服务中添加监控指标，实时收集关键的性能指标和系统状态信息，常用指标包括服务的响应时间、吞吐量、错误率等。通过监控指标的变化和趋势，发现异常情况和潜在的问题。
  - 日志收集和分析：集中收集和分析微服务的日志信息，了解各个服务之间的交互和依赖关系。日志记录包括请求和响应的内容、错误信息、事件日志等。通过对日志进行分析，发现异常行为、错误情况或不正常的调用关系。

- 健康检查和容错机制：定期对微服务健康检查，监测服务的可用性和状态。如果发现某个服务不可用或异常，可以及时进行故障转移或容错处理。健康检查可以包括对服务的网络连通性、资源利用率、负载情况等进行监控。

1.1.8 多个服务集成测试，联调痛苦不堪

在微服务架构中，联调是指对多个微服务之间的集成进行测试，以验证它们在实际运行环境中是否能够正确地协同工作。虽然联调是确保整个微服务系统正常运行的重要步骤，但在实践中面临的挑战也比较多，举例如下。

- 依赖服务的可用性：在进行联调时，必须要确保所有依赖的微服务都是可用的。如果某个依赖的服务还没有开发完成或者环境没有准备好，那联调就会受阻。
- 联调环境的搭建和管理：为了进行联调，需要搭建一个包含所有相关微服务的联调环境。这涉及配置服务的依赖关系、网络连接、数据库设置等。搭建和管理联调环境需要时间和资源，才能确保环境的稳定性。
- 难以模拟和排查问题：在联调过程中，难免会遇到一些问题，如请求超时、数据传输错误等。由于微服务的分布式特性，问题有可能涉及多个服务间的交互，会大大增加问题排查的复杂性。此外，有时很难准确地模拟现实环境下的复杂情况，如高并发、网络延迟等，而导致无法发现潜在的性能问题或并发冲突。
- 维护和更新的挑战：在微服务架构中，微服务的部署和更新是频繁进行的。当某个微服务更新时，需要重新进行联调以验证其与其他微服务的兼容性和正确性。这对大规模的微服务系统来说是一项挑战，因为需要协调和管理多个微服务的版本和部署。

为了应对微服务架构中联调的痛点，可以采取以下策略。

（1）服务虚拟化和Mock技术。

使用服务虚拟化和Mock技术来模拟依赖服务的行为。通过创建虚拟的模拟对象或服务实例，减少对实际服务的依赖，从而更灵活地进行联调。Mock技术可以模拟依赖服务的响应，使得在联调过程中不受实际服务的可用性限制（如依赖服务

不可用或处于开发阶段）。

（2）契约测试。

契约测试是一种通过定义和验证服务之间的契约来确保它们的兼容性的方法。服务之间的契约定义了请求和响应的格式、参数、数据类型等约定。通过契约测试，可以验证服务是否按照契约的规定进行交互，并确保服务之间的兼容性。契约测试可以在开发和联调过程中起到规范和约束的作用，减少对实际依赖服务的依赖，同时提供更好的可靠性和稳定性。

（3）自动化部署和集成。

建立自动化的部署和集成流程，包括自动化构建、测试和部署，减少手动操作的错误。关于自动化部署和集成的一些经验介绍如下。

- 自动化构建：建立自动化构建流程，使用构建工具。如Maven、Gradle等，来编译、打包和生成可执行的服务部署包。通过自动化构建，确保构建过程的一致性和可重复性，减少构建过程中的错误。
- 自动化测试：使用自动化测试工具和框架，如JUnit、Selenium等，来编写和执行自动化测试用例。自动化测试可以覆盖服务的各个功能和边界情况，可以包括单元测试、集成测试和端到端测试等不同层次的测试。
- 持续集成（Continuous Integration，CI）：建立持续集成流程，使代码的集成和构建可以频繁地进行。通过使用持续集成工具，如Jenkins、Travis CI等，自动触发构建和测试过程，确保团队成员提交的代码能够及时地进行集成和验证。
- 持续交付（Continuous Delivery，CD）：将持续集成进一步扩展为持续交付，实现自动化的部署过程。通过持续交付，可以将构建通过不同的环境（开发、测试、生产）进行自动化部署，减少人工操作的错误，并缩短部署时间。
- 基础设施即代码（Infrastructure as Code，IaC）：使用基础设施即代码的概念，将基础设施的配置和部署过程也纳入自动化范畴。通过使用工具，如Terraform、Ansible等，可以定义和管理基础设施的配置，使得基础设施的部署也能够自动化。

（4）高度协作和沟通。

在微服务架构中，联调涉及多个团队和多个服务的协同工作。因此，高度协作和沟通是解决联调痛点的关键。通过定期的会议、沟通渠道和团队协作工具，确保各个团队之间的信息流畅，问题得到及时解决。

1.1.9 服务部署难度大，每次部署都要“扒层皮”

微服务项目部署方面存在如下的一些痛点和挑战。

- 复杂的依赖关系管理：微服务架构通常由多个微服务组成，它们之间通常存在复杂的依赖关系。在部署过程中，需确保每个微服务的依赖项正确配置和可用，以避免由于依赖关系问题导致的部署失败或运行时错误。
- 部署一致性和版本控制：微服务架构中的每个微服务都可以独立部署和扩展，可能导致不同的微服务版本在生产环境中存在差异，从而增加了部署一致性的挑战。确保所有微服务的版本控制和一致性，以及管理不同微服务之间的兼容性，是一个复杂的任务。
- 部署过程的复杂性：由于涉及多个微服务和相关的组件，微服务架构的部署过程会变得复杂而烦琐。需要考虑各种环境配置、网络设置、数据库迁移、服务发现与注册等方面的问题。这难免需要手动操作或编写复杂的部署脚本，增加了出错的风险。
- 部署的可见性和监控：在微服务架构中，会存在大量的微服务实例和部署组件，增加了对部署的可见性和监控的需求，需要确保能够准确地监控每个微服务的运行状态、资源利用率、性能指标等，以便及时发现和解决问题。
- 零停机部署和容错性：在生产环境中进行微服务的部署时，需要尽可能减少对服务的停机时间，以确保系统的连续性和可用性。零停机部署需要合理规划和管理服务之间的交接和切换，同时保证数据的一致性和业务的无缝切换。此外，还需要考虑部署过程中的容错性，以应对部署失败或异常情况。

为了应对微服务架构中项目部署的痛点，可以采取以下策略。

（1）自动化部署。

采用自动化部署工具和流程，如CI/CD工具（如Jenkins、GitLab CI、Travis CI等）和容器编排工具（如Kubernetes、Docker Swarm等），简化部署过程，减少人工操作和出错的风险。

（2）集成测试与持续集成。

在部署之前，进行充分的集成测试以确保微服务之间的协同工作和兼容性。采用持续集成的实践，将集成测试纳入开发流程中，及早发现和解决问题，减少部署时的意外情况。

（3）环境管理和配置管理。

建立良好的环境管理和配置管理机制，确保不同环境之间的一致性，并能够灵活地管理和切换配置。使用配置管理工具（如Ansible、Terraform等）和基础设施即代码的实践，实现环境的快速搭建和更新。

（4）监控和日志管理。

建立全面的监控系统，监测微服务的运行状态、性能指标和异常情况。使用日志管理工具和技术（如ELK Stack、Prometheus、Grafana等），对微服务的日志进行集中管理和分析，及时发现和解决问题。

（5）容器化和微服务编排。

采用容器化技术（如Docker）将微服务打包成独立的容器，获得更好的可移植性和隔离性。结合容器编排工具（如Kubernetes、Docker Swarm等），更好地管理微服务的部署、扩展和治理，提高系统的弹性和可靠性。

（6）逐步部署和灰度发布。

采用逐步部署和灰度发布的策略，逐步将新版本的微服务引入生产环境，并逐步切换流量，以减少对系统的冲击和风险。灰度发布可以帮助发现和解决部署时的问题，并最小化对用户的影响。

（7）持续改进和反馈循环。

持续改进部署过程，借助持续反馈循环和经验教训，不断优化项目部署的流程。通过迭代和改进，逐步减少痛点并提高部署的效率和可靠性。

1.2 面试官：如何做好微服务的设计工作以保障高可用性？

当面试官提出类似“如何做好微服务的设计工作以保障高可用性”这样的开放性问题时，作为面试者可能找不到切入点，容易陷入回答不完整或混乱的情况。

在回答这类问题时，我们可以先了解一下世界上最成功的投资者之一巴菲特的合伙人查理·芒格的回答方式。在2004年的伯克希尔·哈撒韦年会上，一个年轻的股东问巴菲特如何在生活中取得成功，在巴菲特详细回答后，查理·芒格插话说："别吸毒，别乱穿马路，避免染上艾滋病。"

作为一个业余的价格投资者，编者每每想起查理·芒格的回答都对他寻常言语中蕴含的普世智慧感到佩服。查理·芒格的回答思路可以被描述为"做减法"，他通过简洁直接的方式回答问题，避免了不必要的复杂性和使注意力分散的因素，提供了有针对性的建议。他的回答方法强调关键要素和基本原则，帮助人们聚焦于最重要的事情。

那么作为面试者，如果我们在面试过程中完全按照查理·芒格的方式回答的话，我们的答案应该类似于这样：不写烂代码，不进行烂设计，不破坏规矩。如此回答合适吗？答案是显而易见的，尽管查理·芒格的回答方式在某些情况下可以传达智慧，但在面试中，我们需要考虑以下因素。

（1）面试的目的：面试的目的是展示自己的能力、经验和适应性，以证明自己是适合该职位的人选。在面试中，面试官更希望听到关于你的具体技能、经验和解决问题的方法。仅仅提到"不写烂代码"或"不进行烂设计"无法满足面试官对你技术能力的评估需求。

（2）具体情境和问题：在面试这样的情境下，对面试官提出的问题，需要提供详细的回答和解释，仅仅"做减法"无法充分回答问题或展示你的能力和思考过程。

（3）展示个人特点：面试不仅是回答问题，还是展示你的个人特点、沟通能力和逻辑思维的机会，所以需要通过提供详细、有条理和连贯的回答。

尽管完全按照查理·芒格的方式回答不适合面试场景，但可以借鉴他的思路，特别是强调关键要素的方法。以下是编者总结的面对开放性问题时的回答思路，其中结合了查理·芒格的智慧。

（1）确定关键要点：仔细分析问题，理解其中的核心要点和关键要素。

（2）拆分问题：将问题分解为更具体的子问题，以便更好地组织答案。

（3）提供简明扼要的回答：针对每个子问题，提供简洁明了的回答，专注于关键要点，避免冗长的叙述，着重于提供有实质性的建议和解释。

（4）方案和案例：支撑答案的关键是提供实际的技术方案或案例，以便更具体地说明所讨论的主题。通过分享在以往项目中遇到的类似挑战，并描述是如何应用关键要素来解决问题并保障高可用性，可以更具体地说明所讨论的主题。

接下来，让我们通过该思路去回答面试官提出的“如何做好微服务的设计工作以保障高可用性”问题。

第一步：确定关键要点。

这个问题的目标是保障微服务项目的高可用，那首先就需要针对于高可用进行可量化的说明。

业界通常用多少个9来说明互联网应用的可用性，如图1-1所示。例如，QQ的可用性是4个9，就是说QQ的服务99.99%可用，这句话的意思是QQ的服务要保证在其所有的运行时间里只有0.01%不可用，也就是说一年大概有53分钟不可用。这个99.99%就叫作系统的可用性指标，这个值的计算公式是年度可用性指标=1-（不可用时间/年度总时间）×100%。

系统可用性	宕机时间/年	宕机时间/月	宕机时间/周	宕机时间/天
90%（1个9）	36.5天	72小时	16.8小时	2.4小时
99%（2个9）	3.65天	7.2小时	1.68小时	14.4分钟
99.9%（3个9）	8.87小时	43.8分钟	10.1分钟	1.44分钟
99.99%（4个9）	52.56分钟	4.38分钟	1.01分钟	8.66秒
99.999%（5个9）	5.26分钟	25.9秒	6.05秒	0.87秒

图1-1

一般来说，2个9表示系统基本可用，年度宕机时间小于88小时；3个9是较高可用，年度宕机时间小于9小时；4个9是具有自动恢复能力的高可用，年度宕机时间小于53分钟；5个9指极高的可用性，年度宕机时间小于6分钟。事实上对于一个复杂的大型互联网系统而言，对可用性的影响因素是非常多的，能够达到4个9甚至5个9的可用性，除了具备过硬的技术、大量的设备资金投入、有责任心的工程师，有时候还需要好运气。

我们熟悉的互联网产品的可用性大多是4个9，如淘宝、支付宝、微信。我们用可用性来描述一个系统是否整体可用，但是实际上很少会出现整个系统在几分钟或几个小时内全部不可用的情况，更多的时候是一部分用户不可用，或者是全部的用户一部分功能不可用。可用性指标是对系统整体可用性的衡量。

第二步：拆分问题。

假设实现的目标是4个9，那么我们通过做好哪些设计工作可以实现该目标，“做好哪些设计工作”便是拆分问题，我们可以通过以下设计工作来实现。

（1）如何避免服务雪崩。

服务雪崩是事故级故障，会导致整个系统崩溃，做好避免服务雪崩，是保障高可用性的基础，是要坚决遵守的一条“红线”。

（2）如何设计可以避免微服务之间的数据依赖。

微服务架构中，微服务之间的数据依赖是不可避免的，但过多的数据依赖会导致系统的复杂性和脆弱性增加，从而影响系统高可用性。因此，设计可以避免微服务之间过度依赖的架构和解决方案，对于系统的可维护性和可扩展性至关重要。

（3）如何处理好微服务间千丝万缕的关系。

微服务之间存在着复杂的依赖关系和交互逻辑，通过合理的架构设计处理好微服务之间的千丝万缕的关系，对于系统的可理解性、可维护性和可扩展性至关重要，而系统的可理解性、可维护性和可扩展性都最终决定了系统的高可用性。

（4）目标微服务还没开发完成，功能设计如何继续。

在微服务架构中，不同的微服务可能会有不同的开发进度和完成时间。如果出现目标微服务尚未完成开发的情况，并且我们没有解决这个问题的能力，那么很可能导致需求的延期。在这种情况下，高可用性的目标也将难以实现。

（5）如何实现灰度发布。

灰度发布通过逐步将新版本功能引入生产环境，在小范围内进行测试和验证，及时发现和解决潜在问题，以减少对整个系统的影响。因此，设计和实施可靠的灰度发布方案可以有效降低故障风险，最大程度地保障系统的高可用性。

（6）如何做好微服务间依赖的治理。

做好微服务间依赖的治理对于高可用性至关重要，有效的治理确保了系统的稳定性和可用性。通过明确和管理微服务之间的依赖关系，可以降低单个微服务故障对整个系统的影响。

（7）系统升级，如何实现不停服的数据迁移和用户切量。

我们经常能够看到各种App发布的升级公告，如果每次升级都导致App不可用，那么对于用户体验是非常糟糕的。在系统升级过程中，需要进行数据迁移和用户切量，以保证服务的连续性和用户的体验。实现不停服的数据迁移和用户切量涉及合理的数据同步和迁移策略、流量控制和容错机制，以确保系统的平稳升级和用户无感知的切换。这对于系统的可用性至关重要，能够确保用户在升级过程中无缝访问和使用App，提升用户满意度和忠诚度。

通过第二步我们就可以将“如何做好微服务的设计工作以保障高可用性”这个开放性问题拆分为可以具体着手的七个子问题，接下来要做的就是第三步和第四步，也就是针对每个子问题，提供简洁明了的回答以及提供实际的技术方案或案例。接下来，将详细展开说明这些设计方案的具体实施方案。

1.2.1 如何避免服务“雪崩”

“雪崩”一词指的是山地积雪后由于底部溶解等原因造成的突然大块塌落的现象，具有极强的破坏力。在微服务项目中，我们借用这个词来形容由于突发流量导致某个服务不可用，进而导致其上游服务不可用，并引发级联效应，最终导致整个系统不可用的现象。服务雪崩是一种严重的故障状态，对系统的可用性和稳定性有巨大影响。

导致服务雪崩的原因可以归结为以下几个方面。

（1）单点故障。

当一个服务成为系统中的单点故障时，它的故障或延迟会影响到其他依赖于它的服务。如果没有适当的容错机制或备用方案，系统可能无法处理大量请求和负载，从而导致服务雪崩。

（2）大规模故障。

当系统中的多个服务同时出现故障或延迟时，可能会导致服务雪崩。这可能是由于硬件故障、网络问题、软件错误等引起的。在这种情况下，由于多个服务同时不可用，系统无法提供正常的功能和服务。

（3）资源耗尽。

当系统中的某些资源（如数据库连接、线程池、内存等）被耗尽时，有可能会导致服务雪崩。如果没有合理的资源管理和限制机制，过多的请求和负载可能会消耗系统的资源，从而导致整个系统崩溃。

（4）链式故障。

当一个服务的故障或延迟引发其他服务的故障或延迟时，会形成链式反应，导致服务雪崩。这种情况下，一个服务的不可用性会传播到其他服务，进一步加剧系统的不稳定性。

（5）不合理的依赖关系。

不合理的依赖关系是属于设计层面的问题。如果系统中的服务之间存在不合理的依赖关系，当一个服务出现故障时，会导致其他服务无法正常工作或过度依赖该服务。这种不合理的依赖关系可能导致服务雪崩的发生。

除了这些内部原因外，服务雪崩通常也会受到外部因素的影响，尤其是突然出现的大量请求。在编者的工作经历中，曾多次负责架构设计，并亲身经历过多次服务雪崩的情况，这些经历给我留下了心理阴影。因此，在今后的架构设计中，我总是本能地考虑最糟糕的情况，并尽我所能去规避最差情况的发生。下面我将分享一些为了避免服务雪崩而采用的策略，这些策略经过反复实践和总结，可以帮助我们提高系统的可用性和稳定性。

（1）引入适当的延迟和熔断机制。

在微服务之间引入适当的延迟和熔断机制可以防止级联故障。通过设置最大超时时间和错误阈值，当一个服务请求失败或超时时，可以快速失败并返回错误响应，而不会因为等待导致整个系统阻塞。下面是一个外卖平台中下单接口设计的具体案例。

假设外卖平台的下单接口包括以下步骤。

1）验证用户身份和订单信息的合法性。

2）检查库存和菜品的可用性。

3）创建订单并生成订单号。

4）向支付系统发送支付请求。

5）向餐厅系统发送订单信息。

在设计该接口时，可以考虑以下延迟和熔断机制。

- 设置最大超时时间：对于每个步骤的请求，设置适当的最大超时时间。例如，验证用户身份和订单信息的请求应在1秒内完成。如果超过该时间，认为请求失败并返回错误响应。
- 错误阈值和熔断器：对于每个步骤的请求，监控错误率并设置错误阈值。如果错误率超过阈值，熔断器将打开，停止向该步骤发送请求，并返回错误响应。例如，如果库存检查步骤的错误率超过10%，则熔断器将打开，停止继续发送库存检查请求。

- 回退和降级机制：在某些步骤出现故障或超负荷时，实施回退和降级机制。例如，如果支付系统出现故障，则切换到备用支付系统进行支付，以保证订单的创建和向餐厅系统发送订单信息的流程继续进行。
- 限流和队列策略：为了控制请求的并发数量，可以引入限流和队列策略。设置每个步骤的最大并发请求数，并使用队列来缓冲超出限制的请求，防止突发的大量订单请求导致系统超负荷。

（2）优化数据库访问。

数据库通常是微服务中的关键依赖，而基于磁盘工作的数据库就很容易成为性能瓶颈。为了提高数据库的性能和可靠性，可以采取以下措施。

- 垂直拆分和水平拆分：根据业务需求和数据访问模式，将数据库拆分为多个独立的部分。垂直拆分将不同的表或数据集分离到不同的数据库中，降低单个数据库的负载压力。水平拆分将同一表或数据集的数据分散到多个数据库节点上，提高并行处理能力。
- 数据库分片和分区：分片将数据水平分布到多个数据库节点上，每个节点只负责一部分数据，提高并发处理能力和数据吞吐量。分区将数据垂直划分成多个逻辑部分，不同分区可以存储在不同的物理位置，提高查询性能和数据管理的灵活性。
- 引入缓存层：在数据库访问前引入缓存层，将频繁访问的数据缓存起来，减少对数据库的直接访问，常见的缓存技术包括使用Redis、Memcached等。
- 使用合适的数据库引擎和存储技术：根据业务需求和数据特点选择合适的数据库引擎和存储技术。例如，对于大规模数据的处理和分析，可以考虑使用列式数据库（如Apache Cassandra）或分布式文件系统（如Hadoop HDFS），以提高数据处理效率和可伸缩性。
- 定期清理和优化：定期清理无用数据并执行数据库优化操作，如重建索引、收集统计信息和压缩表空间，减少存储空间占用，优化数据库的整体性能。
- 异步处理和批量操作：将一些耗时的数据库操作转换为异步处理或批量操

作。例如，将批量插入或更新操作合并为一次数据库操作，降低数据库负载。

（3）异步处理。

将一些耗时的操作设计为异步任务，通过消息队列或事件总线进行处理，避免阻塞请求线程，提高系统的并发能力和响应速度，比如可以将一些耗时的操作，像图像处理、文件上传、发送大量邮件等，设计为异步任务。

（4）多级缓存。

在服务之间引入多级缓存，以减轻对后端服务的请求压力。可以使用本地缓存、分布式缓存或CDN（Content Delivery Network，内容分发网络）等技术来提高数据的访问速度和可用性。对于静态内容（如图片、CSS、JavaScript等），可以使用CDN来缓存并分发这些内容，减少对后端服务的请求。CDN将内容存储在分布于全球各地的边缘服务器上，使用户可以从离他们更近的服务器获取内容，从而提高访问速度和减少网络延迟。

（5）弹性伸缩。

根据系统负载的变化情况，动态调整服务器的数量，以适应流量的波动。当系统面临高流量时，弹性伸缩可以自动增加服务器实例的数量，以应对负载的增加。反之，在流量减少时，它可以自动减少服务器的数量，以节省成本。

弹性伸缩通常通过自动化工具来实现，这些工具可以监控系统的性能指标，如CPU利用率、内存使用率、网络负载等，以确定何时需要进行伸缩。一些常见的自动化工具包括Kubernetes的水平伸缩器（Horizontal Pod Autoscaler，HPA）和云服务提供商的弹性伸缩功能。

（6）监控和预警。

建立完善的监控系统，发现服务故障或异常，并设置相应的警报机制。通过实时监控系统的指标和日志，及时采取措施来应对潜在的服务雪崩风险。常用的监控指标包括：响应时间、错误率、吞吐量、资源利用率、并发连接数等。

服务雪崩是一个复杂的问题，没有一种通用的解决方案，具体的应对措施应根据系统的特点和需求进行调整和优化。同时，持续的性能测试、故障模拟和容量规划也是保障系统稳定性的重要手段。通过不断地优化和改进，最大程度地减少服务雪崩的风险，并提高系统的可用性和稳定性。

1.2.2 如何设计可以避免微服务之间的数据依赖

在探讨如何设计可以避免微服务之间的数据依赖之前，我们需要先探讨一下服务之间的数据依赖问题，还是先从具体的业务场景说起。

在微服务架构中，订单服务和商品服务通常是独立的服务。由于不允许跨库访问，所以每次用户查看订单信息时，订单服务都需要从商品服务获取用户订单对应的商品信息。无论是采用RPC（Remote Procedure Call，远程过程调用）还是REST（Representational State Transfer，描述性状态转移），都需要一定的网络开销，进而导致总体响应时间的增加。

商品服务作为一个核心服务，依赖它的服务会越来越多。同时，随着商品数据量的增长，商品服务承受不住压力，响应速度也会变慢，甚至在极端情况下可能出现请求超时的情况。由于商品服务超时，相关服务处理请求也会失败。在这种情况下，一个有效的解决方式就是采用数据冗余方案。

说白了，数据冗余的方案就是在订单表中保存一些商品字段信息。调整后，用户每次查询订单时，就可以不再依赖商品服务，这样既可以减少对商品服务的直接依赖，也可以提高系统的性能和可用性。

但是该方案还有一些问题需要解决，比如商品进行了更新，我们如何同步冗余的数据呢？在此分享两种解决办法。

第一种是，可以在更新商品时，先调用订单服务，再更新商品的冗余数据。确保在更新商品信息后立即更新冗余数据，以保持数据的一致性。

另一种是，在更新商品时，先发布一条消息，而订单服务则订阅这条消息，并在接收到消息后更新商品的冗余数据。

如果商品服务每次更新商品都需要先调用订单服务，然后再更新冗余数据，则会出现以下两个问题。

第一是数据一致性问题。如果订单冗余数据更新失败，整个操作都需要回滚。这时商品服务的开发人员肯定不乐意，因为冗余数据不是商品服务的核心需求，不能因为边缘流程阻断了自身的核心流程。

第二是依赖问题。从职责来说，商品服务应该只关注商品本身，但是现在商品还需要调用订单服务。而且依赖商品这个核心服务的服务实在是太多了，也就导致后续商品服务每次更新商品时，都需要调用更新订单冗余数据、更新门店库存冗余数据、更新运营冗余数据等一大堆服务。那么商品到底是下游服务还是上游服务，还能不能安心当底层核心服务？

因此，第一种解决办法可以直接被忽略，我们可以选择第二种解决办法，即通过消息发布订阅的方案，因为它具有以下两个优势。

第一，商品服务无须调用其他服务，它只需要关注自身逻辑即可，最多只需要生成一条消息发送到消息队列中，而不需要主动调用订单服务等其他服务。

第二，采用消息发布订阅的方案可以使用消息重试机制来保证数据的一致性。如果订单服务在更新冗余数据时出现失败，可以通过消息队列的重试机制，重新发送消息给订单服务，直到数据更新成功为止。

这个方案看起来已经挺完美了，而且市面上基本也是这么做的，不过该方案还存在如下几 点缺点。

第一，在这个方案中，仅仅保存冗余数据还远远不够，我们还需要将商品分类与生产批号的清单进行关联查询。也就是说，每个服务不只是订阅商品变更这一种消息，还需要订阅商品分类、商品生产批号变更等消息。

第二，每个依赖的服务需要重复实现冗余数据更新同步的逻辑。

第三，MQ（Message Queue，消息队列）太多了，联调时最麻烦的是MQ之间的联动，如果是接口联调还好说，因为调用哪个服务器的接口相对可控而且比较好追溯；如果是消息联调就比较麻烦，因为我们常常不知道哪条消息被哪台服务节点消费了，为了让特定的服务器消费特定的消息，我们就需要临时改动双方的代码。不过联调完成后，我们经常忘了改回原代码。

我们肯定不希望针对冗余数据这种非核心需求出现如此多的问题，所以可以使用一个特别的同步冗余数据方案——解耦业务逻辑的数据同步方案，接下来我们进一步说明。

解耦业务逻辑的数据同步方案的设计思路如下。

（1）将商品及与商品相关的一些表（如分类表、生产批号表、保修类型、包换类型等）实时同步到需要依赖使用它们的服务的数据库，并且保持表结构不变。

（2）在查询订单等服务时，直接关联同步过来的商品相关表。

（3）不允许订单等服务修改商品相关表。

以上思路就能解决商品服务无须依赖其他服务和无须关注冗余数据的同步两个问题。不过，缺点是增加了订单数据库的存储空间（因为增加了商品相关表）。

仔细计算后，我们发现之前数据冗余的方案中每个订单都需要保存一份商品的冗余数据，假设订单总数是N，商品总数是M，而N一般远远大于M。因此，在之前数据冗余的方案中，N条订单就会产生N条商品的冗余数据。相比之下，解耦业务逻辑的数据同步方案更省空间，因为只增加了M条商品的数据。

此时问题又来了，如何实时同步相关表的数据呢？直接找一个现成的开源中间件就可以，不过它需要满足支持实时同步、支持增量同步、不用写业务逻辑、支持MySQL之间同步、活跃度高这5点要求，在这里可以选择阿里开源的Canal作为数据同步的中间件。

1.2.3 如何处理好微服务间千丝万缕的关系

在微服务架构中，我们常常会遇到服务间依赖关系过于杂乱的情况。当每个微服务直接调用其他微服务时，调用关系会变得错综复杂，导致系统难以维护和扩展。

一、业务场景

在电商系统中，通常会有多个微服务来处理不同的功能，如用户管理、商品管理、订单管理等。每个微服务负责特定的业务领域，并且可能需要与其他微服务进行通信以完成复杂的业务流程。

在传统的设计中，每个微服务可能直接调用其他微服务来获取所需的数据或执行特定的操作。例如，订单管理微服务需要调用用户管理微服务来验证用户的身份信息，以及调用商品管理微服务来获取商品的库存信息，调用关系如图1-2所示。同样，用户管理微服务也需要调用订单管理微服务来获取用户相关的订单信息，调用会员积分微服务来获取用户积分信息，调用关系如图1-3所示。

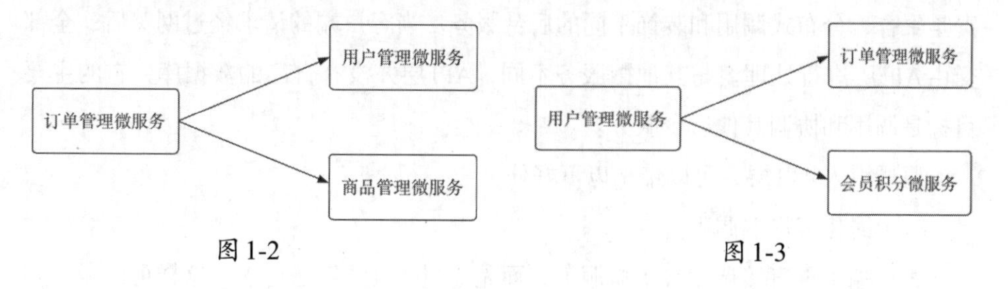

图1-2　　　　图1-3

这种直接的微服务之间的调用关系会导致调用链变得错综复杂。随着系统的不断演化和扩展，每个微服务之间的依赖关系也会变得越来越烦琐，形成一个庞大的调用图。这样的复杂性给系统带来了如下的一些挑战。

（1）难以理解和维护。

当微服务之间的调用关系变得复杂时，系统整体的可理解性和可维护性变差。开发人员需要花费大量的时间和精力来梳理每个微服务之间的依赖关系，以确保其正确性和一致性。

（2）部署和扩展困难。

当一个微服务发生变化或需要进行部署时，它的直接依赖关系可能涉及多个其他微服务。这导致了部署和扩展的困难，因为必须同时考虑和管理多个微服务的部署和升级。

（3）耦合度增加。

直接的微服务之间的调用关系会增加它们之间的耦合度。当一个微服务的接口或实现发生变化时，可能会影响到多个直接依赖它的微服务，导致系统的脆弱性和不稳定性。

（4）可测试性下降。

当每个微服务直接依赖其他微服务时，测试变得更加困难。为了测试一个微服务，可能需要模拟和管理多个其他微服务的行为和状态。

综上所述，服务间依赖关系过于杂乱会给微服务架构带来一系列挑战。为了解决这个问题，便引入了API层。API层可以简化服务间的依赖关系，提高系统的可维护性、可扩展性和可靠性。

二、API层

API层位于客户端和后台服务之间，作为一个中间层来处理请求。它的主要职责是聚合、分布式调用和装饰不同的后台服务。当客户端的请求经过网关后，全部交由API层进行处理。与其他微服务不同，API层并没有自己的数据库，它的主要目标是调用和协调其他后台服务。

通过引入API层，可以带来以下好处。

（1）简化客户端调用。

客户端不再直接调用各个微服务，而是通过API层发送请求。这样可以减轻客户端的负担，因为它不需要了解每个微服务的细节和调用方式。API层提供一个简化和统一的接口，使得客户端调用更加方便和易于理解。

（2）聚合服务。

API层可以聚合多个后台服务的功能，将多个服务的数据和功能整合到一个请求中返回给客户端。这样可以减少客户端需要发起的请求次数，提高性能和效率。同时，API层还可以对聚合的数据进行适当的加工和处理，以满足客户端的需求。

（3）分布式调用。

作为一个中间层，API层可以处理后台服务之间的分布式调用。它可以管理服务之间的通信和协调，将请求发送给适当的后台服务，并将结果返回给客户端。通过API层的分布式调用机制，可以有效解耦微服务之间的依赖关系，提高系统的弹性和可扩展性。

（4）装饰功能。

API层可以添加额外的功能或处理逻辑，如身份验证、缓存、监控等。这样可以在不改变后台服务的情况下，对请求进行定制化处理。API层可以根据系统的需求，为请求增加额外的功能，同时保持后台服务的独立性和高内聚性。

引入API层是一种解决服务间依赖复杂性的有效方法。它在微服务架构中占据重要位置，通过聚合、分布式调用和装饰等功能，简化了服务间的依赖关系，提高了系统的可维护性、可扩展性和可靠性。引入后的架构如图1-4所示。

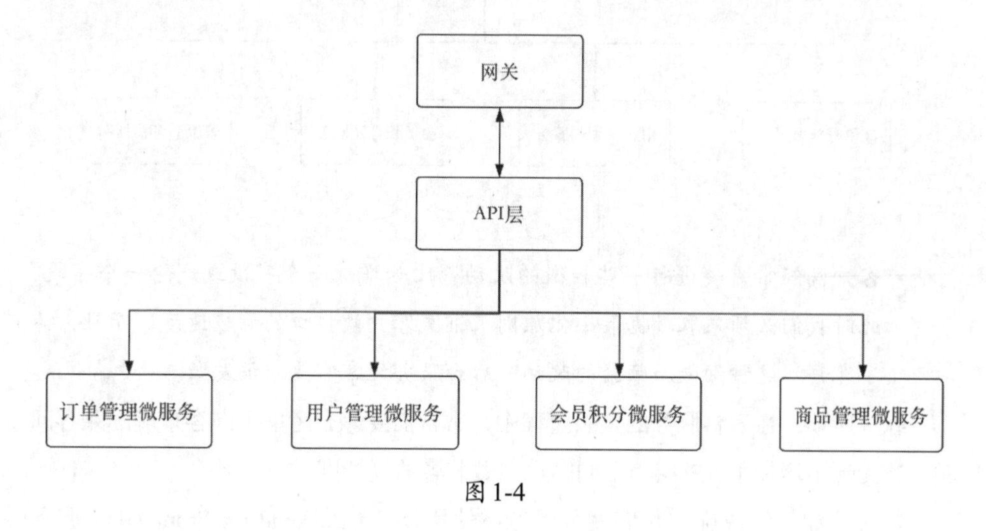

图1-4

三、客户端适配问题

在电商系统中，一系列的接口主要供各种客户端（如App、H5、PC网页、小程序等）进行调用，此时的调用关系如图1-5所示。

不过这种设计方案会存在以下问题。

- 不同客户端的页面需求可能不一样，比如App的功能比重大，就会要求页面中多放一些信息，而小程序的功能比重小，同样的页面就会要求少放一些信息，以至于后台服务中同一个API层需要针对不同客户端实现不同适配。

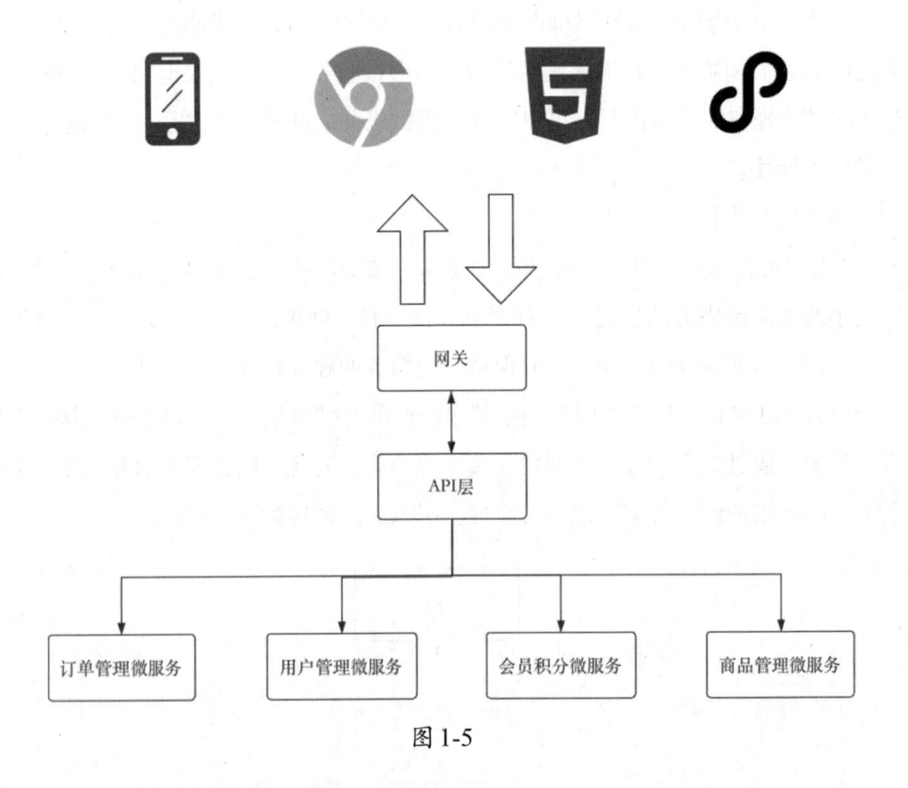

图1-5

- 客户端经常需要进行一些轻微的改动，比如增加一个字段或删除一个字段，此时我们必须采取数据最小化原则来缩减客户端接口的响应速度。而且，为了客户端这种细微而频繁的改动，后台服务经常需要同步发版。

综上所述，在后台服务的发版过程中，常常需要综合考虑不同客户端的兼容问题，这无形中增加了API层为不同客户端做兼容的复杂度。

这时该如何解决呢？我们就可以考虑使用BFF（Backend for Frontends，服务于前端的后端）了。

四、BFF

BFF是一种在后台服务和客户端之间引入的中间层，负责为不同的客户端提供特定的API适配和定制。BFF可以根据不同客户端的需求，封装和组合后台服务的API，以提供更适合特定客户端的数据和功能。

BFF不是一个架构，而是一种设计模式，它的主要职责是为前端设计出优雅的后台服务，即一个API。一般而言，每个客户端都有自己的API服务，如图1-6所示。

从图1-6可以看到，不同的客户端请求经过同一个网关后，都将分别重定向到为对应客户端设计的API服务中。因为每个API服务只能针对一种客户端，所以它们可以对特定的客户端进行专门优化。而去除了兼容逻辑的API显得更轻便，响应速度还比通用的API服务更快（因为它不需要判断不同客户端的逻辑）。

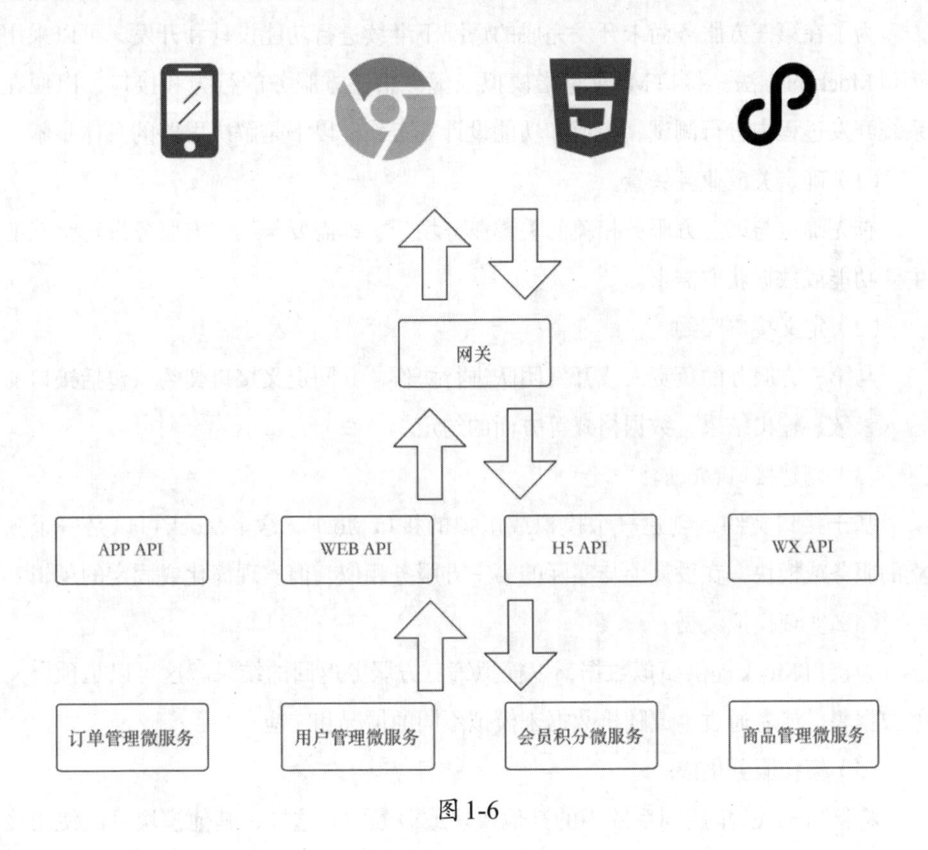

图1-6

除此之外，每种客户端还可以实现自己发布，不需要再跟着其他客户端一起排期。

图1-6所展示的方案属于一个通用架构。在实际业务中，还需要结合具体情况来设计。

1.2.4 目标微服务还没开发完成，功能设计如何继续

一、业务场景

在设计一个系统时，通常需要与第三方服务进行集成，以实现特定的功能或获取外部数据。然而，有时由于第三方服务的开发尚未完成，无法直接依赖其接口进行功能设计和开发。这就需要解决如何在这种情况下保持开发进度的问题，毕竟即便是因为第三方服务导致进度延期，也可能会影响到考核。

二、解决思路

为了在第三方服务尚未开发完成的情况下继续进行功能设计和开发，可以采用接口Mock的方法。接口Mock是指模拟或虚拟第三方服务的行为和接口，以便在系统开发过程中进行测试、集成和功能设计等工作。以下是解决思路的具体步骤。

（1）确定关键业务场景。

首先确定与第三方服务相关的关键业务场景，即需要与第三方服务进行交互的主要功能或数据获取需求。

（2）定义接口契约。

与第三方服务的负责人或开发团队进行协作，共同定义接口契约，包括接口的输入参数、输出结果、数据格式等方面的约定。

（3）创建接口Mock。

基于接口契约，创建一个模拟或虚拟的接口Mock。这个Mock可以是一个独立的服务或模块，在设计上与实际的第三方服务相似，但实现简化或固定的逻辑。

（4）实现模拟数据。

为接口Mock提供模拟数据，以模拟第三方服务返回的结果。这可以是预定义的数据集，或者通过生成随机数据来模拟不同的情况和响应。

（5）模拟服务集成。

将接口Mock集成到系统中的其他模块或服务中。这样，其他模块可以使用接

口Mock来进行功能设计、测试和开发，而不必依赖实际的第三方服务。

（6）定期更新和协作。

随着第三方服务的开发进展，定期与其负责人或开发团队进行沟通和协作，及时了解接口的变化和更新。根据变化的接口契约，相应地更新接口Mock，以保持与实际服务的一致性。

在开发和测试过程中，都连接上Mock服务。等到接口或环境搭建好后，无须修改代码，通过一个简单的配置切换即可让服务连接到真实服务，然后通过一些简单的回归测试即可实现上线，如图1-7所示。

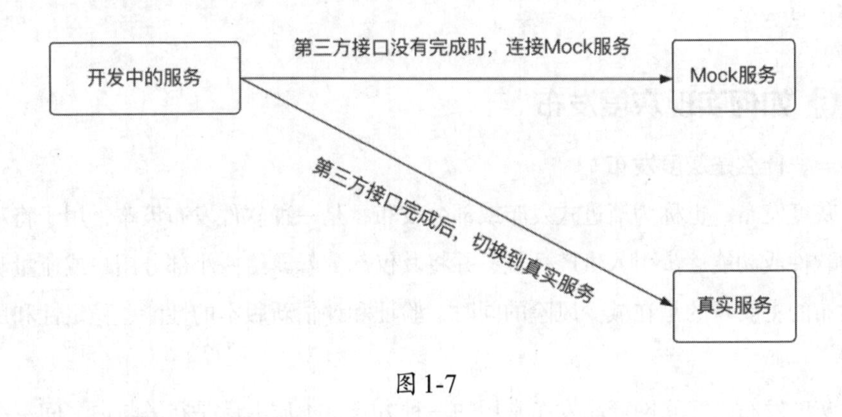

图1-7

三、确定接口契约的具体内容

确定以下接口契约的具体内容。

（1）功能需求。

明确接口的功能需求，即接口应该提供哪些功能和服务，包括输入参数、输出结果、操作行为等方面的定义，例如，如果是一个订单服务，需要定义创建订单、取消订单、获取订单详情等功能。

（2）数据格式。

确定接口的数据格式，包括请求参数的格式和响应结果的格式。这可能涉及到数据结构、数据类型、数据长度、数据验证等方面的约定，如JSON、XML、Protobuf等。

（3）接口方法。

指定接口的方法或操作，如GET、POST、PUT、DELETE等，以及对应的

URL路径。

（4）接口约束。

定义接口的约束条件，如安全性要求、权限验证、并发控制等。

（5）错误处理。

确定接口的错误处理机制，包括错误码、错误信息、异常处理等。

（6）接口文档。

编写接口文档，记录接口契约的具体内容，并提供给开发人员和其他团队成员参考。接口文档应该清晰、详细地描述接口的使用方法、参数说明、示例请求和响应等信息。

1.2.5 如何实现灰度发布

一、什么是灰度发布

灰度发布，也称为渐进式发布或部分发布，是一种软件发布策略，用于将新版本的软件或功能逐步引入生产环境，并将其仅部分暴露给一小部分用户或流量。灰度发布的主要目的是在减少风险的同时，验证和评估新版本的性能、稳定性和用户反馈。

灰度发布是互联网产品发布常用的一种方式，本质上就是在黑与白之间平滑过渡的一种铲平发布方式。灰度发布者根据某种规则，让一部分用户继续使用原来的产品功能，另一部分用户开始组建启用新的功能，在过渡的过程中可能还会对产品做进一步的完善，灰度发布完成后，所有用户都将使用新的产品功能。

灰度发布的意义在于以下几个方面。

（1）降低风险。

在传统的全面发布中，如果新版本存在问题，会对所有用户产生负面影响，导致广泛的服务中断或降级。这是一个高风险的决策，特别是当新版本包含了未知问题或与现有系统存在兼容性挑战时更为明显。

通过采用灰度发布，风险得以有效降低。在灰度发布的早期阶段，只有一小部分用户或流量暴露在新版本之下。这一小部分用户被称为“灰度用户”或“早期采用者”。如果新版本存在问题，只有这一小部分用户受到影响，而其他用户不会受到影响。

当问题发生时，问题定位和解决更加容易，因为只需处理有限数量的用户或流量。与在全面发布中需要应对大规模的服务中断或用户投诉相比，问题的影响范围更受控制。如果灰度发布过程中发现了严重问题，团队可以快速回滚到之前的版本，使系统恢复正常运行。这种回滚只会影响灰度用户，而不会对其他用户产生负面影响。

（2）验证新功能和性能。

灰度发布提供了一个机会，让部分用户或流量使用新版本的功能，验证新功能的实际价值和用户接受程度。通过收集用户的评价和建议来了解他们对新功能的看法，确定新功能是否能够满足用户需求和预期效果。使用A/B测试或分组实验等技术，将部分用户暴露在新功能组和旧功能组，比较它们之间的差异。评估新功能对用户行为、转化率和用户体验的影响。

（3）逐步推广。

通过渐进式的发布，逐步扩大新版本的受众范围。使团队可以根据反馈和数据，逐步调整和优化新版本，确保其在广大用户面前具有较高的可用性和稳定性。

（4）用户参与和满意度。

灰度发布可以让一部分用户成为早期采用者，参与新功能的开发和测试，使他们感到被重视，并提供反馈和建议。这样可以增强用户参与感和满意度，建立用户与产品团队之间的紧密联系。

二、如何切分流量

在灰度发布中，有以下几种常见的流量切分方式。

（1）基于用户标识。

将用户标识作为切分依据，将一部分用户指定为灰度用户，将其流量引导到新版本的微服务。用户标识可以是用户ID、用户名、手机号码等唯一标识。

（2）基于会话标识。

将会话标识作为切分依据，将一部分会话指定为灰度会话，将其流量引导到新版本的微服务。会话标识可以是会话ID、浏览器Cookie等。

（3）基于地理位置。

根据用户的地理位置信息进行切分，将特定地区的用户流量引导到新版本的微服务。可以使用IP地址或地理位置信息来确定用户所属的地理位置。

（4）基于流量比例。

将流量按比例切分，比如将10%的流量引导到新版本的微服务，剩余90%的流量仍然指向旧版本。可以根据需求调整切分比例，逐步增加新版本微服务处理的流量比例。

（5）基于特定功能。

根据微服务的具体功能进行切分，将特定功能的流量引导到新版本的微服务，其他功能的流量仍然指向旧版本。这种方式适用于只针对特定功能进行灰度发布的场景。

（6）基于随机抽样。

随机选择一部分用户或会话进行切分，将其流量引导到新版本的微服务。可以使用随机数生成器来进行随机抽样。

在实际应用中，也可以结合多种方式进行切分，以达到更细粒度的流量控制。实施灰度发布通常可以采用以下两种不同的方式。

1. 代理层级别的灰度发布

代理层级别的灰度发布可以在不修改应用程序代码的情况下实施，只需在代理服务器或API网关上进行配置即可。这种方式对于已经部署的应用程序或第三方提供的服务特别有用，可以通过代理层级别的灰度发布来控制流量的切分，而无须对应用程序进行修改。

在代理层级别的灰度发布中，代理服务器负责将请求导向不同版本的服务。以下是实现代理层级别的灰度发布的一般步骤。

（1）配置代理服务器。

代理服务器是位于客户端和后端服务之间的中间层，用于转发请求。选择一个适合的代理服务器或API网关，如Nginx、Kong或Envoy，并进行配置。配置代理服务器监听特定的端口，并根据后续的流量切分规则将请求转发到不同版本的服务。

（2）设定流量比例。

在代理服务器配置中，使用负载均衡算法来设定流量的分配比例。例如，使用加权轮询算法为旧版本服务和新版本服务分配权重。初始情况下，可以将新版本服务的权重设置为0，将所有请求导向旧版本服务。

（3）逐步调整流量比例。

根据发布方案，逐步增加新版本服务的权重，同时逐步减少旧版本服务的权重。在具体计划中，通过调整权重可以控制流量逐步切换到新版本服务的速度。

（4）监控和评估。

使用监控工具来监测新旧版本服务的性能指标，如响应时间、错误率等。确保新版本服务在逐步增加流量的过程中能够保持稳定和可靠。如果新版本服务的性能指标超过了阈值，可以减少权重或回滚到旧版本服务。

（5）回滚和完成发布。

如果在灰度发布过程中发现问题，则回滚到旧版本服务。当新版本服务经过充分测试和验证后，监控结果表明性能良好，则可以完成灰度发布，将所有流量导向新版本服务。

2. 服务实例级别的灰度发布

服务实例级别的灰度发布是指将新版本的服务实例逐步引入生产环境，只将部分流量切换到新版本的实例上，以逐步验证和评估新版本的性能和稳定性。以下是实现服务实例级别的灰度发布的一般步骤。

（1）准备新版本服务实例。

首先需要准备新版本的服务实例，包括部署和配置新版本的服务。确保新版本服务实例与旧版本兼容，并能够独立运行。

（2）设定实例比例。

根据发布计划，设定新版本和旧版本服务实例的数量比例。例如，可以启动10个新版本服务实例和90个旧版本服务实例，将10%的流量导向新版本服务实例。

（3）逐步增加实例比例。

根据灰度发布计划，逐步增加新版本服务实例的数量比例。例如，每天增加1个新版本服务实例，同时停止一个旧版本服务实例。通过逐步增加新版本服务实例的数量，可以控制流量逐渐切换到新版本。

（4）监控和评估。

在灰度发布过程中，使用监控工具来监测新旧版本服务实例的性能指标、错误率和用户体验等。确保新版本服务实例在逐步增加流量的过程中能够保持稳定和可靠。如果新版本服务实例的性能指标超过了阈值，可以相应地调整实例比例或停止新版本服务实例的部署。

（5）回滚和完成发布。

如果在灰度发布过程中发现问题，则停止新版本服务实例的部署，并回滚到旧版本服务实例。当新版本服务实例经过充分测试和验证后，监控结果表明性能良好，则可以完成灰度发布，全面启用新版本服务实例。

总的来说，代理层级别的灰度发布和服务实例级别的灰度发布的异同点如下。

代理层级别的灰度发布通过在代理服务器或API网关上进行配置，将请求流量切分到不同版本的服务。这种方式不需要修改应用程序代码，可以在代理层面控制流量的切分比例。代理层级别的灰度发布适用于已经部署的应用程序或第三方提供的服务，可以逐步将流量从旧版本切换到新版本。例如，当使用第三方提供的API时，可以通过代理层级别的灰度发布来控制流量的切分和版本的发布，以确保新版本的稳定性和兼容性。

服务实例级别的灰度发布通过在应用程序中配置多个服务实例，将流量切分到不同的实例。这种方式需要对应用程序进行修改，以支持多个实例的部署和流量切分。服务实例级别的灰度发布适用于自己开发的应用程序，可以更细粒度地控制流量的切分和版本的发布。例如，在微服务架构中，可以通过部署多个服务实例并在应用程序中实现流量切分，逐步将流量从旧版本切换到新版本，以验证新版本的功能和性能。

无论是代理层级别的灰度发布还是服务实例级别的灰度发布，都可以帮助减少发布风险，验证新版本的功能和性能，并逐步将流量切换到新版本，以确保平滑的系统升级和发布过程。选择哪种灰度发布方式取决于具体的应用程序架构和需求。

1.2.6 如何做好微服务间依赖的治理

实际开发中，一个微服务会依赖很多其他微服务提供的接口、数据库、缓存、索引库，以及消息中间件等，这些接口及存储可能会因为代码Bug、网络超时、硬件故障、操作失误等因素引发线上问题。此时，由于依赖不可用，就会导致微服务对外提供的服务受到影响，出现接口可用率下降或者直接宕机的情况。

为了防止上述情况的发生，在构建微服务时，就需要预先考虑微服务所依赖的各项“下游”出现故障时的应对方案。假设下游出现故障及预设计对应的方案的过程，便是在实践“怀疑下游”。所谓下游一般是指其他微服务、数据库、消息中间件，接下来将逐一介绍对下游的依赖。

一、对其他微服务的依赖

在采用了微服务的架构后，各个模块间均通过RPC或者REST的方式进行依赖，有些模块在完成一项业务流程时可能会依赖多达几十、上百个外部微服务。

例如，在完成下单的流程里，就需要依赖用户、商品、促销、价格、优惠券等各个微服务提供的接口，这些被依赖的微服务的稳定性直接影响了用户是否能够成功下单。因此，需要对微服务依赖的其他微服务接口进行可用性的治理。

这里以提单作为案例，介绍分布式事务的实际场景。在微服务架构下，订单和库存是两个单独的微服务，它们之间的架构如图1-8所示。

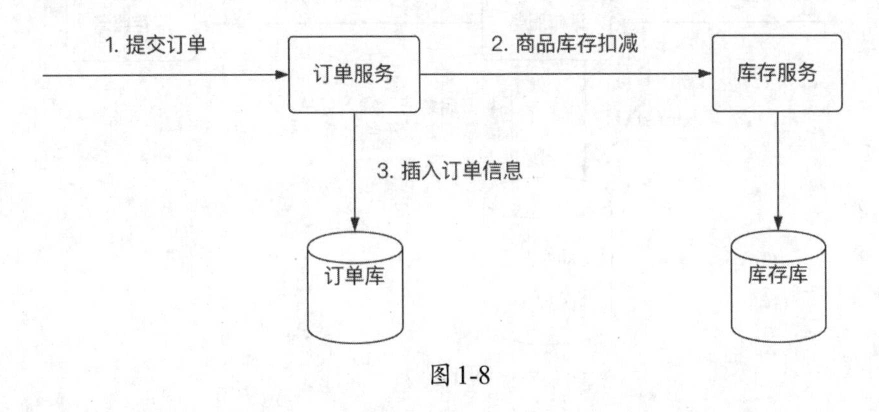

图1-8

在提单时，订单模块需要调用库存模块进行商品的扣减，以便判断用户购买的商品是否有货。订单调用库存的扣减接口会有以下几种情况发生。

（1）调用库存接口返回成功且库存数量充足，订单模块便将此用户订单保存至数据库，并返回用户下单成功。

（2）调用库存接口返回成功且库存数量充足，但订单模块将此用户订单保存至数据库时出错并进行数据库回滚，同时订单模块返回用户下单失败。

（3）调用库存接口超时，订单模块判断此次调用库存接口失败，返回用户下单失败。

在微服务化之后，上述订单模块和库存模块的交互会产生非常多的可能性场景。此处我只罗列了几个，感兴趣的读者可以继续向后梳理。其中，上述的第2、3点描述的场景里就存在分布式事务问题。在第2点里，因为订单模块本地的数据库事务回滚了，但调用库存接口产生的已扣减的商品数量并没有回滚，此时就会导致库存数据少于实际的数据。

有一些基于TCC（Try Confirm Cancel）和Saga的成熟基础框架可以解决上述分布式事务问题，但理解和接入成本较高。此处介绍一种本质上和TCC、Saga理论相类似，但无须借助第三方框架的简单、易落地的解决方案。理解此方案也有助于理解TCC和Saga的思想。

此方案的架构如图1-9所示，图中订单模块的数据库里除了订单原有的表之外，会增加一张任务表。

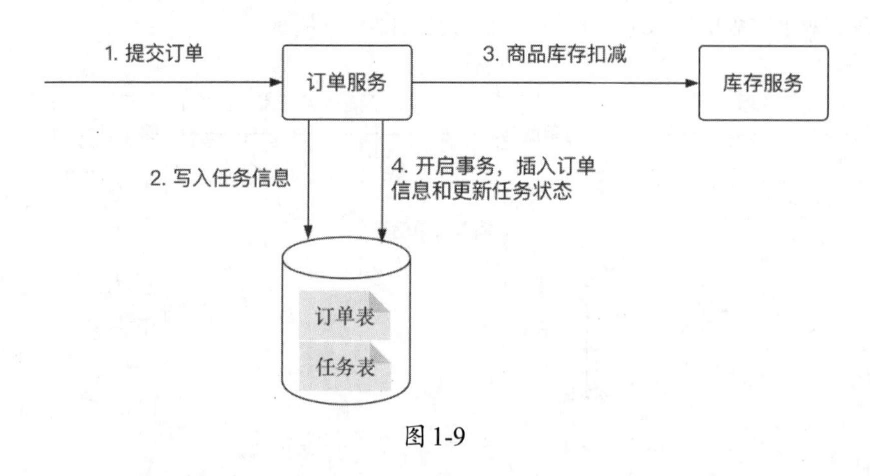

图1-9

基于上述的架构，下单流程变更如下。

（1）在接收到下单请求后，在调用任何外部RPC前，先将此订单的相关信息，如此次用户购买的商品、商品数量、用户账号、此次订单的编号等信息写入新增的任务表中。

（2）调用库存的接口进行商品数量的扣减，并根据库存模块的返回值更新订单模块的数据库。这一步，又细分为以下几种情况。

- 如果调用库存接口成功，则在同一个事务中，将订单信息写入订单库中，同时更新第一步写入任务的状态为“已成功”。
- 如果调用库存接口明确返回失败，则直接更新订单库中的任务状态为“待回滚"，并返回用户下单失败。

- 如果调用库存接口超时，则直接更新订单库中的任务状态为"待回滚"，并返回用户下单失败。
- 无论调用库存接口是成功还是失败，只要在更新本地订单库时失败，就返回用户下单失败，同时任务库的状态保留为"初始化"。

上述介绍的是用户下单的同步流程，完成这两个步骤后，用户下单便结束了。我们再来看看下单后的异步情况。

（3）下单完成后，异步Worker的功能是扫描订单库中新增的任务表，需要扫描两类任务数据。第一类是状态为"待回滚"的任务数据，第二类是任务创建时间距扫描时间点超过一定时间区间（如5分钟）且仍为"初始化"状态的任务数据。获取到这些任务数据之后，会基于任务表中的商品和对应的数量信息，异步地调用库存接口进行商品数据的返还。通过上述方式，能够将各种失败场景里漏返还的商品数量进行补偿式的返还，保证库存数量的最终一致性，完成分布式事务。

上述方式保障数据最终一致性主要是依赖任务表和订单表在同一个数据库里，可以通过本地事务来保障订单表数据写入成功后，任务表里的任务状态也能够更新为"已成功"。而当提单失败后，任务表的状态为"非成功"状态，再通过类似TCC和Saga的异步补偿性Worker来进行业务回滚，即可保证最终一致性。

在发起分布式事务的业务模块的数据库里创建补偿性任务，基本上可以复用在其他存在分布式事务的场景里。如果不希望引入更加复杂的TCC和Saga框架，可以尝试利用此方式来解决架构微服务化之后带来的分布式事务的问题。

二、对数据库的依赖

除了对其他微服务的依赖，微服务中最常见的便是对数据库的依赖。在使用时，需要遵守以下几点基本原则。

- 原则一：数据库一定要配置从库，且从库部署的机房需要与主库不同，从而保障数据库具备跨机房灾备的能力。此外，对于测试环境的数据库依然要配置主从复制，防止某天测试环境的数据库磁盘损坏，需要耗费大量人力恢复测试环境。
- 原则二：在能够实现功能的前提下，使用的SQL要尽可能简单。因为SQL

和代码一样，除了实现功能之外，最重要的是清晰简单地表达其自身含义，以供后续研发人员进行维护。编者曾经在线上遇到过一个为了不使用唯一索引，纯使用SQL来完成防重的语句，它包含了4层insert、select、exists、select的语法嵌套。这一语句因为无法调试（Debug），导致后续一个需求的上线时间延期了2天，最终还是痛定思痛地进行了重构。

- 原则三：在业务需求不断更新迭代的场景里，最好不要使用外键。虽然编者大学时期的数据库理论课曾提到需要使用外键来校验数据完整性。例如，在A、B表之间有了外键约束之后，可以设置外键级联删除，当A表中的某条数据删除后，自动级联地删除B表中的数据。此方式表面上可以极大地简化代码操作，但隐藏着巨大风险。因为现今互联网需求的迭代速度非常快，上个月可能A、B表中还存在外键关系，到了下个月又因为需求不存在了，或者需要更多字段组合才能形成外键关系。此外，外键关系是隐藏在数据库的建表语句里的，在新需求开发时，很容易被遗忘、清除或者修改为新的外键关系。在新需求上线后，也可能因此疏漏导致线上数据被误删，进而引发线上问题。

三、对消息中间件的依赖

在微服务的架构里，微服务间的通信除了接口调用的方式外，最常见的方式是基于消息中间件（如RabbitMQ和Kafka）的消息通信。同样，在使用消息中间件时，仍有一些基础原则需要遵守。

- 原则一：要先将数据写入数据库或缓存后，再发送消息通知。因为很多消息接收方在接收到消息通知后，会调用发送消息的微服务的接口进行数据反查，以便获取更多信息来做下一步业务的流转。假设订单模块在判断用户的下单请求的库存能够满足后，便向外发送下单成功的消息。此时，如果物流系统监听了此消息，就会在获取到下单成功的通知后，第一时间去反查订单的接口，以便获取更多订单相关信息（如用户期望的收货时间、用户是否为会员等）来辅助判断何时发货。在极端情况下，可能会因为订单模块的数据还未写入数据库，导致反查不到数据，进而影响业务的正常流转。
- 原则二：发送的消息要有版本号。有些消息中间件为了提升消息消费的吞吐量，支持乱序消费。但如果发送的消息没有数据变更版本号，消息消费方会因此无法判断数据是否乱序，进而有可能导致数据错乱，产生线上问题。

- 原则三：消息的数据要尽可能全，进而减少消息消费方的反查。微服务间使用消息通信的目的就是解耦，但如果消息中包含的信息量太少，消息消费方就无法基于其中的信息处理业务，此时消息消费方便需要反查发送方的接口来获取更多信息，但这样处理就达不到解耦的目的。因此，在可能的情况下，建议发送尽可能全的信息。
- 原则四：消息中需要包含标记某个字段是否变更的标识。根据原则三，可能会发送包含较多字段的消息，有些字段可能在当次消息中并未发生数据变更。如果没有标记字段是否变更，可能会产生无效通知的情况，比如一个消息包含两个字段（如为A、B），而某一个消息的接收方（如用户模块）只关心A字段是否变更。如果没有标记变更字段，那么B字段变更后，消息发送方也会发送消息，这会导致“用户模块”误以为A字段发生了变更，进而触发“用户模块”执行一次本不应该执行的业务流程。

1.2.7 系统升级，如何实现不停服的数据迁移和用户切量

升级重构是后台架构演化增强的一个利器，本节将详细讲解如何落地对用户无感知、低Bug的升级重构方案。

一、重构常见的形式

升级重构有两种常见的形式，一种是纯代码式的升级，另一种是包含存储和代码的升级。

纯代码的重构升级是指只针对代码中存在的一些历史遗留问题进行修复，比如代码中的慢SQL、错误的日志打印方式、代码的性能优化等问题。

包含存储和代码的重构升级是指在上述纯代码之外，将原有架构里的存储也一起升级。存储升级有两种形式。

第一种是将存储类型进行升级，比如将数据库升级为缓存，将原有的读接口从数据库切换至缓存。做此类存储类型升级的目的是提升微服务的性能，同样的硬件配置下，缓存比数据库至少快一个量级，如图1-10所示。

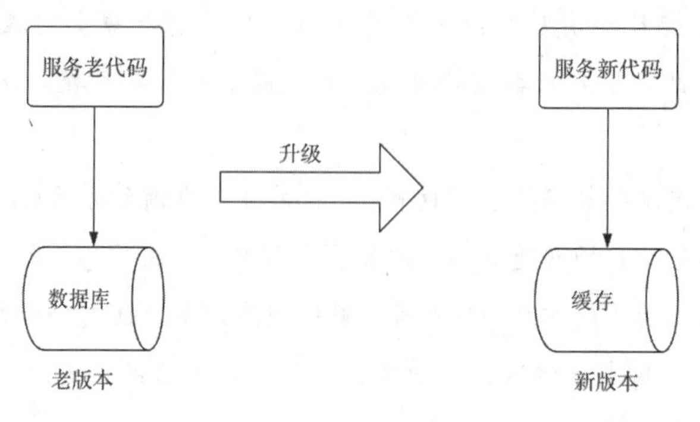

图 1-10

第二种是将一个表结构的存储升级为同类型存储的另外一个更加合理的表结构。此类升级常见于系统构建时，为了快速满足业务需求，在时间紧张的情况下，简单快速地设计了不是特别合理的表结构，比如原有的表结构采用了一张宽表存储所有的数据，包含一对多的数据都进行了冗余存储。升级重构时，需要采用更加合理的表结构存储数据，以便未来能够快速响应业务的发展。它的重构升级架构如图 1-11 所示，升级后，原有微服务的读写都将切换至新的表结构的存储里。

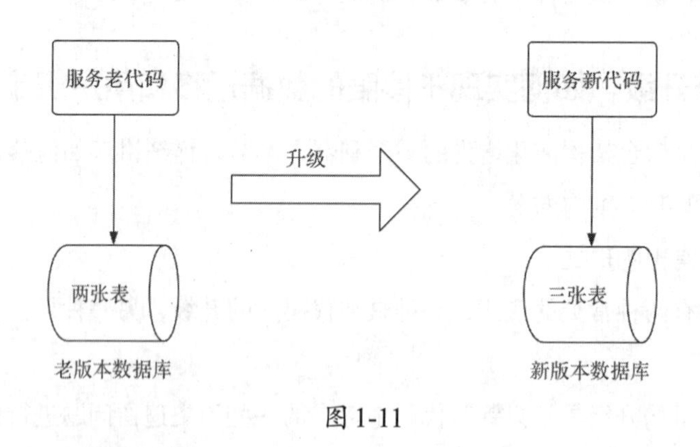

图 1-11

二、纯代码重构的切换

这里将存在问题的历史版本称为 V1 版本；将修复问题后的升级重构版本称为 V2 版本。

纯代码重构的切换比较简单，当 V2 版本通过测试环境和预发布环境的测试后，就可以直接在线上部署，替换原有的 V1 版本。当部署的 V2 版本出现问题后，直接进行回滚即可，这是最简单的切换方式。但同时也存在隐患，采用此种方式部署的V2版本如果出现问题，会影响所有的用户，影响面较大。

为了降低影响，可以采用灰度的方式，即用V2版本的代码替换一台或者一定比例V1版本的机器，比如线上有100台部署V1版本代码的机器，当V2版本测试完成准备上线时，可以先发布10台V2版本的代码。这样，假设V2版本的代码存在Bug，也只会影响访问这10台部署了V2版本代码的用户，即10%的线上流量，这样就缩小了影响面。假设发布了10台V2版本的代码后，没有发现任何Bug，此时则可以继续发布，逐步进行替换。

通过此种灰度的方式，既可以做到纯代码的升级重构切换，又可以缩小因此可能带来的线上问题的影响范围。

三、含存储重构的切换

与上述纯代码的切换相比，含存储重构的切换有一个重要步骤便是数据迁移。不管是上述不同类型的存储，还是同类型不同表结构的存储重构，都需要将原有存储中的数据全部迁移至新的存储中，才能够称为完成切换。

对于含存储重构的切换，最简单的方法便是停服，之后在无任何数据写入的情况下进行数据迁移，迁移之后再进行数据对比，对比无误之后，用重构的新版本连接新的存储对外提供服务即可。

这种方式适合于以下两种场景。

- 业务有间断期或者有低峰期的场景。比如企业内网系统，下班或者周末期间几乎没有人使用。
- 金融资产类业务场景。这些场景对于正确性要求极高，因为用户对资产极度敏感，如果资产出现错误，用户是无法容忍的。为了资产安全无误，有时候需要用户容忍停服的重构升级。

但对于用户量巨大，且大部分业务场景都需要提供7×24服务的互联网业务来说，用户是不能接受停服切换方式的。因此，就需要设计一套既不需要停服，又可以完成用户无感知的切换方案。

四、切换架构

为了实现不停服的重构升级，整体的新版本上线、数据迁移以及用户切量的架构如图1-12所示。

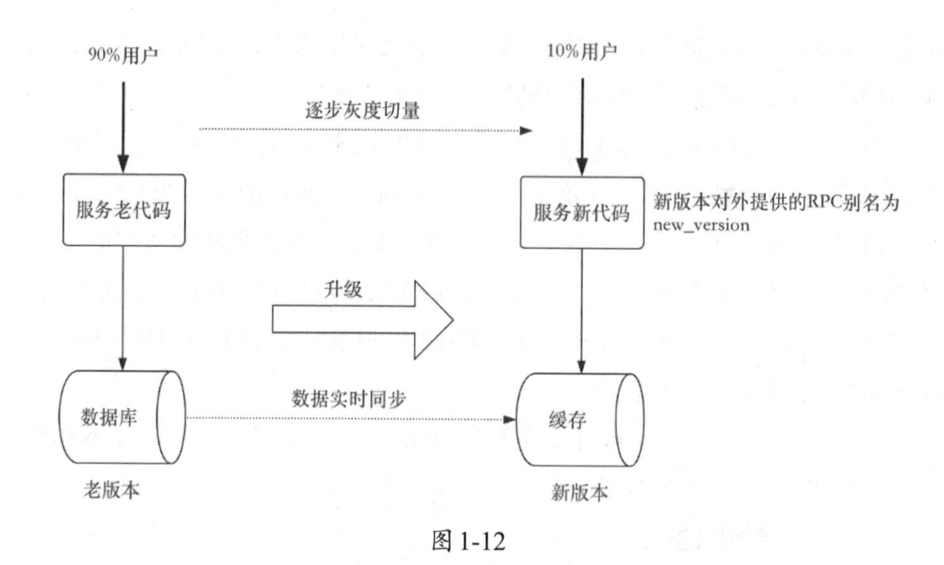

图 1-12

上述的架构中，左边部分是老版本未重构的服务及对应的老数据存储（后续称为老存储），右边部分部署的是升级重构后的新版本的服务和对应的新版本存储（后续称为新存储）。这个存储可以是缓存或者是表结构不同的数据库。

在图的下方，则是数据同步模块，主要作用是实时进行数据同步，将老存储里的历史数据、新增的写入以及更新的数据实时地同步至新存储里。数据实时同步是实现存储升级重构不停服切换的基础。

在完成数据同步之后，便可以进行用户的灰度切量，将用户逐步切换至升级重构的新版本上。

五、数据同步

当升级重构后的新版本开发及测试完成后，便可以将新版本代码和存储进行线上部署。新版本部署时，可以将新版本服务对外提供的接口的别名变更为一个新的名称，如new_version，具体见图1-12。因为修改了别名，即使新版本的服务上线部署并直接对外了，也不会引入老版本的流量。

通过上述方式可以实现新老版本的隔离，进而完成新版本服务的线上部署。新版本线上部署及隔离后，便可以进行数据同步。

数据同步分为历史数据的全量同步和新增数据的实时同步。在前文“重构常见的形式”部分介绍过，存储升级有两种，第一种是数据库到缓存，第二种是数据库到另一种异构的表结构数据库里。这里以使用场景较多的数据库到缓存的升级进行讲解，另一种场景比较类似，读者可以按此方式自己推演。

包含全量同步、增量数据的实时同步架构如图1-13所示。

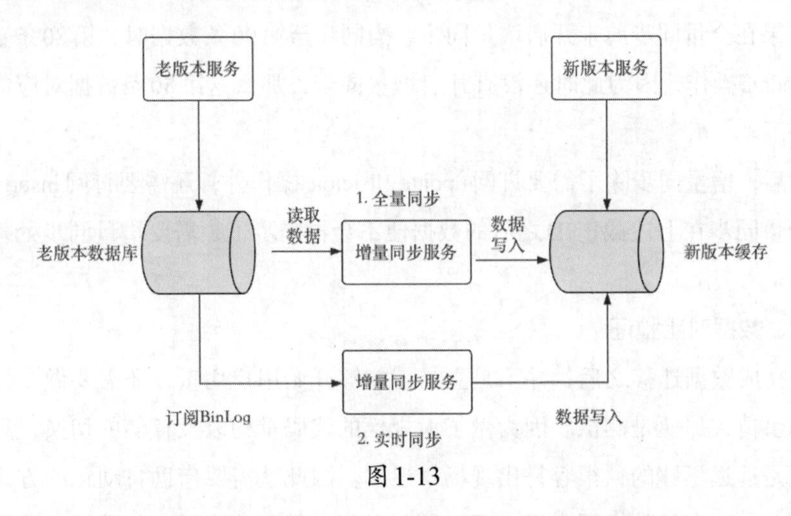

图1-13

上述第一步的全量同步（见图1-13的编号1处）是将历史数据进行一次全量初始化同步，可以采用Worker的方式对老版本数据库的数据进行遍历，大致SQL如下：

select数据from t_table where id> last_id limit一批次的数量。

从数据库遍历读取完之后，便会在同步服务模块里按缓存的格式进行数据格式的转换，然后将转换后的数据写入缓存即可。

上述的数据同步SQL没有停止条件，且在未切量前，老版本数据库一直会有数据持续写入。使用上述SQL进行同步时，会导致全量同步一直执行，出现无法停止的情况。为了解决这个问题，可以根据当前数据库已有的数据量、数据增长的速度以及数据同步的速度，评估在数据同步期间能够产生的数据量，并评估出这期间最多可能产生的数据ID（截止ID），并将SQL修改如下：

select数据from t_table where id> last_id and id< 截止ID limit一批次的数量。

第二步的增量实时同步是在开始进行全量同步时启动的，通过在增量同步模块订阅老版本数据库里的数据变更，可以实时获取老版本数据库中新增和变更的数据。需要注意的是，增量同步需要在全量同步开始前便进行Binlog（Binary Log，二进制日志）的订阅。如果在全量同步结束后，再订阅Binlog进行增量同步，可能会丢失在全量同步期间发生变更的数据，比如一张待同步的数据表里有100条数据，如果在全量同步前未开启增量同步。当同步至第90条数据时，第80条数据发生了update操作，因为此时还没有开启增量同步，那么这第80条数据对应的变更就丢失了。

最后，增量同步除了需要订阅update和delete操作外，还需要订阅insert操作。因为全量同步在上述截止ID之后的数据便不会再同步了，需要增量同步处理此类操作。

六、数据对比验证

在完成数据迁移之后，并不是立马就能够开始用户切量，还需要做一件非常重要的事情，那便是测试。因为做了大规模的代码重构以及存储的切换，只靠人工测试是远远不够的，很容易出现场景遗漏。因此就需要借助自动化的方式进行测试，在完成全量数据同步后，可以录制老版本服务的流量，并进行自动化测试回归。

通过一定时间区间的自动化回归，可以保证场景不被遗漏，极大地减少重构切换可能导致的问题。

在自动化回归中，可能会出现某一类问题需要特殊处理的情况，因为增量同步延迟会导致数据对比不一致。原则上这类问题不应该存在，因为基于Binlog的主从同步延迟非常小。但如果遇到这种情况，可以等待几分钟后再次运行对比不一致的回放请求。

七、用户切换

完成数据对比之后，下一步需要落地的便是用户切换。进行用户切换时，有两个原则需要遵循。

- 切量不能一刀切，即不能一次将所有的用户全部切换至新版本服务里，需要灰度逐步地将用户从老版本切换到新版本服务里。
- 在灰度切量时，需要尽早发现问题，而不是等到切量快完成的时候才发现问题。对于上述的两个原则，在具体落地切量时，可以从以下两点着手。
- 第一，对升级重构的系统涉及的所有用户进行分析并按等级划分，如可以按用户的注册时间、是否为会员等进行划分。如果重构的模块是订单模块，可以将用户按历史以来的下单量、订单金额等进行排序，将下单量小、订单金额低的用户排在最前面。

- 第二，在用户按上述的维度排序后，可以将用户分为几大批次，比如将所有用户按排序分为五等份。第一等份的用户因为下单量小、订单金额少，可以最先进行切换，这样便能够满足出问题影响面小的要求。

对于在切量时，尽可能早发现问题的要求来说，可以对上述排序的第一等份的用户再次进行分析和分类。我们知道，一个系统通常会对外提供多个功能点，比如用户模块会对外提供用户注册、查询用户基本信息、修改个人签名等功能。因此，可以对第一等份里的用户进行数据分析，分析这些用户里哪些用户使用了较多的系统功能。在分析后，可以按使用功能的多少对第一等份里的用户进行排序，将使用功能较多的用户排在前面。这样，在切量时，第一等份里使用系统功能最多的用户会优先进行切量，从而满足尽可能早发现问题的要求。

1.3 面试官：如何实现微服务的拆分，有何标准？

面试官在问到“如何实现微服务的拆分，有何标准”这个问题时，主要考查面试者在微服务设计方面的经验。微服务技术领域目前没有绝对统一的标准，每个企业都有自己的实践经验。因此，在回答这个问题时，面试者可以根据自己的实践经验来梳理思路进行回答。

作为面试者，可以从以下角度回答面试官的问题。

（1）微服务的拆分原则。

微服务的拆分原则指的是一系列的准则或规范，用于指导如何划分微服务。这些原则可以是基于业界的实践经验和成功案例总结出的，也可以是根据特定的业务需求和团队情况制定的。通过讨论微服务拆分原则，面试者可以展示自己的抽象思维能力。

（2）微服务的拆分策略。

如果将微服务的拆分原则比喻为武术心法，那么拆分策略就可以看作具体的招式。拆分原则提供了指导和基准，而拆分策略则是基于实际经验和实践中的具体情况，用于评估和决策拆分过程中涉及的技术、业务和团队因素。

通过分享在微服务拆分方面的策略，面试者可以向面试官展示自己的实践能力、解决问题能力、经验积累、技术洞察力和团队合作能力。这些能力将证明自己在微服务架构和拆分方面具备实际操作的能力和经验。

（3）如何验证微服务拆分的合理性。

验证拆分的合理性就像对代码进行测试一样重要，不合理的拆分会导致业务功能交叉重复、依赖关系更复杂，还会存在性能瓶颈和扩展困难等问题。通过向面试官回答如何验证拆分的合理性，可以展示自己对系统设计的经验和技术能力。

（4）如何组建与微服务架构匹配的团队。

回答好“如何组建与微服务架构匹配的团队”这个问题可以向面试官证明自己的以下相关能力。

- 第一，通过强调微服务团队相较于传统的技术团队具备快速迭代和自主决策的能力，展示自己在微服务项目开发方面的丰富经验。在面试过程中也可以提及之前参与的微服务项目，说明如何快速迭代和自主决策以满足不断变化的需求，来证明自己对微服务架构的熟悉程度，以及在这种灵活性要求高的环境中的工作能力。
- 第二，强调在微服务团队中进行的沟通和协作能力。微服务架构通常涉及多个服务之间的协作和依赖关系，因此团队成员之间的沟通和协作至关重要。面试者可以分享自己在以往项目中的沟通和协作经验，比如采用何种沟通工具、如何确保信息流畅、如何使问题及时解决等。这样可以展示面试者在团队合作方面的能力，以及在微服务团队中能够有效地与其他成员合作的能力。

接下来，将展开说明上述4个角度。

1.3.1 微服务的拆分原则

虽然目前就微服务拆分而言，没有一个绝对统一的标准。但是根据行业经验，在进行微服务拆分时，需要遵守以下原则。

（1）单一职责。

每个微服务应专注于解决一个明确的业务问题或提供一个特定的功能，确保每个微服务的职责清晰且独立，避免功能的重叠或职责的混淆。

（2）高内聚性和低耦合性。

微服务内部的组件和功能应具有高度相关性，形成高内聚的模块。同时，微服务之间的依赖应尽量减少，以实现低耦合性。这样可以提高微服务的独立性、可维护性和可扩展性。

（3）可扩展性和自治性。

每个微服务应具备独立的可扩展性和自治性。微服务应该能够根据负载需求进行水平扩展，并且能够独立地进行开发、部署和运行。这样可以实现系统的弹性和快速迭代的能力。

1.3.2 微服务的拆分策略

有了微服务拆分时的指导原则还要有具体的拆分策略，要不便是空中楼阁无法落地。微服务的拆分策略主要分为图1-14所示的几类。

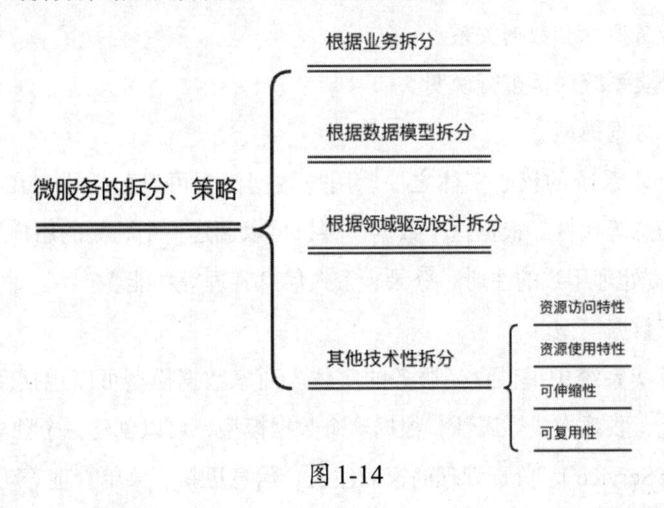

图1-14

一、根据业务拆分

将系统根据业务领域的边界进行拆分，使每个微服务专注于解决一个明确的业务问题或提供一个特定的功能。这样可以实现业务功能的独立性和自治性，进而更好地组织和管理微服务。

例如，在在线教育系统中，可以将与课程相关的功能，如创建课程、发布课程、审核课程等划分为一个服务；将与订单相关的功能，如下单、订单预览、查看订单等划分为一个服务；将与运营相关的功能，如活动管理、数据分析报告、社交媒体管理等划分为一个服务，如图1-15所示。

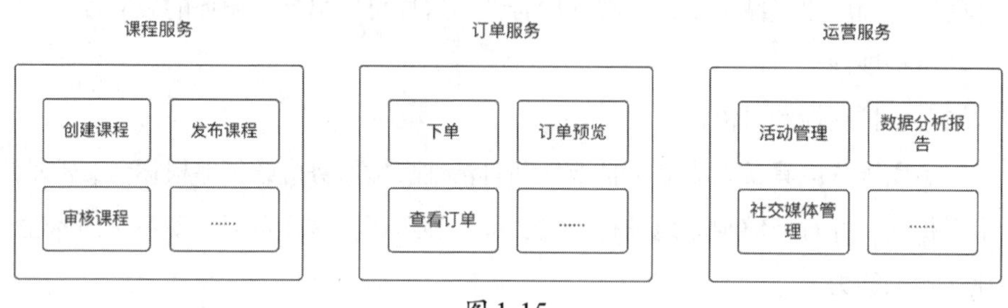

图1-15

二、根据数据模型拆分

当根据数据模型进行微服务的拆分时，首先需要分析业务需求并确定系统的数据模型。数据模型是描述系统中各个实体、关系和属性的结构化表示，它反映了系统中的核心业务概念和数据关系。

下面以外卖系统为例进行说明。

（1）用户数据模型。

用户是外卖系统的核心实体之一。用户数据模型可以包括用户ID、用户名、密码、联系信息等属性。根据这个数据模型，可以创建一个独立的用户服务（User Service），负责处理用户的注册、登录、个人信息管理等功能。

（2）商家数据模型。

商家是外卖系统中提供食品服务的实体。商家数据模型可以包括商家ID、商家名称、地址、联系方式等属性。根据这个数据模型，可以创建一个独立的商家服务（Merchant Service），负责管理商家的注册、信息更新、菜单管理等功能。

（3）菜品数据模型。

菜品是外卖系统中的另一个核心实体。菜品数据模型可以包括菜品ID、名称、描述、价格、分类等属性。根据这个数据模型，可以创建一个独立的菜品服务（Dish Service），负责管理菜品的创建、编辑、上架、下架等功能。

（4）订单数据模型。

订单是用户在外卖系统中下单购买菜品的记录。订单数据模型可以包括订单

ID、用户ID、商家ID、菜品列表、支付状态等属性。根据这个数据模型，可以创建一个独立的订单服务（Order Service），负责处理订单的创建、支付、查询等功能。

（5）配送数据模型。

配送是外卖系统中的重要环节。配送数据模型可以包括配送ID、订单ID、配送员信息、配送状态等属性。根据这个数据模型，可以创建一个独立的配送服务（Delivery Service），负责管理配送员的分配、路线规划、配送状态更新等功能。

通过这种方式，可以根据业务需求和数据模型来进行微服务的拆分，每个微服务关注自己的领域，并通过定义合适的接口来实现系统的整体功能。

三、根据领域驱动设计拆分

领域驱动设计（Domain-Driven Design，DDD）是一种软件开发方法论，旨在通过深入理解业务领域和建立有效的领域模型来解决复杂的软件系统设计问题。将DDD与微服务架构相结合，可以实现更好的松耦合、高内聚和可扩展性。

DDD的核心概念包括以下几点。

（1）领域模型。

领域模型是对业务领域的抽象和表达，由实体（Entities）、值对象（Value Objects）、聚合（Aggregates）、领域服务（Domain Services）等组成，反映了业务领域的核心概念、业务规则和关系。

（2）聚合根。

聚合根代表了一组关联实体和值对象的根实体。聚合根负责维护聚合内的一致性和完整性，并定义了聚合内的业务操作。

（3）限界上下文。

限界上下文是在DDD中划定业务边界的概念。每个限界上下文都有自己的领域模型和业务规则，确保不同的领域之间保持清晰的分离。

使用DDD进行微服务的拆分实际是使用DDD中的限界上下文拆分，因为限界上下文在DDD中可以用来划定业务边界，而该业务边界可以作为不同微服务之间的边界，所以有几个限界上下文就可以得到几个微服务。当然实际开发中项目架构是不断演进的，还是要伴随着实际情况进行微服务的合并和再次拆分。

四、其他技术性拆分

（1）资源访问特性。

以编者之前参与的一个微服务产品为例来说明。该微服务产品有一个商家管理的服务，针对商家管理的资源访问可以总结为两类：读操作和写操作。对于写操作，如商家的入驻操作，受国家和平台政策要求，而各种政策时有更新，因此必须频繁发版；而读操作则相对稳定，且读操作和写操作的比例严重失衡。此时就可以考虑将商家管理服务二次拆分，拆分为商家读服务和商家写服务。拆分之后写服务的发版不会再影响到读服务，而且读服务也可以根据数据访问特性选择合适的存储技术和数据结构。

（2）资源使用特性。

不同业务对于资源的使用和需求方式是不同的，比如有些业务属于IO密集型，需要频繁地进行输入输出操作，有些业务属于计算密集型，需要进行大量的计算处理。根据这些特点，可以采取相应的微服务拆分策略，以实施不同的部署方案，进而优化系统性能，提高资源利用率。

（3）可伸缩性。

在构建微服务架构时，需要考虑系统负载的增长和变化，以及对资源的弹性扩展需求。例如，秒杀业务，就可以根据可伸缩性特点拆分为独立的微服务，进而实现系统的弹性扩展和负载均衡，使得服务可以根据需求进行独立的扩展，同时保持系统的整体稳定性和性能表现。这种拆分方法还可以帮助应对日益增长的用户访问量和复杂业务场景，提供可靠的服务和良好的用户体验。

（4）可复用性。

在微服务架构中，实现可复用性是一项重要的目标，它可以提高开发效率，降低系统复杂度，并促进组件的重用和功能的模块化，比如可以将通用的功能和组件抽象成公共服务，供其他微服务进行调用和重用。这样可以避免重复开发相同的功能，提高开发效率和代码的可维护性。像用户认证授权服务、文件服务、缓存服务、消息服务、日志服务等都是根据该策略进行的拆分。

1.3.3 如何验证微服务拆分的合理性

在初步确定微服务的拆分方案后，可以从以下方面衡量微服务拆分的合理性。

（1）业务功能独立性的评估。

在评估每个微服务的功能时，需要确保每个微服务专注于解决一个明确的业务问题或提供一个特定的功能。分析每个微服务的功能，并验证其是否与其他功能过于紧密地耦合。如果一个微服务承担了过多的功能，会导致职责混淆和维护困难。

（2）微服务依赖关系的分析。

评估微服务之间的依赖关系，确保它们之间的耦合度适当。过于紧密的依赖关系会导致微服务间的紧密耦合，一旦其中一个微服务发生变化，可能会影响到其他微服务。因此，应该确保微服务之间的依赖关系是松散的，以提高系统的灵活性和独立部署性。

（3）数据拆分和一致性的考虑。

分析数据的拆分方案，确保每个微服务拥有自己的数据存储。这样可以提高微服务的自治性和独立部署性，减少对跨微服务数据访问的需求。同时，需要考虑数据的一致性和完整性，确保跨微服务操作数据时能够保持一致性。

（4）微服务间通信和协作机制的验证。

评估微服务之间的通信和协作方式，确保采用合适的通信机制和协议。可以考虑使用轻量级的消息传递、RESTful API或事件驱动的方式进行微服务间的通信。验证微服务之间的通信是否高效可靠，并能够满足业务需求。

（5）性能和可扩展性的评估。

评估每个微服务的性能和可扩展性，确保它们能够独立地进行横向扩展。每个微服务应该具备独立的可扩展性，以满足系统负载的需求，并能够保持高性能和可靠性。

（6）团队规模是否满足“Two-Pizza Teams”组织原则。

确保微服务对应的团队规模符合“Two-Pizza Teams”组织原则，即一个团队的规模应该保持在可以用两个披萨让所有成员吃饱的程度为标准进行有效沟通和协作。团队规模适中可以促进团队自治性和高效的决策制定，有利于快速迭代和交付价值。

验证微服务拆分的合理性是确保微服务架构成功实施的关键步骤。通过评估业务功能的独立性、分析微服务间的依赖关系、考虑数据拆分和一致性、验证微服务间的通信和协作机制、评估性能和可扩展性，以及评估微服务对应的团队规模，可以更好地判断微服务拆分的合理性。重要的是，在实践中保持灵活性，根据反馈和经验进行调整和改进，以构建可扩展、灵活和高效的微服务架构。

1.3.4 如何组建与微服务架构匹配的团队

微服务架构的成功实施不仅依赖于技术和架构决策，还需要一个与之相匹配的团队结构和组织文化。传统的开发团队常常面临协作效率低下、创新受限等问题。本节将从传统开发团队的弊端出发，探讨如何组建与微服务架构匹配的团队，以挖掘微服务架构的潜力。

一、传统开发团队的弊端

（1）大型团队和组织结构僵化。

大型团队和层级繁多的组织结构往往导致决策流程冗长，一个决策需要经过多个层级的批准和协调，从而降低了响应速度。团队成员之间的信息传递和沟通也受到层级和规模的限制，导致沟通效率低下。这样的团队结构缺乏灵活性和敏捷性，难以快速适应变化。

（2）功能单一的开发团队。

传统开发团队往往专注于特定的功能，导致团队成员只对自己负责的功能有深入了解，缺乏对整体业务的全面理解。这使得团队难以设计和实现符合全局需求的综合解决方案。此外，功能单一的团队通常只掌握特定领域的技术，面对复杂的技术挑战时无法提供全面的解决方案。

（3）紧耦合的开发和部署流程。

传统开发团队的开发和部署流程通常是线性且紧耦合的，各个环节之间存在强依赖关系，导致部署速度较慢，需要经过多个阶段的测试和验证，难以快速响应变化。此外，紧耦合的流程限制了团队的可扩展性，当需要应对高负载和大规模系统的需求时，团队往往难以迅速扩展和适应。

鉴于传统开发团队所面临的弊端，越来越多的组织转向微服务架构团队。微服务架构团队具备一些关键特征，使其能够更好地适应现代软件开发的要求。下面将介绍微服务架构团队的特征，以及它们如何解决传统开发团队所面临的问题。

二、微服务架构团队的特征

微服务架构团队采用一种灵活的团队结构，与传统的大型团队结构不同。在微服务架构团队中，主要特征如下。

（1）灵活的团队结构。

微服务架构团队采用小而自治的团队结构。这意味着团队规模相对较小，成员之间紧密协作，并且有更高的自主权和责任感。去除了传统大型团队的层级结构，决策和沟通更加高效。团队成员可以更快地做出决策，协作解决问题，并且更加灵活地响应变化。

（2）跨职能团队。

微服务架构团队由具备多样化技能和领域知识的成员组成，通常包括产品、开发、测试、运维。团队成员不仅擅长特定的技术领域，还了解业务需求和整体架构。跨职能团队能够更好地理解和解决整体业务问题，设计和实现符合全局需求的解决方案。团队成员具备更广泛的技术能力，能够应对复杂的技术挑战。

（3）持续集成和交付。

微服务架构团队采用自动化的持续集成和交付流程。借助工具和流程的自动化，实现快速部署和快速反馈。这种流程使得团队能够更频繁地进行代码集成、构建和部署，减少了传统开发团队在部署过程中可能遇到的延迟和错误。持续集成和交付还鼓励快速迭代和反馈循环，帮助团队不断改进产品和服务质量。

（4）微服务治理和质量保证。

微服务架构团队注重微服务间的协作和一致性。建立微服务治理机制，确保不同微服务之间的协同工作，保持一致性和可靠性。此外，微服务架构团队也重视质量保证和监控，采取措施确保微服务的稳定性和可靠性，以提供高质量的服务。

这些特征使得微服务架构团队能够更好地应对现代软件开发的挑战。他们具备灵活性、跨职能协作、持续交付和微服务治理的能力，从而更有效地构建和维护微服务架构。这样的团队结构和特征使得他们能够快速响应变化，提供高质量的软件解决方案，并为组织带来更大的业务价值。

1.4 面试官：微服务之间的通信模式有哪些？

根据编者以往担任面试官的经验，发现很多面试者在回答问题时都存在以下问题。

（1）他们无法区分问题的主要要点和次要要点，常常将所有相关信息一股脑地说出来，而没有对问题进行适当的筛选和组织。

（2）一些求职者缺乏组织和逻辑思维，导致回答显得杂乱无章。他们可能会跳跃性地提供信息，或者在回答中重复说同样的内容，缺乏清晰的结构和连贯性。

（3）有些面试者试图一次性地将所有相关信息都包含在回答中，导致信息过多、冗长而难以理解。他们常常陷入细节中，而忽略了核心观点的呈现。

这些面试者通常会被面试官打上缺乏焦点、思维无序、逻辑混乱等标签，编者相信很多读者朋友可能也有这些问题的困扰，其实这类"症状"是可以通过提供对回答内容进行清晰的组织和优化语法来解决的。为了使回答更通顺和连贯，可以采取以下措施。

（1）在回答问题前，仔细考虑问题的要点，并选择最重要的信息进行回答。将回答集中在核心观点上，避免一股脑地提供所有相关信息。

（2）在回答时，使用清晰的结构组织方式。可以采用分段式结构，每个段落围绕一个特定的主题或观点展开。使用连接词或短语来引导句子之间的转换，以确保回答的连贯性。

（3）用简洁明了的语言表达观点，避免冗长和啰嗦的叙述。在回答时，可以用简洁的语句概括观点，并提供必要的支持或例证。

（4）通过结合自己的实际经验或具体例子来支持观点，使回答更具体、生动。这样可以使回答更有说服力。

（5）确保直接回答问题，不要偏离主题。在回答之前，可以将问题重述一遍，以确保理解正确并回答准确。

如果面试官问："微服务之间的通信模式有哪些？"，应该怎么回答？这也是一个容易让面试者陷入思维无序和逻辑混乱的问题，要回答好这个问题，可以采用如下分段式结构。

（1）通信方式的选择。

在传统的单体架构中，各个功能模块之间通过内存进行通信。然而，在微服务架构中，由于各个微服务是独立的、自治的，它们需要通过网络进行通信。因此，在回答这个问题时，首先应该向面试官阐述业界主流的微服务通信方式有哪些。

（2）同步通信方案。

业界主流的微服务通信方案主要分为两种：同步和异步。接下来，详细说明每种通信方案。在介绍同步通信方案时，还有两种常见的实现方式：REST和RPC。

因此，需要向面试官回答REST和RPC的实现原理、优势和异同点，以及它们各自适用的应用场景。

（3）异步通信方案。

在回答完同步通信方案后，紧接着转到异步通信方案的工作原理、优势和使用场景进行阐述。

通过这种分段式结构的回答，可以让面试官更容易理解你的回答，同时展示出你的组织能力和清晰的思路，让面试官跟随你的思路，并对你对通信方式选择、同步通信方案和异步通信方案的理解有更清晰的认识，还可以减少信息的重复和冗余，使回答更加简洁和精练。

重要的是，通过清晰的结构和语句的组织，你能够更好地展示自己的知识和能力，给面试官留下好的印象。这种方式还可以帮助你在回答问题时更有效地传达关键信息，突出你的观点和论据，提高回答的质量和准确性。

接下来，将展开说明这3个段落的内容。

1.4.1 通信方式的选择

在微服务架构中，选择通信方式需要考虑多个因素，包括性能要求、可靠性、扩展性以及业务需求等，以下是常见的微服务通信方式。

一、同步通信

同步通信是一种阻塞式的通信方式，消息发送方在发送请求后会等待接收方的响应。在同步通信中，发送方发起请求并暂停执行，直到接收到响应后才能继续执行后续操作。这种通信方式的特点如下。

（1）阻塞等待。

在同步通信中，发送方在发送请求后会一直等待接收方的响应。发送方的执行会被阻塞，直到接收到响应或等待超时。该特性可以确保发送方在接收到响应后才继续执行后续操作，但也导致了发送方的执行时间延长。

（2）请求-响应模式。

同步通信通常采用请求-响应模式。发送方发送请求消息给接收方，接收方接收并处理请求后返回响应消息给发送方。该模式使通信的交互过程更加明确和可控，发送方可以根据接收到的响应来继续执行相应的逻辑。

（3）简化编程模型。

相对于异步通信，同步通信提供了更简化的编程模型。发送方可以直接在发送请求后等待响应，而不需要处理异步回调或轮询等复杂的机制。该编程模型使得代码编写和调试更加直观和容易理解。

（4）阻塞风险。

由于发送方在等待接收方响应时处于阻塞状态，如果接收方响应缓慢或发生故障，可能会导致整个通信链路的延迟或故障。发送方需考虑超时机制来应对阻塞风险，避免无限期地等待响应。

二、异步通信

异步通信是一种非阻塞式的通信方式，消息发送方在发送请求后不需要等待接收方的响应。在异步通信中，发送方可以继续执行其他任务，而不必等待接收方的响应。这种通信方式的特点如下。

（1）非阻塞操作。

在异步通信中，发送方发送请求后不会阻塞自己的执行。发送方可以继续执行其他任务，而无须等待接收方的响应，提高系统的并发性和资源利用率。

（2）异步回调或事件驱动。

异步通信通常使用异步回调或事件驱动的方式处理接收方的响应。发送方在发送请求时可以指定回调函数或处理事件的方式，用于接收和处理接收方的响应。当接收方完成处理后，会调用发送方指定的回调函数或触发相应的事件，以便发送方获取和处理响应数据。

（3）高吞吐量和响应性能。

由于发送方不需要等待接收方的响应，因此异步通信可以提高系统的吞吐量和响应性能。发送方可以并发处理多个请求，不必等待每个请求的响应返回。这种并发处理的方式能充分利用系统资源，提高系统的处理能力和性能。

（4）消息的可靠性和顺序性。

在异步通信中，消息的可靠性和顺序性是需要考虑的重要因素。由于发送方不会立即获取接收方的响应，需要确保消息的可靠传递和有序处理。为此，通常会使用MQ或事件总线等机制来存储和传递消息。MQ可以确保消息的持久化存储，并支持消息的重试、重排和错误处理，以提供可靠的消息传递。事件总线可以确保事件的顺序处理，保证事件按照特定的顺序被接收方处理。

1.4.2 同步通信方案

在分布式系统和网络应用开发中，同步通信是一种常见的通信方式。它涉及客户端和服务器之间的请求和响应的同步处理。本小节将介绍两种常用的同步通信方案：REST和RPC。

一、REST通信

REST（Representational State Transfer，描述性状态迁移）是一种基于HTTP的通信方式，它使用HTTP方法（如GET、POST、PUT、DELETE）对资源进行操作。以下是REST通信的关键要素。

（1）资源和URL。

REST通信通过使用URL表示资源，资源可以是任何具体或抽象的实体，如用户、产品、订单等，每个资源由一个唯一的URL表示，客户端可以通过该URL来访问和操作资源。每个URL代表一个特定的资源，可以使用HTTP方法对其进行操作。例如，使用GET方法获取资源，使用POST方法创建资源，使用PUT方法更新资源，使用DELETE方法删除资源。

（2）状态无关性。

REST通信是无状态的，每个请求都是独立的。服务器不会保存客户端的状态，而是依赖于每个请求中提供的必要信息来处理请求。

（3）数据传输。

REST通信通常使用JSON或XML等格式来传输数据。请求和响应的数据被嵌入HTTP请求和响应的消息体中，目前基于REST的OpenFeign默认就是基于JSON格式进行数据传输。

（4）平台无关性。

由于REST使用HTTP作为底层通信协议，因此它可以在不同的平台上实现和使用。客户端和服务器可以使用不同的编程语言和框架实现。

然而，REST通信也存在如下一些缺点。

（1）灵活性受限。

REST通信主要是基于一组预定义的HTTP方法和状态码，这限制了一些特定的交互模式和高级功能。某些复杂的应用场景可能需要使用其他通信方案来实现。

（2）不一致性。

REST通信没有强制性的消息格式和内容验证机制，开发者在设计和实现API时可以自由选择消息格式（如JSON、XML等）和验证规则（如数据签名、XML Schema验证等）。这可能导致不同API之间的差异和不一致性。

（3）性能问题。

由于REST通信基于HTTP，每个请求都需要建立和关闭连接，这可能在大规模并发请求的情况下对性能产生一些影响。

（4）安全性限制。

REST本身不提供安全性保障，需要依赖其他机制来确保通信的安全性，如使用HTTPS进行加密通信和身份验证机制。

二、RPC通信

RPC通信过程如图1-16所示。

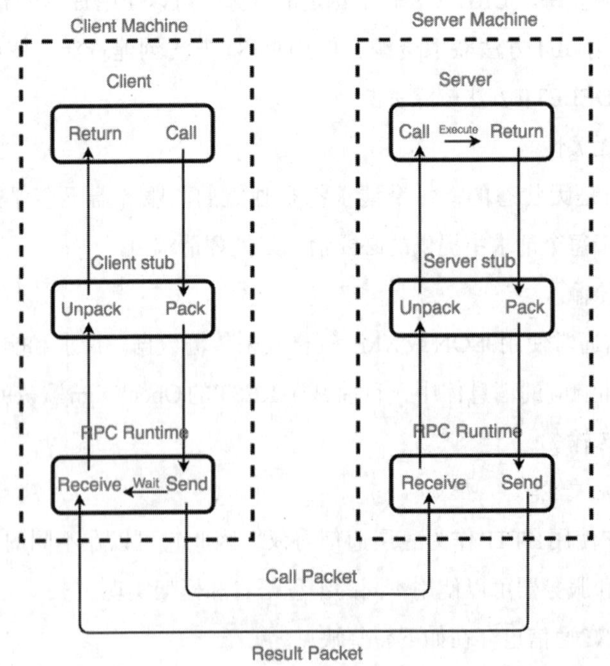

图1-16

RPC（Remote Procedure Call，远程过程调用）是一种用于实现分布式系统中进程间通信的通信协议和模式。它允许一个进程调用另一个进程中的函数或方法，就像本地调用一样，隐藏了底层的网络通信细节。

RPC的工作过程如下。

（1）客户端调用。

客户端通过本地调用方式调用远程过程（函数或方法）。客户端提供参数，并等待远程过程的执行结果。

（2）参数序列化。

客户端将参数序列化为字节流，以便在网络上传输。序列化将参数转换为一种可传输的形式，该形式通常是二进制格式。之所以使用二进制格式，是为了在网络上传输参数时能够跨越不同的编程语言和平台。

（3）网络传输。

客户端通过网络将序列化后的请求发送给远程服务器。网络通信可以使用各种协议，如TCP或UDP，通常情况下，使用TCP来确保可靠的数据传输。

（4）服务器接收。

远程服务器接收到请求后，会对请求进行解析和反序列化，将参数还原为原始的数据形式，以便后续的远程过程调用。

（5）远程过程调用。

服务器调用对应的远程过程，并使用客户端提供的参数进行执行。执行过程与本地过程调用相同，可以访问远程服务器上的资源并执行相应的操作。

（6）结果序列化。

服务器将执行的结果序列化为字节流，以便在网络上传输。与参数序列化类似，结果序列化将结果转换为可传输的形式。

（7）网络传输。

服务器将序列化后的结果通过网络发送给客户端。

（8）结果返回。

客户端接收到结果后，将结果反序列化为原始数据形式，并返回给调用方。

RPC的工作原理如下。

RPC的工作过程涉及多个组件和步骤，包括客户端、序列化、网络传输、服务器和远程过程调用。RPC的核心是远程过程调用。远程过程调用使得客户端能够调用远程服务器上的函数或方法，并获取执行结果。通过序列化和网络传输，将参数和结果在客户端和服务器之间进行传输。

RPC的优点如下。

（1）抽象性。

RPC的一个主要优点是隐藏了底层网络通信的细节，使得分布式系统中的组件可以像本地调用一样进行交互，简化了分布式系统的开发和维护，并提供了更高级的抽象，开发人员可以专注于业务逻辑而非网络通信。

（2）灵活性。

RPC支持跨语言调用，不同编程语言的进程可以通过接口定义语言（Interface Definition Language，IDL）定义的接口进行通信，使不同技术栈的系统能够集成和交互，促进系统的扩展和升级。

（3）性能较高。

RPC通信通常比一些基于文本传输的协议效率更高，因为它使用了二进制传输和紧凑的序列化格式，减少了数据传输的体积，并减少了网络带宽的占用，从而提高了系统的性能。

RPC的缺点如下。

（1）耦合性。

RPC通信的接口定义需要提前确定，并且在不同进程之间共享。这意味着对接口的更改可能需要协调多个系统的更新，增加系统之间的耦合性。任何对接口的修改都需要确保所有相关系统都能适应变化。

（2）配置复杂性。

RPC通信涉及多个进程或计算机之间的连接和配置，增加了部署和管理的复杂性。确保各个节点的网络连接和正确配置的一致性需要额外的努力和资源。

（3）可用性和稳定性。

RPC通信对于网络的可用性和稳定性有一定依赖。当网络出现问题时，调用可能会受到影响，导致延迟或失败。为了提高可用性和稳定性，需要采取适当的错误处理和容错机制，如超时设置和重试策略。

RPC通过封装底层的网络通信细节，使得远程过程调用像本地调用一样简单。

RPC具有抽象性、灵活性和性能较高等优点，但也需要考虑耦合性、配置复杂性和可用性等因素。在选择使用RPC时，需根据具体需求和场景综合评估。

1.4.3 异步通信方案

基于MQ的异步通信方案是一种常用的实现异步通信的方式。在分布式系统中，不同服务或模块之间需要进行通信，而采用同步方式进行通信可能会导致性能瓶颈和系统响应延迟。基于MQ的异步通信通过引入MQ作为中间件，将通信过程解耦和异步化，提高系统的可伸缩性和性能。

在微服务中使用基于MQ的异步通信方案如图1-17所示。

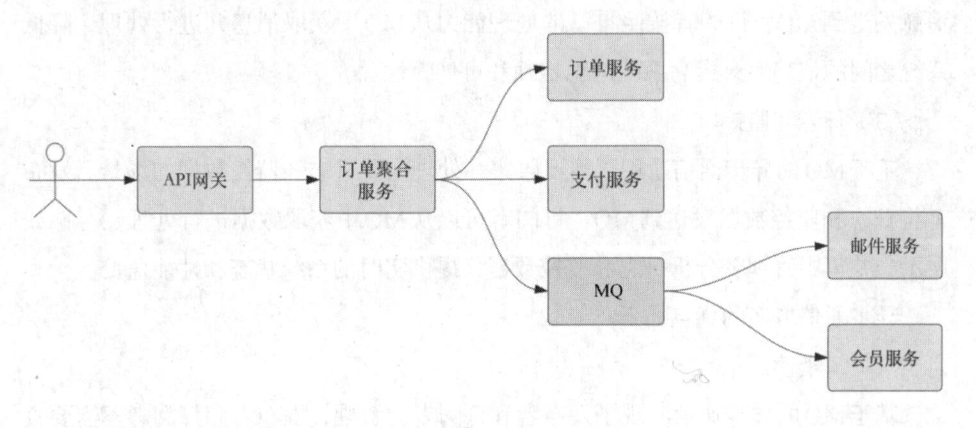

图1-17

异步通信方案的工作原理如下。

（1）发布者-订阅者模型。

发布者-订阅者模型中，发布者负责将消息发布到MQ中，而订阅者则从MQ订阅感兴趣的消息。发布者和订阅者之间不存在直接的通信，它们通过MQ来进行消息的传递。

（2）MQ。

MQ作为中间件，接收发布者发送的消息，并将其存储在队列中。队列可以看作一个临时存储消息的缓冲区。MQ通常具有高吞吐量和低延迟的特性。

（3）异步通信。

发布者和订阅者之间的通信是异步的。发布者将消息发布到MQ后，可以立刻执行其他操作，不需要等待订阅者的响应。订阅者从MQ中获取消息，并根据自身需求进行处理，提高了系统的并发性和响应速度。

异步通信方案的使用场景如下。

（1）异步任务处理。

基于MQ的异步通信适用于需要异步执行耗时任务的场景。发布者将任务发布到MQ，订阅者从MQ中获取任务并执行，提高系统的并发能力和任务处理效率，避免阻塞和等待。

（2）系统解耦和“削峰填谷”。

基于MQ的异步通信可以实现系统之间的解耦和平滑处理突发流量。发布者将消息发送到MQ，订阅者按照自己的处理能力从MQ中获取消息并进行处理，降低系统之间的依赖性，提高系统的稳定性和可伸缩性。

（3）日志和监控。

基于MQ的异步通信适用于需要收集和处理大量日志和监控数据的场景。发布者将日志和监控数据发送到MQ，订阅者可以从MQ中获取数据进行处理、存储或展示，并集中管理及分析日志和监控数据，提供实时的系统状态和性能监控。

异步通信方案的优点如下。

（1）解耦性。

基于MQ的异步通信实现了发布者和订阅者的解耦，发布者和订阅者不需要直接知道彼此的存在，减少了依赖性。发布者和订阅者可以独立演进和扩展，而不会对彼此的改变产生直接影响。

（2）异步性。

基于MQ的通信是异步的，发布者将消息发送到队列后即可继续执行其他任务，不需要等待订阅者的响应，提高了系统的吞吐量和响应性能，同时也减少了发布者和订阅者之间的等待时间。

（3）可靠性。

MQ通常具备持久化机制，保证消息的可靠存储和传递。即使在系统故障或重启后，消息也能得到保留和恢复，确保消息不会丢失。

当涉及基于MQ的异步通信方案时，还需要考虑一些缺点和成本。

缺点如下。

（1）复杂性。

引入MQ增加了系统的复杂性，需要设计和管理MQ的架构，确保其可靠性、可用性和高性能。此外，对于分布式系统，还要考虑一致性和并发性等复杂问题。

（2）可维护性。

由于引入了中间件，系统的维护和故障排除会更加复杂，需要监控和管理MQ的状态，及时处理潜在的问题。此外，还需要进行版本升级、容量规划和性能调优等工作。

（3）异常处理。

异步通信中，由于网络延迟、消息丢失等问题，可能导致消息处理失败或重复处理。需要设计异常处理机制来处理这些问题，如消息重试、死信队列等。

成本如下。

（1）系统资源消耗。

引入MQ需要占用系统资源，包括内存、磁盘空间和网络带宽。需要评估和规划系统资源，确保MQ和其他组件之间的资源平衡。

（2）部署和维护成本。

搭建和维护MQ的基础设施需要一定的投入，包括硬件、软件和人力成本。需要考虑合适的MQ解决方案，并进行合理的规模化部署和维护。

综上所述，尽管基于MQ的异步通信方案具有许多优点，但也有一些需要考虑的缺点和成本。在选择和实施该方案时，需要综合考虑系统需求、复杂性、可维护性和成本等因素，并进行适当的权衡和规划。

第2章 高性能架构

2.1 面试官：如何利用全量缓存构建高性能读服务？

面试官在与高级开发工程师和架构师进行面试时，通常会提出开放性的场景类问题。这些问题往往没有固定且准确的答案，旨在考查面试者的以下能力。

（1）技术深度和广度。

面试官希望面试者能够在复杂场景中展现扎实的技术知识和广泛的技术理解，包括对相关技术栈、编程语言、设计模式、架构原则等方面的深入了解。

（2）解决问题的能力。

面试官想要了解面试者在实际场景中如何分析问题、找出解决方案并进行取舍，他们希望看到面试者的思考过程、逻辑推理和解决问题的方法。

（3）架构和设计能力。

对于架构师职位，面试官特别关注面试者的架构能力。他们希望了解面试者在设计大型系统，解决复杂问题，保证系统的可扩展性、性能和安全性等方面的经验和能力。

（4）沟通和表达能力。

面试官也会通过场景问题考查面试者的沟通和表达能力。他们希望面试者能够清晰地表达自己的思路，解释技术细节，并与面试官进行有效的交流。

因此，在回答开放性的场景类问题时，面试者应该展示自己的技术深度、解决问题的方法、设计系统的能力，并清晰地表达自己的思考过程。重要的是展示思维方式和能力，而不仅仅是给出一个最终答案。

基于以上分析，面试者在回答“如何利用全量缓存构建高性能读服务”这个问题时就可以基于以下思路。

（1）读服务的技术共性。

既然有读服务，那必然有写服务或其他服务，不同类型的服务划分是基于不同的业务场景和技术共性。所以在回答面试官时，首先就是分析读服务的技术共性。技术共性是指在不同场景下，服务所需的常见技术要素和特征。通过了解和分析技术共性，可以更好地理解问题的本质，并提供解决方案。

（2）利用全量缓存构建毫秒级的读服务。

对于开放性问题，没有明确的具体需求，这样的问题通常用于评估面试者的思维过程、解决问题的能力和创造性。在没有明确需求的情况下，面试者可以根据问题的描述和上下文提出一些假设。这些假设可以涉及不同的方面，如性能、可伸缩性、用户体验等。这些假设可以帮助面试者在解决问题时进行思考。

针对这样的问题，可以提出一个假设——平均性能在100毫秒以内的读服务。基于这个假设，可以探索利用全量缓存构建毫秒级读服务的技术方案。这样的假设可以引导面试者思考如何设计和实现一个高性能的读服务。

（3）数据同步方案设计。

在全量缓存的架构方案中，所有数据都存储在缓存中。读服务不再回退到数据库层级，而是完全依赖缓存。然而，全量缓存对数据更新的要求非常严格。它要求将所有已有数据和实时更新的数据都完全同步至缓存，不能有任何遗漏。因此，面试者需要设计一种异构数据库的数据同步方案。

（4）架构存在的问题。

作为技术人员，面试者应该具备解决问题的能力和持续改进的意识。面对架构问题时，面试者应该保持开放的态度，不断寻求改进和优化的机会。

然而，必须明确一个前提，即没有完美无缺的架构方案。因此，面试者需要具备发现架构问题和解决问题的能力，并能向面试官清晰阐述存在的问题以及相应的解决方案。通过识别并分析架构中的问题，并提供切实可行的解决方案，面试者能够证明自己具备解决复杂技术难题的能力。

（5）其他提升性能的手段。

在设计了一个完善可落地的技术方案后，面试者还要精益求精，提出其他提升性能的手段。

接下来，将根据分析的思路进行展开说明。

2.1.1 读服务的技术共性

后台系统的架构可以根据所处理的业务类型对其进行分类。通常，后台系统的业务可以归为读业务、写业务和扣减类业务。

- 读业务：读业务主要涉及从系统中获取数据的操作，如查询数据库、读取缓存或处理请求等。读业务通常不对数据进行修改，只是获取现有数据并返回给客户端。
- 写业务：写业务主要涉及对系统中的数据进行修改或创建的操作，包括插入、更新和删除数据等。写业务可能会对数据库、缓存或其他持久化存储进行写操作，以更新系统状态或响应客户端请求。
- 扣减类业务：扣减类业务是一种特殊的写业务，通常涉及对某种资源进行扣减的操作，如库存扣减或积分扣减。这类业务需要确保数据的准确性和一致性，因为多个并发请求可能同时对同一资源进行扣减，所以需要采取适当的并发控制和事务处理机制。

在实际业务中，大多数情况下读业务会占据主导地位，因为读操作的频率通常高于写操作。例如，想象一下，需要刷多少短视频才会发一条？或者每次下单前需要浏览多少商品？

因此，下面将从读业务入手，进入实战之旅。首先会介绍读业务在实现上需要满足的功能特点、需要遵守的基本原则以及常见实现方案的优缺点。

注意，“读业务”这个术语更偏向业务和产品，而在系统设计或日常沟通中，研发人员通常会使用更偏向技术实现的术语，如“读接口”或“读服务”。在本书的后续内容中，统一使用“读服务”一词来代指读业务。读服务在实现流程上主要是从存储中一次或多次获取原始数据，进行相关的逻辑加工后，将数据返回给用户或前端业务系统。它是无状态的，每次执行都不会在存储中记录或修改数据。每个读请求都是独立的。

举例来说，在资讯类应用中，我们会看到两类场景：一类是业务后台系统直接从存储中获取今日新闻列表；另一类是推荐系统生成新闻推荐列表，并将其提供给业务前台系统展示给用户。同样，在电商应用中，首页展示的商品和促销信息是根据营销策略进行配置的。业务后台接收到读请求后，直接从存储中获取数据并加工后返回给业务前台系统。

根据以上分析，读服务在实现上需要满足的功能要求主要有以下3点。

（1）高可用性。

无论是读服务还是其他类型的服务，高可用性都是一个重要的要求。读服务需要能够持续提供稳定可靠的服务，即使在面对故障或部分组件失效的情况下也能保持正常运行。

（2）高性能。

对于读服务，高性能是至关重要的，因为用户期望能够快速获取所需的数据，比如浏览新闻和电商App时，如果首页打开得非常慢，体验一定非常差。

（3）高并发支持。

由于大多数业务场景都是以读为主，因此读服务需要能够支持高并发的请求。这意味着读服务需要具备处理大量请求的能力。

这些技术功能性指标的实现，将在后面章节中讲解。

2.1.2 利用全量缓存构建毫秒级的读服务

本小节利用全量缓存构建一个无毛刺、平均性能在100ms以内的读服务。

所谓无毛刺是指读服务在响应请求时没有明显的延迟或波动。它表示读服务的性能非常稳定，无论是在高负载时还是在低负载时，响应时间都能保持在一个较低且一致的水平。换句话说，无毛刺的读服务提供了可预测、稳定且快速的响应时间，使用户能够获得一致的良好体验。

全量缓存是指将数据库中的所有数据都存储在缓存中，同时在缓存中不设置过期时间，其架构如图2-1所示。

在全量缓存的架构方案中，读服务不再回退到数据库层级，而是完全依赖缓存。然而，全量缓存对数据更新的要求非常严格，要求将所有数据库中的已有数据和实时更新的数据完全同步至缓存，不能有任何遗漏。

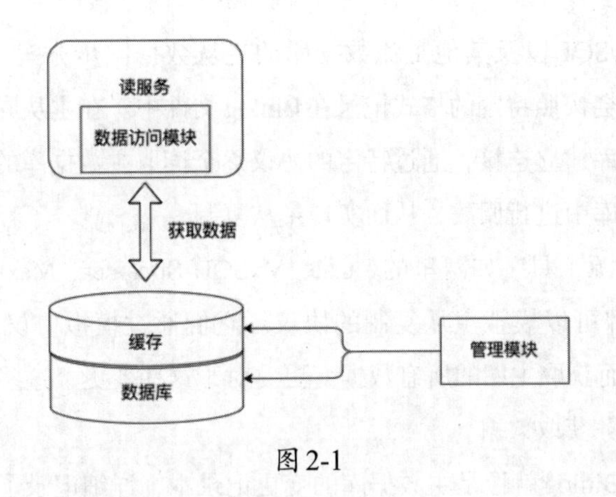

图 2-1

为了解决这个问题，目前主流的方案是通过订阅数据库的Binlog实现数据同步。Binlog是数据库引擎记录数据库变更操作的一种机制。通过订阅和解析Binlog，可以感知到数据库变更的详细信息，从而实时更新缓存数据。

这样，通过使用Binlog实现数据同步，可以确保缓存中的数据与数据库中的数据保持一致，避免数据遗漏和不一致的问题。这种机制为全量缓存提供了可靠的数据更新方式，以确保读服务始终获取最新的数据。

2.1.3 数据同步方案设计

在实施基于Binlog的架构方案前，先简单介绍下Binlog，更详细的介绍在本章的下一小节。图2-2所示是Binlog的原理。

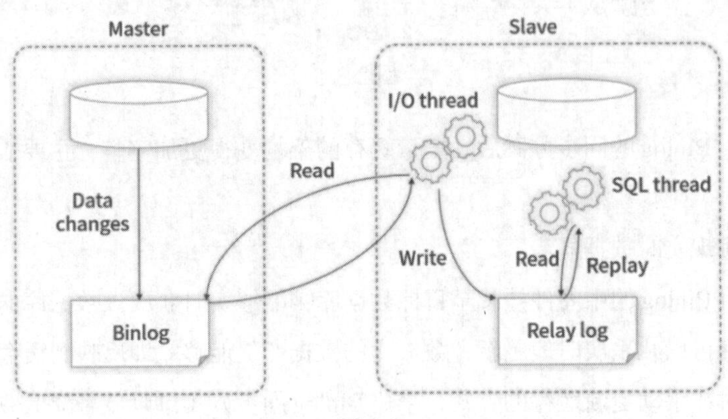

图 2-2

Binlog是MySQL以及其他主流数据库的主从数据同步方案。在主数据库上，所有的数据变更会按照特定的格式记录在Binlog文件中。在主从同步过程中，从数据库会与主数据库建立连接，通过特定的协议逐个读取主数据库的Binlog文件，并将这些变更在从库中进行回放，从而实现主从复制。

现在许多开源工具（如阿里的Canal、MySQL_Streamer、Maxwell，及LinkedIn的Databus等）都可以模拟主从复制的协议。它们通过模拟协议读取主数据库的Binlog文件，从而获取主库的所有数据变更。对于这些变更，这些工具提供了各种接口，供业务服务获取数据。

简单来说，Binlog就像是主数据库的变更记录本，详细记录了所有的数据变更操作。而这些开源工具就像是读取这本记录本的专业工具，它们能够模拟主从复制的过程，读取Binlog中的数据变更，并将这些变更提供给业务服务使用。通过这种方式，业务服务可以及时获取到最新的数据变更，从而进行相应的处理和操作。

基于Binlog的全量缓存架构正是依赖此类中间件来完成数据同步的，架构如图2-3所示。

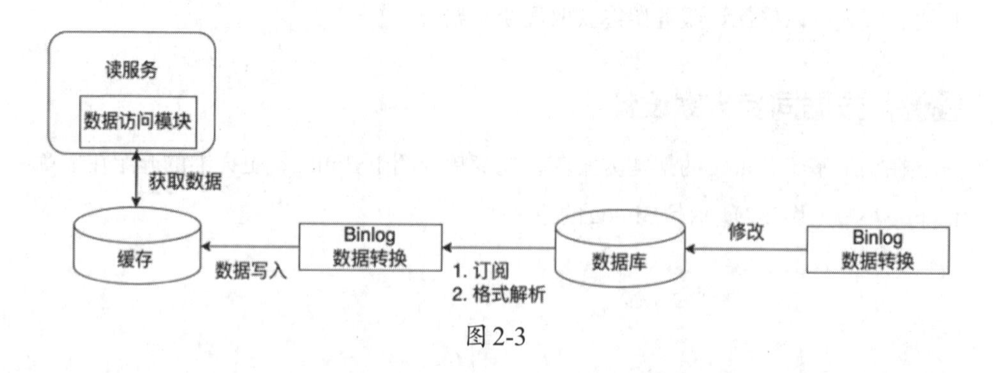

图2-3

采用了Binlog的同步方案后，全量缓存的架构变得更加完整，主要表现在以下4个方面。

（1）实现实时数据同步。

通过将Binlog的中间件挂载至目标数据库，能够实时获取该数据库的所有变更数据。缓存可以几乎实时地更新，数据库的数据变更能够立即反映到缓存中。相比传统的定时或手动更新缓存的方式，采用Binlog同步方案可以显著降低数据获取的延迟，提供更接近实时的数据访问体验。

（2）保障数据一致性。

Binlog的同步机制基于主从复制和ACK机制（Acknowledgment，一种用于确认方已成功接收到数据的通信机制），确保了数据变更的可靠传输。如果同步缓存失败，被消费的Binlog不会被确认，下次同步时会重新消费。这种机制解决了分布式事务中可能导致数据丢失的问题，保障了数据的最终一致性。通过Binlog同步方案，能够安全地将主数据库的变更应用到缓存中，避免了数据不一致的风险。

（3）简化代码维护和提高可扩展性。

由于所有数据库的修改操作都被记录在Binlog中，处理Binlog数据的程序能够保持相对固定。相比在代码中手动添加缓存更新逻辑，采用Binlog同步方案可以大大简化代码的复杂性，进而降低错误发生的可能性。此外，当新增或修改数据库时，只需更新处理Binlog数据的程序，而无须修改大量的业务代码。这样的架构设计提升了代码的可维护性和可扩展性，使系统更容易扩展和维护。

（4）支持高性能和高并发。

Binlog同步方案可以有效地处理大规模数据变更和高并发访问的场景。通过将数据变更的操作记录在Binlog中，并异步地应用到缓存中，可以降低对主数据库的访问压力，提高系统的整体性能和响应能力。同时，由于缓存具备高速读取的能力，可以更快地响应业务请求，提升用户体验。

基于Binlog的全量缓存带来了这么多提升，那它是否存在一些缺陷呢？答案是肯定的，任何方案在带来某一方面的提升时，必然是在其他方面做出了一些取舍。下面将介绍使用基于Binlog的全量缓存架构时存在的问题。

2.1.4 架构存在的问题

在使用了基于Binlog的全量缓存架构方案时，会带来两个问题。

第一，这种方案会增加系统的整体复杂度。在只使用一个数据库中间件的架构中，系统相对简单。但使用Binlog后，引入了数据同步的额外步骤，关注点和潜在错误点也由一个中间件变为两个中间件。数据同步的流程变得更加复杂，涉及多个组件和中间件的配合，增加了系统配置、部署和维护的难度，同时也增加了故障排查和调试的复杂性。

第二，使用全量缓存会带来缓存容量的成倍增长，相应的资源成本也会大幅上升。在对性能要求极高且对实时性要求较高的场景中，需要在性能和资源之间做出取舍，因为获取增强功能需要付出一定的代价。

除了权衡取舍外，还可以通过一些技术手段来进一步优化。

第一，可以对存储在缓存中的数据进行筛选，只存储具有业务含义且会被频繁查询的数据。例如，一些常见的记录性字段，如修改时间、创建时间、修改人和数据有效位等，可以不存储在缓存中。

第二，可以对存储在缓存中的数据进行压缩。可以采用常见的压缩算法，如Gzip、Snappy等，来减少数据在缓存中的占用空间。但需要注意，压缩算法通常会增加CPU的消耗。在选择压缩算法时，建议先进行压力测试，并评估是否值得在CPU消耗和存储空间之间做出权衡。如果无法承受压缩带来的CPU消耗，可以考虑直接在缓存中存储JSON格式的数据或使用Redis的Hash结构存储数据。这里再分享一些节约缓存的小技巧。

- 将数据按JSON格式序列化时，可以在字段上添加替代标识，表示在序列化后此字段的名称用替代标识进行表示，如将商品名称用1代替。虽然看上去只节约了非常小的空间，数据量并不大，但如果要在缓存中存储上千万、上亿条类似的数据，整体数据量还是非常可观的。另外，当前主流的JSON序列化工具均已支持此技巧，比如Java里的Gson、FastJSON等。
- 如果使用的缓存是Redis且使用了其Hash结构存储数据，其Hash结构的Field字段，也可以使用和上述JSON标识一样的模式，使用一个较短的标识进行代替。在使用全量缓存时，节约的数据也是非常可观的。

使用全量缓存承接读服务所有的请求时，会出现无法感知缓存丢失的问题，比如虽然Redis等缓存提供了持久化、主从备份等功能，但它为了性能，并没有提供类似数据库的ACID保证，在某些极端情况下，数据仍然会丢失。

为了保留全量缓存的优点同时解决此极端问题，可以采用异步校准加报警及自动化补齐的方式来应对。此方案的架构如图2-4所示。

当读服务查询到缓存中无数据后，会直接返回空数据给到调用方（见图2-4的标记1）。与此同时，它会通过MQ中间件发送一条消息（见图2-4的标记2）。对比补齐程序接收到消息后会异步查询数据库（见图2-4的标记3），如果数据库确实存在数据，则会进行一次告警或者一次记录，并自动把数据刷新至缓存中去

（见图2-4的标记4）。

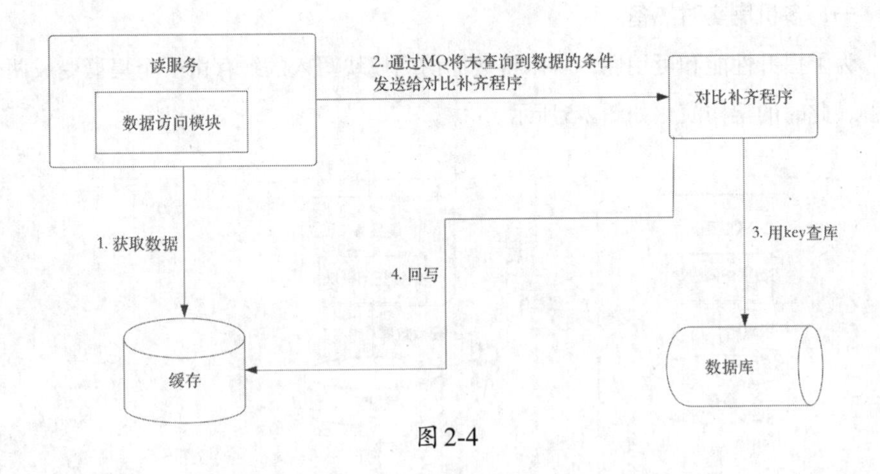

图2-4

此方案是一个有损方案，如果数据在数据库中真实存在而在缓存中不存在，调用方第一次调用请求获取到的是空数据，那为什么还要使用此方案呢?

其实这种情况在现实场景中出现的概率极低。在编者的实践经历里，在线上已经关闭了此异步校准方案，这主要是从以下4个方面来考虑。

（1）根据数据统计，数据在数据库中存在而在缓存中不存在的概率几乎为零。

（2）对数据库大量无效的异步校准查询会导致数据库性能变差。

（3）即使缓存里数据丢失，只要此条数据存在变更，Binlog都会把它再次刷新至缓存里。如果此条数据一直不存在变更，说明它是死数据，价值也不会太大。

（4）如果将此方案应用到生产环境里，同时开启了异步校准，依然存在大量数据丢失的情况，说明对于缓存中间件的使用和调优还有很大的提升空间。毕竟，此类数据丢失大多都是中间件自身导致的。因此，我们不应该本末倒置，为了弥补缓存中间件的问题，而让业务团队做太多的补偿工作。

虽然最后我们没有采用此有损补偿方案，但这个思考和论证过程非常值得学习和参考。当在工作中遇到类似的问题，需要决定是否采用某个技术方案时，便可以类比上述方法，通过推理和数据验证来做最终决定。

2.1.5 其他提升性能的手段

在使用了Binlog的同步方案后，整个数据同步变得非常简单。数据同步模块接到Binlog的数据后，进行一定规则的数据转换后，便可直接写入缓存。

一、多机房实时热备

为了提升性能和可用性，可以将数据访问模块写入的缓存由一个集群变成两个集群，此时的架构演化如图2-5所示。

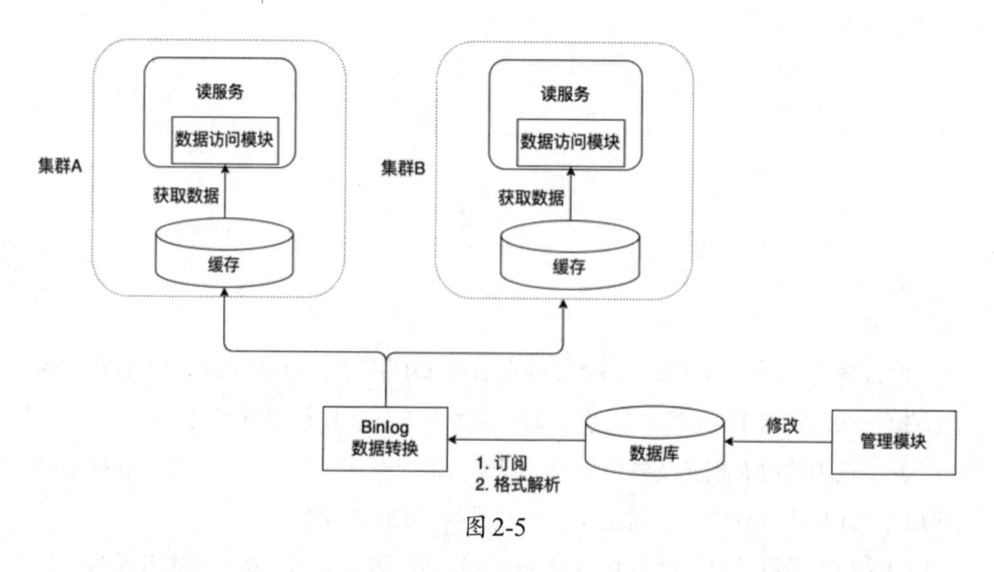

图2-5

在部署方面，如果预算允许，可以将两套缓存集群分别部署在不同城市的机房或同城市的不同分区，并相应地将读服务也进行分布式部署。在承接请求时，不同机房或分区的读服务只依赖于具有相同属性的缓存集群。这种部署方案有以下两个好处。

- 提升了系统的性能。这种部署方式符合前面提到的原则，即将读服务尽可能靠近数据。通过将读服务和缓存集群部署在相同的机房或分区，可以减少数据访问的延迟，从而提高系统的响应速度和整体性能。
- 增加了系统的可用性。当单个机房或分区发生故障时，可以无缝地将所有流量切换到存活的机房或分区。这种部署方案可以实现快速的切换时间，达到分钟级或秒级的高可用性，确保系统持续提供服务而不中断。

尽管这种方案在性能和可用性方面带来了显著的提升，但需要注意的是资源成本的增加。部署多个缓存集群和读服务涉及更多的硬件、网络和操作成本。因此，在权衡资源成本和性能可用性优势时，需要根据具体情况进行综合考虑和决策。

二、异步并行化

最简单的读服务场景是一次请求只和存储交互一次，但实际上很多时候交互都不止一次。对于需要多次和存储交互的场景，可以采用异步并行化的方式——接收到一次读请求后，在读服务内部，将串行与存储交互的模式改为异步并行与存储进行交互，形式如图2-6所示。

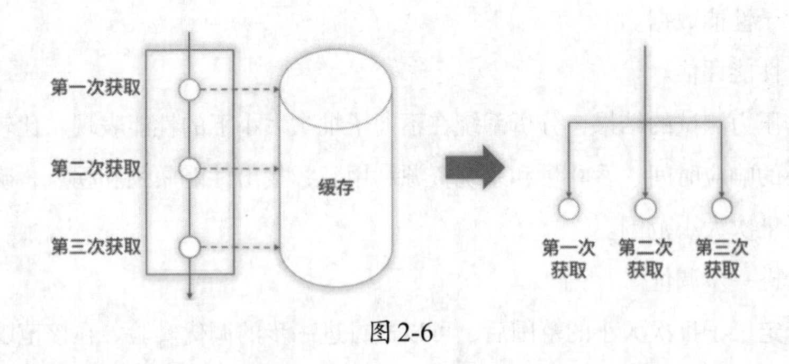

图2-6

如果一次读请求和存储需要交互3次，假设每次交互时间为10ms，采用串行的方式总耗时为30ms，而采用了异步并行的方式后，3次交互为并行执行，总耗时仍为10ms。整体性能提升了很多。但异步并行也存在一些问题和局限。

首先，异步并行增加了线程的消耗，每一个异步并行都对应一个线程，进而带来CPU的消耗。

其次，异步并行的多线程开发也增加了编程复杂度和维护难度。

最后，异步并行化只能应用在每一次和存储交互都是独立的、无先后关系的场景里。

除了上述场景可以采用异步并行化外，对于一次请求查询一批数据的场景也可以进行异步并行化。当查询的一批次数据较多时，大部分性能都消耗在串行的等待网络传输上。可以将这个批次拆分成多个子批次，对每个子批次使用异步并行化的方式和存储交互，性能也会有很大的提升。具体子批次设置为多少，需要进行实际的性能测试和评估。

下面给大家分享一些常见的方法，可以帮助确定最佳子批次大小。

（1）初始估计。

根据系统的性能指标和资源状况，可以进行一个初始的估计。考虑系统的吞吐量、网络带宽、存储系统的处理能力等因素，初步估计一个合理的子批次大小范围。

（2）压力测试。

使用压力测试工具模拟实际负载，并逐步增加并发请求的数量。观察系统的性能指标，如响应时间、吞吐量和系统负载等。在不同的子批次大小下运行压力测试，并记录性能数据。

（3）性能评估。

根据压力测试的结果，分析系统在不同子批次大小下的性能表现，比较各个子批次大小的响应时间、吞吐量和系统资源利用率，找出性能瓶颈和拐点，确定性能最佳的子批次大小范围。

（4）进一步调优。

在确定了子批次大小的范围后，可以进行进一步的调优实验。在该范围内，尝试不同的子批次大小取值，并进行性能测试和评估。根据实际情况和性能指标，选择性能最佳的子批次大小。

（5）监控和反馈循环。

在确定最佳子批次大小后，部署系统并进行监控。实时监测系统的性能指标，并收集用户的反馈。根据实际使用情况和反馈，进行持续的监控和调优，以确保系统的最佳性能。

需要注意的是，最佳子批次大小是与具体系统和环境相关的，可能因系统配置、网络情况、数据量等因素而有所不同。因此，进行实际测试和评估是非常重要的，可以根据实际情况进行调整和优化，以达到最佳性能的子批次大小。

2.2 面试官：如何设计异构数据的同步一致性？

在面试中，面试官可能会对我们在2.1节形成的架构方案基础上，提出“如何设计异构数据的同步一致性”这个问题。数据的同步一致性也是业内的一个老大难问题，面试官在这个问题中主要关注面试者对设计异构数据同步一致性的理解和思考能力。

在回答问题时，可以按照以下思路。

（1）数据同步方案存在的问题。

首先要能够识别现有数据同步方案中存在的问题，针对这些问题，要有能力提供相应的解决方案，并补充技术细节。

（2）Binglog的高效消费方案设计。

针对基于Binlog的数据同步方案，要能够设计高效的消费方案。这涉及串行和并行消费两种方式的技术方案和实施要求，同时需要解决并行消费可能带来的数据乱序等问题。

（3）缓存数据结构设计方案。

详细说明数据库数据在缓存中数据结构的设计，通过给出清晰而细致的方案，让面试官能够快速理解整个方案的细节。

（4）数据对比架构方案。

强调在实际环境中，即使是看似完善的技术方案也可能出现问题。提及在线上环境中可能出现的Bug，及导致缓存和数据库不一致的情况。为了保障数据的一致性，可以设计数据对比方案进行解决。

接下来，将按照上述思路展开说明。

2.2.1 数据同步方案存在的问题

2.1节只是简单介绍了Binlog可以实现最终一致性和低延迟，但是具体如何实现及相关细节、实现中有哪些“坑”需要规避及最佳实践等内容均没有介绍。本节将一一介绍。

为了方便理解，首先给出一张基于Binlog的数据同步全景图，如图2-7所示。

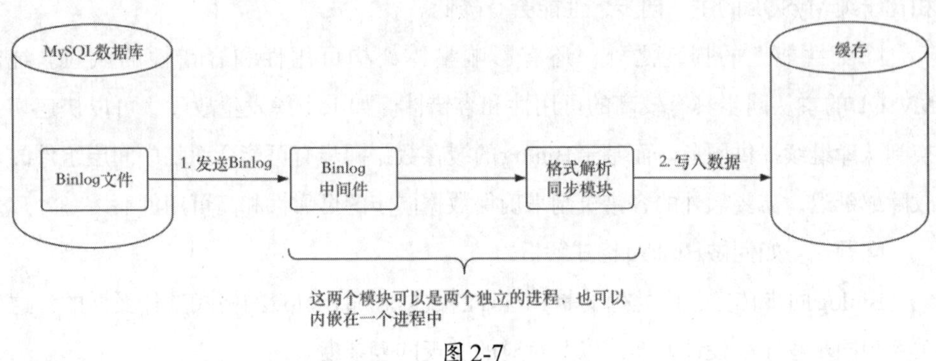

图2-7

图2-7所示的架构并不是完成的，我们还有如下的问题需要解决。

问题一：Binlog延迟低是指纯MySQL的主从同步

基于Binlog的缓存数据同步和纯MySQL的主从同步在性能上是存在很大区别的，导致性能差异的主要原因如下。

（1）数据同步方式。

在纯MySQL的主从同步中，主库将数据的更改操作直接发送给从库，从库接收并应用这些操作，以实现数据的同步。而基于Binlog的缓存数据同步则是通过解析主库的Binlog日志，并将解析后的数据缓存在中间层，从而实现数据的同步。

（2）架构组件。

纯MySQL的主从同步通常包括一个主库和一个或多个从库，从库直接连接到主库并接收数据更新。而基于Binlog的缓存数据同步引入了中间层组件，该组件负责解析主库的Binlog日志、缓存数据、管理同步状态等。因此，整体架构中会多出一个中间层组件。

（3）额外步骤和网络损耗。

基于Binlog的缓存数据同步相对于纯MySQL的主从同步会引入额外的延迟。在基于Binlog的缓存数据同步中，主库的数据更改需要被写入Binlog日志并解析，然后才能被中间层组件缓存和同步给从库。这个过程中的额外步骤和网络传输时间会导致同步延迟的增加。

（4）数据处理和转换。

基于Binlog的缓存数据同步会对主库的Binlog日志进行解析和处理，将其转换为适合缓存的数据格式。这个转换过程会引入一定的性能损耗和额外的资源消耗，相比于纯MySQL的主从同步，性能会有降低。

除了性能上的损耗之外，还有影响整体架构可用性和容错性的风险。纯MySQL的主从同步具有较高的可用性和容错性。如果主库发生故障，可以快速切换到从库继续提供服务。而基于Binlog的缓存数据同步有可能会面临中间层组件的故障或延迟，需要额外的容错机制来确保数据同步的可靠性和高可用性。

问题二：如何做Binlog格式解析

Binlog同步转换程序处理的是Binlog的数据。那Binlog的格式是什么样的？这关系到同步程序的设计方案，以及对应的实现的复杂度。

在MySQL中，有以下3种常见的Binlog复制格式。

（1）基于语句的复制（Statement-Based Replication，SBR）。

在SBR中，主库将执行的SQL语句记录在Binlog中，并将Binlog事件传输到从库。从库接收到Binlog事件后，会执行相同的SQL语句在从库上重现主库上的操作。

SBR只需记录执行的SQL语句而不是实际的行数据变更，所以产生的Binlog日志较小，这就大大降低了网络传输和存储的开销。但是SBR也有一些使用场景的限制，比如，如果使用了随机函数或者时间函数等，那么执行结果可能在从库与主库上不一致。

（2）基于行的复制（Row-Based Replication，RBR）。

在RBR中，主库将实际的行数据变更记录在Binlog中，并将Binlog事件传输到从库。从库接收到Binlog事件后，将这些行的变更回放到对应的表上。

RBR可以确保从库上的数据与主库上的完全一致，因为其Binlog存储的是实际的行数据变更信息。这就消除了由于随机函数等原因导致的差异。但是RBR产生的Binlog日志较大，因为需要记录实际的行数据变更，所以增加了网络传输和存储的开销。

（3）混合格式复制（Mixed-Format Replication，MFR）。

在混合格式中，主库的Binlog格式可以是SBR或RBR，在混合模式下，主库可以选择以SBR或RBR的形式记录Binlog，具体取决于配置和操作类型。在混合模式下，MySQL会根据以下几个因素来决定使用SBR还是RBR。

- 语句的可行性：对于可以通过执行相同的SQL语句在从库上重现主库操作而不会产生不一致结果的操作，MySQL会选择使用SBR，比如大多数简单的查询和数据操作。
- 语句的复杂性：如果操作涉及复杂的逻辑、触发器、存储过程、自定义函数等，无法通过简单的SQL语句准确复制操作，MySQL会选择使用RBR来确保数据一致性。
- 非幂等操作：如果操作是非幂等的，即在不同时间点多次执行相同操作会得到不同的结果，MySQL会选择使用RBR。

如果采用了混合模式，那么需要注意的是混合模式下的Binlog是按照事件的方式记录的，每个事件都会标识使用的复制格式（SBR或RBR）。从库在接收到Binlog事件时会根据事件的复制格式来执行相应的操作，保持与主库的一致性。

问题三：如何保证数据不丢失或不出错

纯MySQL的主从同步逻辑是和业务数据无关的，正式版本发布之后，修改的频率比较低。而基于Binlog的缓存数据同步是易变的，因为互联网业务需求迭代周期非常短，在业务高速迭代的过程中，如何保证开发人员写出没有Bug的代码？又如何保证同步的数据不丢失、不出错呢？

问题四：如何设计缓存数据格式

最后是如何设计存储在缓存里的数据格式。现在主流的数据库（如Redis）不只提供Key-Value的数据结构，还提供了其他丰富的数据结构。如何利用和设计这些数据结构，来提升数据查询和写入时的性能，同时降低代码的复杂度呢？

2.2.2 Binlog的高效消费方案设计

在技术上，数据消费有两种常见模式：串行和并行。下面将对这两种模式逐一讲解，并对它们存在的优缺点进行讨论。

一、串行方式消费

以MySQL为例，不管是表还是SQL维度的数据，都需要将整个实例的所有数据变更写入一个Binlog文件。在消费时，对此Binlog文件使用ACK机制进行串行消费，每消费一条确认一条，然后再消费一条，依次重复。具体消费形式如图2-8所示。

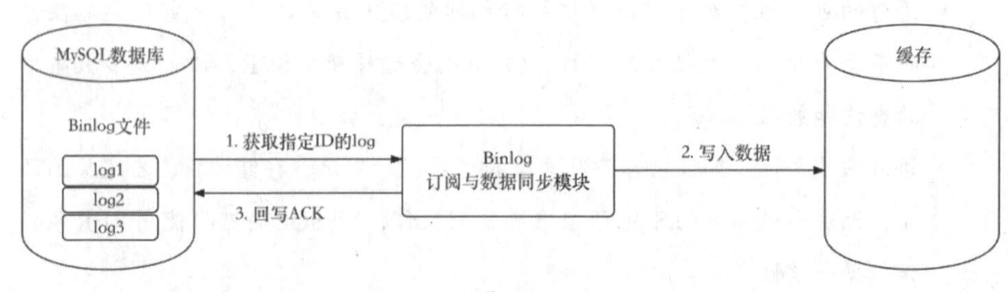

图2-8

此类模式的消费存在两个问题。

问题一：串行消费导致效率低下和延迟较高。如果每次同步的数据量较大，比如一次同步需要处理10万条数据，每条数据的同步消费20ms左右，那么消费完这些数据可能需要30分钟左右的时间。

问题二：由于消费是单线程进行的，无法充分利用水平扩展的优势，导致架构存在一定的缺陷。当数据量增大时，单线程的消费模式无法通过水平扩展来提升性能。这意味着无法通过增加消费者节点来并行处理更多的数据，限制了整体系统的扩展性和吞吐量。

为了解决这些问题，就需要考虑引入并行消费模式。

二、并行方式消费

Binlog的单文件及ACK机制，导致必须去串行消费。但实际上，通过一些技术手段是能够对Binlog文件里的不同库、不同表的数据进行并行消费的。因为不同库之间的数据是不相关的，为了在Binlog原有的串行机制下完成按库的并行消费，整体架构需要进行一定升级，具体如图2-9所示。

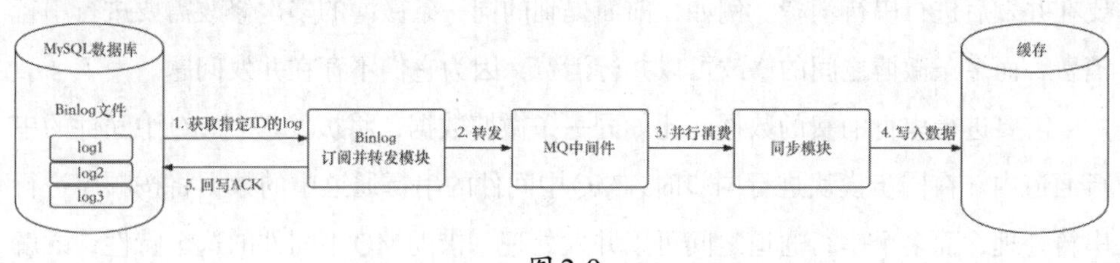

图2-9

在上述架构中，通过将数据转发到MQ的某个主题（Topic）来实现并行消费。尽管在Binlog处理中仍然使用串行消费，但仅仅是对数据进行ACK确认。由于仅涉及ACK和转发至MQ，不涉及业务逻辑，因此性能消耗非常小，大约只有几毫秒或几纳秒。

现在大多数MQ中间件都支持数据并行消费。在开发过程中，可以在消费数据时启用乱序并行消费，即上图中的同步模块。这样一来，尽管完成了从串行消费到并行消费的升级，提高了吞吐量和可扩展性，但也会引发数据乱序的问题。例如，假设你对某条微博进行了两次连续的修改，第一次为A1，第二次为A2。如果使用并行消费，由于乱序的原因，可能会先接收到A2并将其写入缓存，然后再接收到A1。这样，微博中将显示A1的内容，但缓存中的数据将是脏数据A1，而实际上应该是A2。

因此，我们需要对升级后的方案继续进行改进，以解决并行消费带来的数据乱序问题。以下是两个解决方案。

方案一：加分布式锁实现细粒度的串行。

在这个方案中，与Binlog的串行消费不同的是锁的粒度。以修改微博为例，在数据同步时，只需要保证对同一条微博的多次修改进行串行消费，而多条微博之间在业务上没有关系，仍然可以并行消费。在实施时，加锁的粒度可以根据数据是否需要串行处理而确定，可以是表中的一个字段，也可以是多个字段的组合。

确定了加锁的粒度后，可以根据需要对数据库中的多张表使用该粒度进行串行消费。但是虽然这个方案可以解决乱序问题，但引入了分布式锁，并且需要业务系统自行实现，因此错误率和复杂性都较高。

方案二：依赖MQ中间件的串行通道特性进行支持。

采用此方案后，整个同步实现会更加简单。以修改微博为例，在“Binlog订阅并转发模块”将Binlog数据转发之前，根据业务规则判断转发的Binlog数据是否需要在并发后进行串行消费。例如，前面提到的同一条微博的多次修改需要进行串行消费，而多条微博之间的修改可以并行消费，因为它们不存在并发问题。

需要进行串行消费的数据，比如同一条微博数据，将被发送到MQ中间件的串行通道内。在同步模块进行同步时，MQ中间件的串行通道中的数据将按顺序进行串行处理，而多个串行通道之间可以并发处理。借助MQ中间件的这个特性，既解决了乱序问题，又保证了吞吐量。许多开源的MQ实现都具备这种功能，如Kafka提供的Partition功能。

采用此方案，可以利用MQ中间件的串行通道特性来管理需要串行消费的数据，从而简化了同步实现。改造后的架构如图2-10所示。

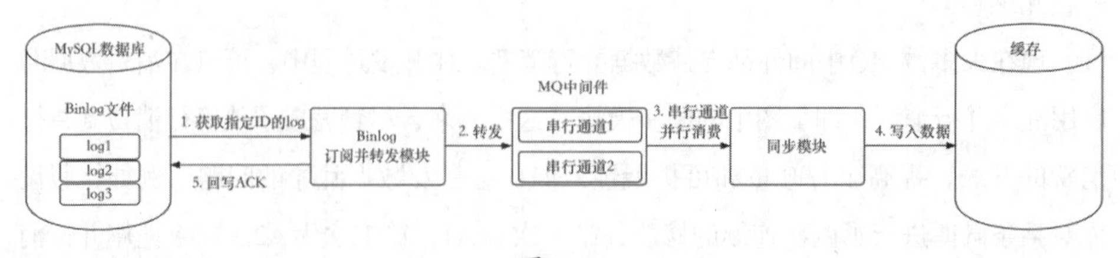

图2-10

在采用MQ进行纯串行转并行时，将Binlog发送到MQ可以根据情况进行调整。特别是当数据量很大或者未来预计会很大时，可以考虑按表维度将Binlog数据发送到不同的Topic（消息队列的主题，可以被看作是消息的目的地或者标签，用于将消息分组和分类）。这样做有如下几个好处。

（1）实现扩展性。

将Binlog按表维度发送到不同的Topic可以提高系统的扩展性。每个表对应一个独立的Topic，根据需要增加消费者节点来并行处理不同表的数据，提高整体的吞吐量。

（2）提升性能。

将Binlog数据按表维度发送到不同的Topic，消费者可以针对每个表的Topic进行并行消费，有效提升性能。不同表的数据可以并行处理，减少串行处理的瓶颈。

（3）隔离作用。

对不同表使用不同的Topic，实现表之间的隔离。每个表对应一个独立的Topic，消费者独立消费每个Topic的数据，减少表之间的相互影响。

在面对大量数据或者未来数据量增长的情况下，将Binlog按表维度发送到不同的Topic是一个可行的调整策略。

2.2.3 缓存数据结构设计方案

数据库表是按技术的范式来设计的，会将数据按一对一或一对多拆分成多张表，而缓存则是面向业务设计的，会尽可能地将业务上一次查询的数据存储为缓存中的一个Value值。例如，订单至少要包含订单基本信息和用户的购买商品列表。在数据库中会设计订单基本信息表和商品表。而在缓存中，会直接将订单基本信息和商品信息存储为一个Value值，方便直接满足用户查询订单详情的需求，减少和Redis的交互次数。

这种在数据库中用多张表存储，而在缓存中只用键值对（Key-Value结构，后文简称为K-V）结构进行冗余存储的数据结构，需要我们在数据同步的时候进行并发控制，防止因为多张表的变更导致并发写入，从而产生数据错乱。具体的设计方案如下。

（1）多张表间共享分布式锁进行协调。

以订单为例，数据库中的订单信息表和商品表均存储了订单号，在数据同步时，可以使用订单号进行加锁。

当订单基本信息或订单中的商品同时发生变更后，因为使用了订单号进行加锁控制，在数据同步时，两张表归属同一订单号的数据实际为串行执行。因缓存中同一个订单的基本信息和商品是存储在一起的，更新时需要把缓存中的数据读取至同步程序并替换掉此次变更的内容（如某一个发生变更的商品信息），再回写至缓存中即可。在Redis中，可以考虑使用Lua脚本完成上述过程。

此方式虽然可以解决因Redis和数据库表设计不匹配带来的问题，但多张表之间加锁又降低了吞吐量。

（2）采用反查的方式进行全量覆盖。

在同步时，可以采用反查数据库的方式来补齐Redis需要的数据。以上述订单为例，当订单基本信息变更时，可以在同步模块中通过数据库反查此订单下的所有商品信息，按Redis的格式组装后，直接更新缓存即可。

采用反查的方式虽然简单，但反查库会带来一定的性能消耗和机器资源（如CPU、网络等）的浪费。而且在变更量大的情况下，反查的量可能会把数据库打挂。因此，在采用反查方案时，建议反查发送Binlog的从库，从而保障主库的稳定性。

（3）采用Redis的Hash结构进行局部更新。

在Redis中，可以使用Hash结构来实现缓存的多部分存储，类似于数据库中的多张表设计。以订单为例，在Redis中，可以将订单的不同部分数据存储在Hash结构的不同字段中。例如，将订单号作为Key，然后将收货人信息存储在field1和value1中，将收货地址信息存储在field2和value2中，将商品1数据存储在field3和value3中，将商品2数据存储在field4和value4中。

使用Hash结构有如下优点。

- Redis支持对单个字段的局部更新。这意味着在订单的多个部分发生变化时，同步程序只需要更新对应字段的缓存信息，无须进行复杂的分布式加锁和协调。这样可以提高同步性能并降低实现难度。
- 在查询时，只需要将订单号作为Key，就可以直接获取到所有订单信息，包括基本信息和商品信息。简化了查询逻辑，不需要额外的异构数据结构来存储订单详情。
- 采用Hash结构存储的数据都存储在同一个分片上，避免了分片间的查询和性能复杂性问题。因为Redis是通过Key进行分布式路由的，使用Hash结构可以确保相关数据存储在同一个分片上，避免了跨分片查询的开销。

为什么选择Hash结构而不是使用所有缓存都支持的K-V结构呢，主要有以下几个原因。

- 使用K-V结构时，查询需要执行多个命令，会增加代码复杂度。即使提供了批量命令，也需要额外处理。
- 一个订单下的商品是动态的，无法提前确定商品数量，如果全部使用K-V结构，将无法直接查询订单详情，除非再创建一个额外的存储来维护订单商品ID列表等信息。
- 缓存通常都是分布式部署的。如果使用K-V的分散设计，可能导致一个订单的基本信息和商品信息存储在不同的分片上，会增加查询的复杂性和性能开销。而采用Hash结构，则避免了跨分片查询的问题。

2.2.4 数据对比架构方案

一、数据对比方案

数据同步模块是基于业务进行数据转换的，在开发过程中，需要基于业务规则不断地迭代。此外，为了保证吞吐量和性能，整个基于Binlog的同步方案在本小节里做了很多升级和改造。在这个不断迭代的过程中，难免会出现一些Bug，导致缓存和数据库不一致。为了保障数据的一致性，可以采用数据对比进行应对，架构如图2-11所示。

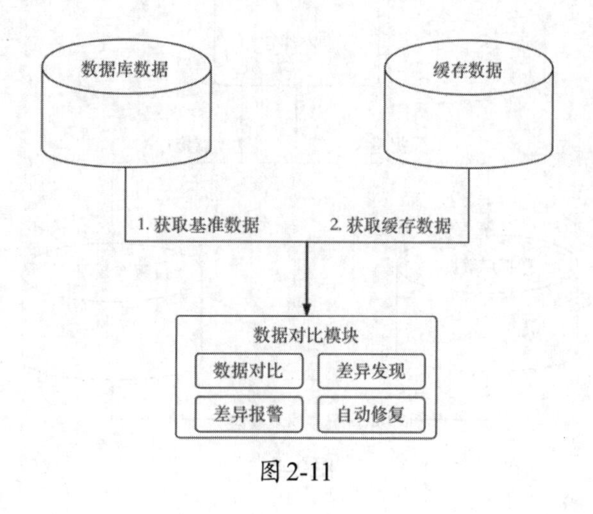

图2-11

在这个架构中，数据对比以数据库中的数据作为基准，定期轮询对比缓存和数据库中的数据。如果发现不一致，会进行延迟重试，再次对比。如果多次对比仍然不一致，则触发报警并保留当时的数据。随后，使用数据库中的数据来刷新缓存，以确保数据的一致性。

延迟重试的目的是解决由于同步时差导致的短暂数据不一致，确保数据最终保持一致。同时，保留出错时的数据有助于问题的排查和定位。

通过采用这样的数据对比架构，可以及时发现数据不一致的情况，并采取相应的措施来保障数据的一致性。在不断迭代的开发过程中，如果出现Bug导致缓存和数据库不一致，这个架构可以帮助快速发现并解决问题，确保系统的稳定性和数据的准确性。

二、兜底方案

尽管我们在提升同步吞吐量方面做出了许多设计，但不可否认存在一定的延迟。即使在纯数据库的主从同步中，由于网络抖动和大量写入操作，也可能出现秒级的延迟。对于大多数业务和场景来说，这种延迟是可以接受的。然而，为了保证方案的完整性并应对极端场景，我们可以在异步同步的基础上增加主动同步的机制。

通过引入主动同步机制，对一些关键场景，可以在完成数据库操作后，将数据主动写入缓存中，具体实现方式如图2-12所示。

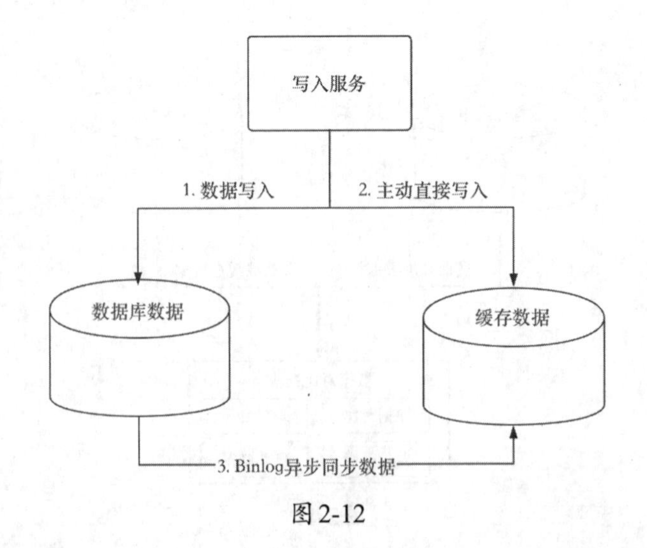

图2-12

在上述架构中，主动将数据写入缓存是为了应对缓存延迟的问题。然而，对于写入缓存可能出现的失败，我们可以选择不处理，因为主动写入数据只是为了解决延迟，并且通过Binlog可以保证最终的一致性。这个架构采用了技术互补的策略，通过结合Binlog和主动写入两种机制，旨在解决数据一致性和延迟问题。

在架构设计中，我们可以采用图2-12所应用的思路，即当一个单一的技术无法完美解决问题时，我们可以针对其短板寻找增量方案，而不是完全替换整个方案。

通过利用Binlog保证最终一致性的特性，即使主动写入可能会导致数据丢失，我们仍然可以依赖Binlog来恢复丢失的数据，从而保证数据的完整性和一致性。这种技术互补的方式充分利用了各种机制的优势，以实现更可靠和更高效的数据同步方案。

2.3 面试官：如何应对热点Key查询？

在面试中，面试官可能会询问“如何应对热点Key查询”的问题，以考查面试者在高并发场景下的架构设计和优化能力。以下是回答该问题时可以采用的思路。

（1）热点Key对架构的冲击。

首先需要明确热点Key对架构的冲击。只有分析病症才能找到病因，并制定相应的解决方案。

（2）热点Key解决方案。

在分析了热点Key对架构的冲击之后，可以向面试官详细阐述热点Key的解决方案，如垂直扩容、多级缓存、热点Key迁移等。除了解决方案，还可以向面试官提出如何发现热点缓存的技术手段，以防患于未然。

接下来，将详细探讨热点Key对架构的冲击以及解决方案。

2.3.1 热点Key对架构的冲击

一、热点Key的概念

热点Key问题是指在缓存系统中，某些特定的数据被频繁地访问，导致这些数据项成为缓存中的热点。以下是一些热点Key的案例。

- 社交平台的热门帖子：比如微博热点事件，百万用户在同一时间查询某条微博内容，这条热点事件的微博就是热点Key。
- 电商平台的热门商品：在电商平台预告有秒杀或者低价活动时，为了第一时间抢到心仪的商品，成百上千万的用户会不断地刷新商品页面，等待活动开始，对此商品的查看就是热查询。
- 新闻网站的热门文章：在一个新闻网站上，某篇热门文章可能会吸引大量的用户点击和阅读，导致该文章的数据被频繁地访问。这篇热门文章的键值对就可能成为缓存中的热点Key。
- 游戏服务器中的热门角色数据：在一个多人在线游戏中，某些热门角色的数据可能会被大量玩家频繁地访问，如玩家的装备、技能和属性等。这些热门角色的键值对也可能成为缓存中的热点Key。

在这些案例中，由于某些数据的热度较高，被频繁地访问，会导致缓存中的热点Key问题。热点Key会影响缓存的命中率和性能，大量的请求都集中在少数几个热点Key上，有可能会击溃缓存系统，一旦缓存系统被击溃，就有可能引发整个系统的雪崩。

二、热点Key对架构造成的影响

热点Key对架构的冲击是一个严重的挑战，以下是热点Key可能对架构造成的冲击。

（1）单点故障。

当热点数据的访问频率非常高，而这些数据都集中在某个节点上时，该节点可能成为系统的单点故障。如果该节点发生故障，所有请求该热点数据的操作都无法正常处理，导致系统无法提供正常的服务。

（2）性能瓶颈。

当热点Key导致某些节点的资源负载过高时，这些节点可能成为系统的性能瓶颈。高负载会导致请求的响应时间增加，甚至可能导致系统崩溃。

（3）数据不一致。

当多个请求同时修改同一个热点Key的值时，可能会导致数据的冲突和不一致。例如，一个请求在读取并修改数据之前，另一个请求已经修改了该数据，这样就产生了冲突和不一致。

（4）缓存失效。

当热点Key被缓存在内存中，而缓存的容量不足以容纳所有热点数据时，可能会导致缓存失效。这会导致系统需要从后端系统中获取数据，增加后端系统的负载，并降低请求的响应时间。

总的来说，热点Key对架构的冲击是一个复杂的问题，需要综合考虑多个因素。

2.3.2 热点Key解决方案

一、主从复制进行垂直扩容

虽然单机的机器配置和程序的性能是有上限的，但我们可以利用节点间的主从复制功能来进行节点间的扩容。开启主从复制后，一个主节点可以挂多个从节点。升级后的架构如图2-13所示。

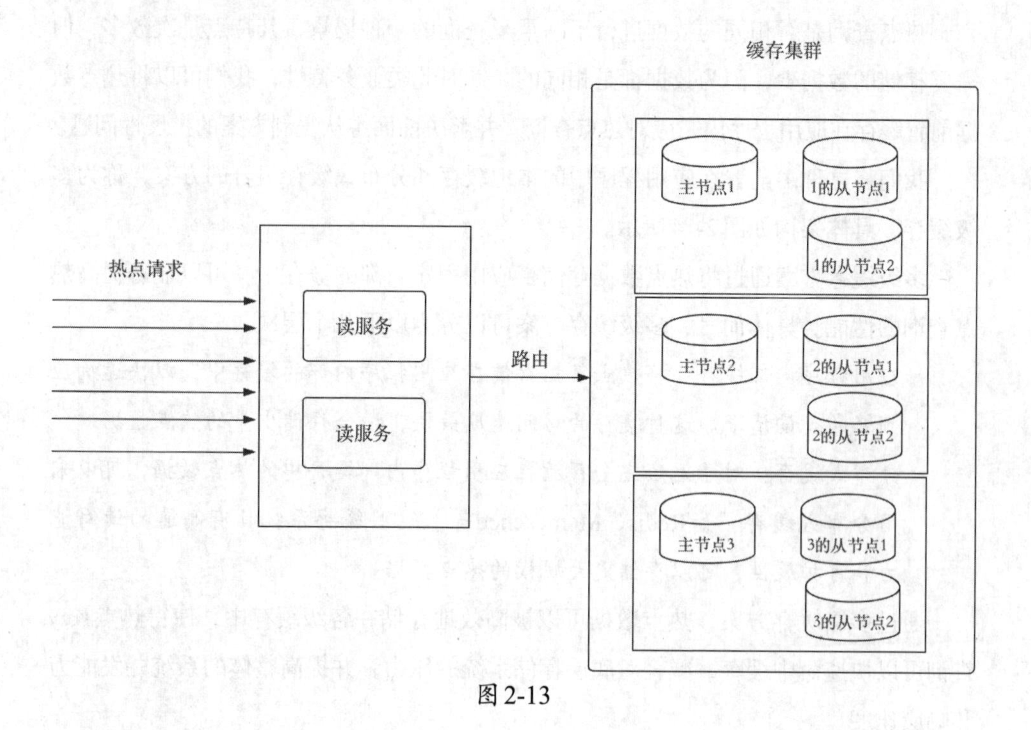

图2-13

在查询时，通过开启应用内的缓存客户端的主从随机读模式，可以提升并发能力，特别是对于仅命中某个固定单分片的热点查询。随着从节点数量的增加，单分片的并发性能将不断提升。这种方案在处理热点查询方面表现良好。

然而，这种方案存在资源浪费的问题。主从复制除了应对热点查询外，还用于提高系统的高可用性。为了简化高可用模块的逻辑和实现统一，集群中的从节点数量通常设置为相同。这样就导致了资源的浪费。为了应对热点查询，需要不断扩容从分片，但热点查询仅会命中其中一个分片，其他分片的从节点则被浪费掉。为了节约资源，可以尝试对高可用模块进行改进，允许不同分片的从节点数量不同，但这需要付出高昂的代价。此外，热点查询往往是突然出现的，难以提前预测，因此提前扩容某个分片的效果有限。

总的来说，主从复制可以简单地解决一定流量的热点查询问题，但在处理更大流量的热点时可能存在限制。这种方案的扩展性有限，需要进一步优化以应对更大规模的热点查询需求。

二、多级缓存方案

热点查询是对相同的数据进行不断重复查询的一种场景，其特点是次数多，但需要存储的数据少，因为数据都是相同的。针对此类业务特性，我们可以将热点数据前置缓存在应用程序内来应对热点查询，并解决前面主从复制方案的扩展性问题。

我们将这种由前置在应用程序中的本地缓存和分布式缓存组合的方案，称为多级缓存，具体架构如图2-14所示。

多级缓存方案通过将热点数据存储在应用程序内部的缓存中，可以显著提高热点查询的性能。具体而言，多级缓存方案可以分为以下几个层次。

- 应用程序内部缓存：将热点数据存储在应用程序内部的缓存中，以快速响应频繁的查询请求。这种缓存的访问速度最快，适合存储少量的热点数据。
- 分布式缓存：对于无法完全存放在应用程序内部缓存中的热点数据，可以采用分布式缓存，如Redis、Memcached等。这些缓存系统具有高速的读写能力和可扩展性，可以存储更大规模的热点数据。

通过多级缓存方案，热点数据可以被高效地存储在各级缓存中，使得热点Key查询可以快速命中缓存，减轻对底层存储系统的压力，并提高整体的系统并发能力和响应速度。

应用内的缓存存储的均是热点数据。当应用扩容后，热点缓存的数量也随之增加。在采用了前置缓存后，当面对热点Key查询时只需扩容应用即可。因为所有应用内均存储了所有的热点数据，且前端负载均衡器会将所有请求平均地分发到各应用中。

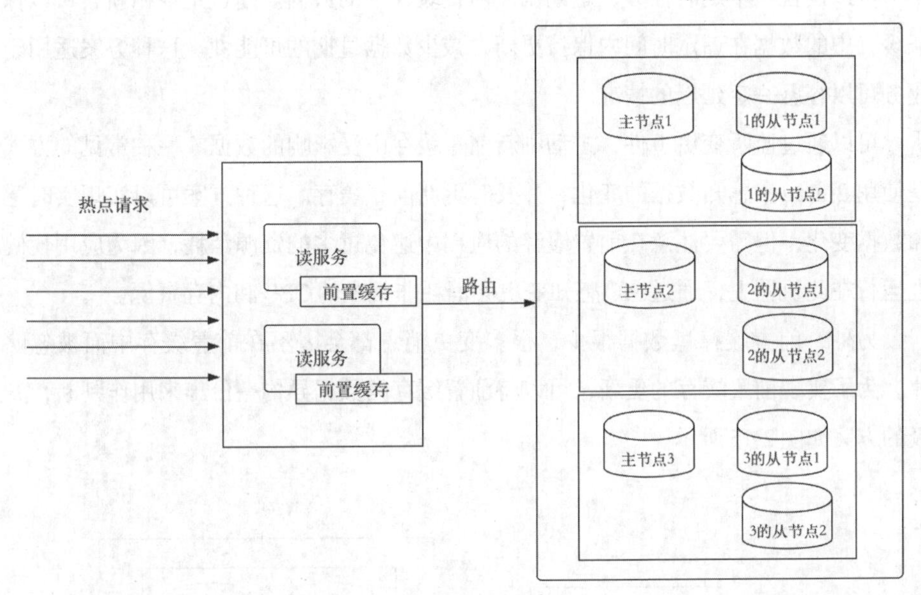

图 2-14

使用应用内的前置缓存应对热点查询时，仍有以下几个问题需要重点关注。

（1）应用内的前置缓存需要设置容量上限。

在应用内的前置缓存中，必须设置缓存的容量上限，以限制缓存所占用的内存大小，因为应用所属宿主机的内存是有限的，且其内存还要支持业务应用使用。可以根据可用内存和业务需求来确定合适的缓存容量。当缓存容量达到上限时，需要采取逐出策略来清理一些缓存项，为新的热点数据腾出空间。

常用的逐出策略是基于最近最少使用（Least Recently Used，LRU）原则。根据该策略，当缓存容量满时，会优先清除最近最少被访问的缓存项，保留访问频率较高的热点数据。其他的逐出策略还包括最不经常使用（Least Frequently Used，LFU）、随机淘汰等。选择适合业务场景的逐出策略可以提高缓存的命中率和性能。

为了避免缓存中存储过期或不再是热点数据的项，需要为缓存设置适当的过期时间。一般来说，可以根据数据的访问模式、更新频率和对数据实时性的要求来设置过期时间，使缓存中的数据能及时更新。

（2）根据业务需求对待延迟问题。

对于前置缓存的延迟问题，可以采用定期刷新或主动刷新来解决。

可以设置一个定时任务，定期刷新前置缓存中的数据。通过定期刷新，可以保证缓存中的数据在一定时间内保持更新，减少数据过期的可能性。这种方案适用于业务可以容忍一定延迟的情况。

可以通过监听变更事件，主动刷新前置缓存中受影响的数据。一种常见的方式是使用Binlog来感知数据的变化，并及时更新前置缓存。这种方案可以实现实时感知数据变化，但需要注意在前置缓存的应用中避免过多的资源消耗，因为应用代码也运行在此机器上，通过MQ感知变更会消耗非常多的CPU和内存资源。

另外，前置缓存里数据很少，很多变更消息都会因不在前置缓存中而被忽略掉。为了实现前置缓存的更新，可以将前置缓存的数据异构一份出来用作判断，升级的方案如图2-15所示。

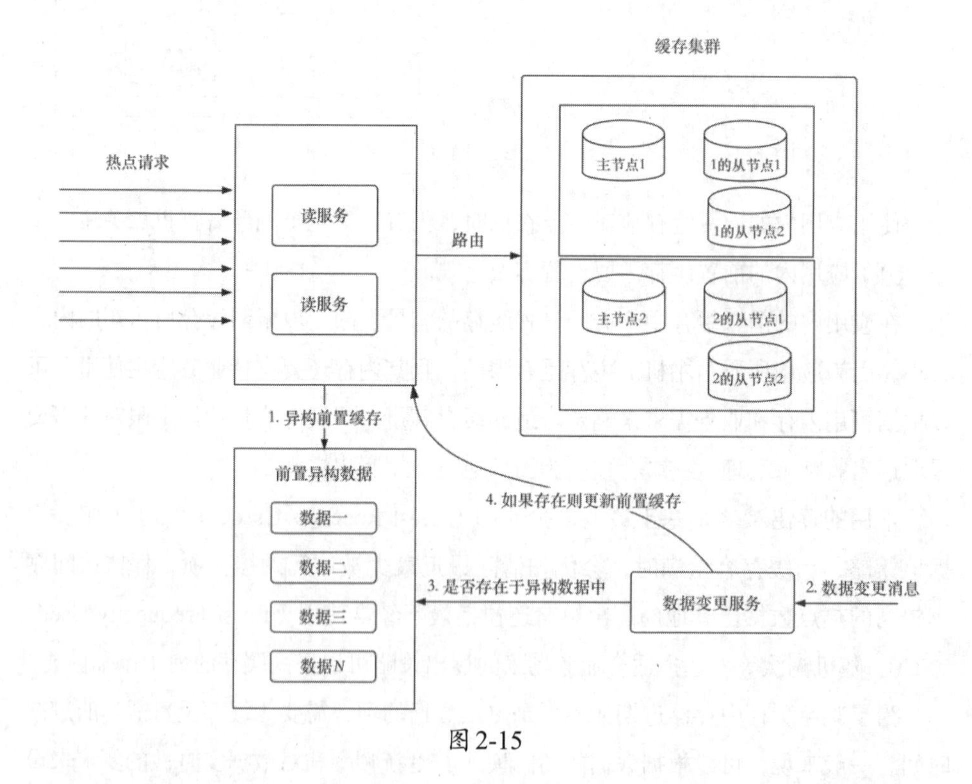

图2-15

三、把控好瞬间的逃逸流量

在应用初始化阶段，前置缓存是空的。如果此时突然出现热点查询，所有的热点请求都会逃逸到后端缓存中，有可能导致后端缓存崩溃。

其次，如果前置缓存采用定期过期，并在过期时清理数据，那么所有的请求都会逃逸到后端缓存中加载最新的缓存数据，同样可能给后端缓存带来压力。

以上两种情况对应的流程如图2-16所示。

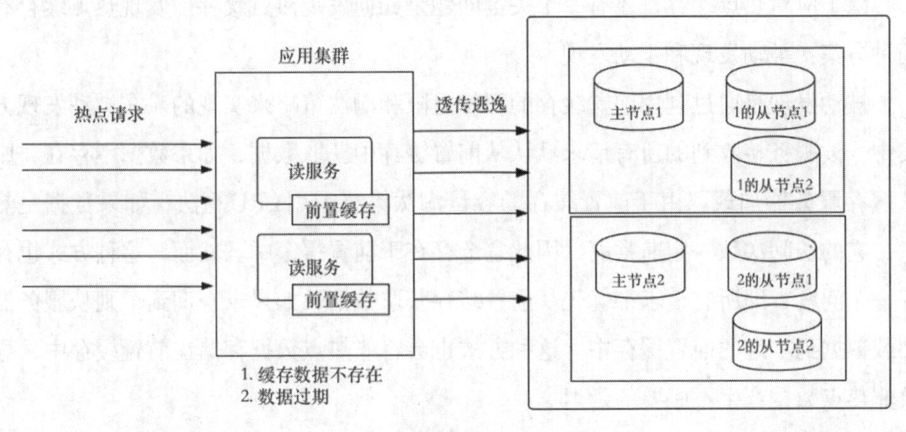

图2-16

对于这两种情况，可以采取前置等待或使用历史数据的方案来控制逃逸流量。不论是初始化还是数据过期，在从后端加载数据时，仅允许一个请求逃逸，可以考虑引入分布式锁技术。这样最大的逃逸流量将限制在部署的应用总数内，量级可控，具体架构如图2-17所示。

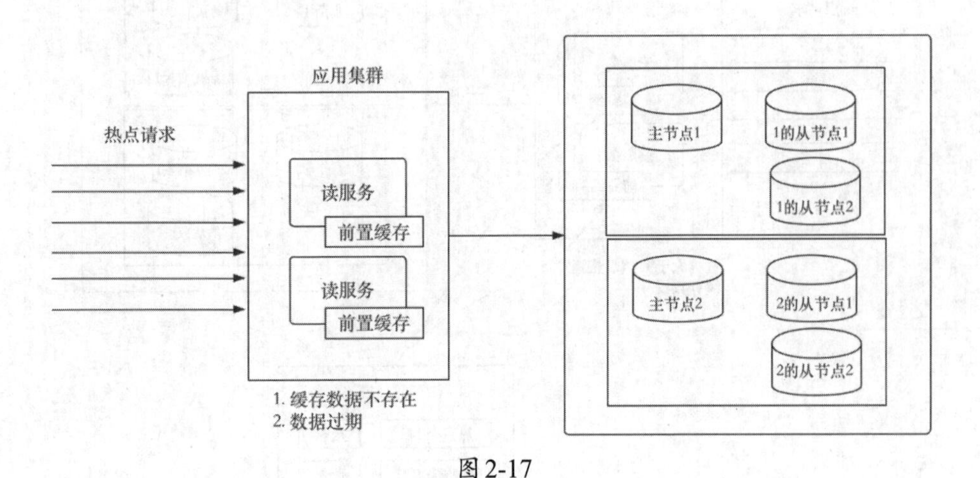

图2-17

对于数据初始化为空的情况，可以让其他非逃逸请求等待前置缓存的数据，并设置一个超时时间。对于数据过期需要更新的情况，不主动清理数据。其他非逃逸请求可以使用历史脏数据，而逃逸请求则负责从后端获取数据并刷新前置缓存。

四、热点缓存主动发现方案

除了应对热点缓存，还有一个关键问题是如何发现热点缓存。发现热点缓存有两种方案：被动发现和主动发现。

被动发现是通过利用前置缓存的容量上限和淘汰策略来实现的。在被动发现方案中，读服务接收到的所有请求默认从前置缓存中获取数据，如果数据不存在，则从缓存服务器加载。由于前置缓存的容量淘汰策略采用LRU算法，如果数据是热点，它的访问次数一定非常高，因此它会存在于前置缓存中。然而，这种方式也存在一个问题，即所有请求都优先从前置缓存获取数据，如果未查询到，则从服务器加载数据到本地的前置缓存中。这种方式也会将非热点数据存储在前置缓存中，导致非热点数据产生不必要的延迟。

主动发现需要借助外部计数工具来实现对热点的发现。外部计数工具的思路是在集中的位置对请求进行计数，并根据预设的阈值判断某个请求是否命中数据。对于被判定为热点的数据，可以主动将其推送到应用内的前置缓存中，具体架构如图2-18所示。

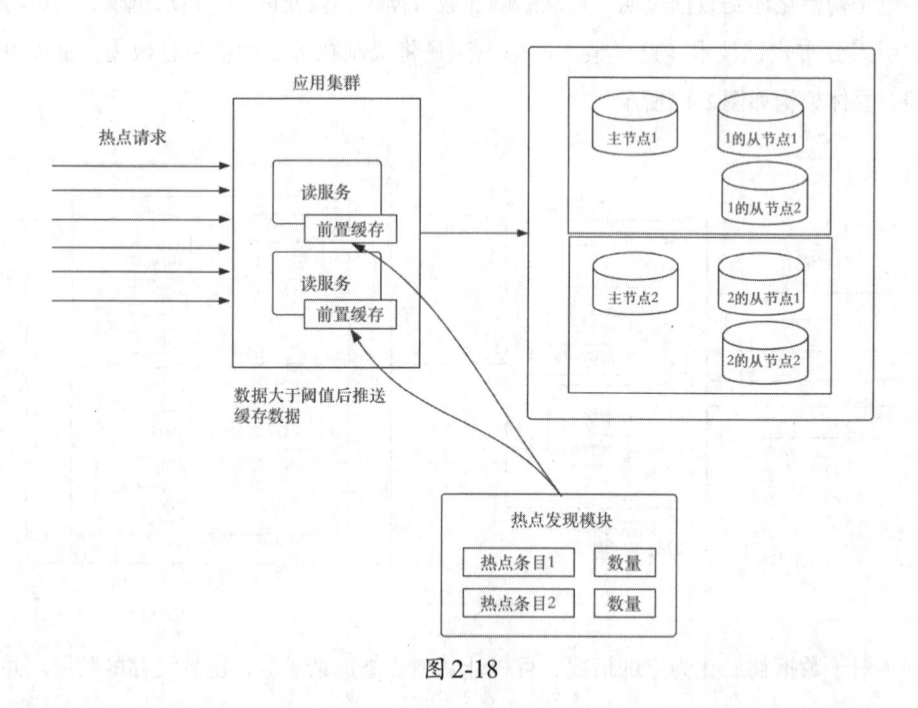

图2-18

采用主动发现的架构后，读服务接收到请求后仍然会默认从前置缓存获取数据，如果获取到数据，则直接返回。如果未获取到数据，则会穿透查询后端缓存，并直接返回查询结果。然而，穿透获取到的数据不会写入本地前置缓存。数据是否为热点以及是否要写入前置缓存，完全由计数工具来决定。这种方案有效地解决了因误判而导致的延迟问题。

五、计数器方案

以下是使用外部计数工具来发现热点缓存时，一些常见的工具和技术。

- Redis：Redis提供了各种数据结构，包括计数器（INCR命令）和有序集合（ZINCRBY命令），可以用来实现计数和排序功能。通过监视请求计数并设置适当的阈值，可以发现热点数据并将其推送至前置缓存。
- Memcached：Memcached也支持计数器功能（INCR命令），可以用于对请求进行计数并发现热点数据。
- Prometheus：Prometheus是一个开源的监控和警报系统，用于收集和处理应用程序的度量数据。通过在应用中埋点并使用Prometheus来收集请求计数信息，建立自定义的热点检测规则，并基于阈值触发警报或自动化处理。
- Apache Kafka：Apache Kafka可以用于收集和处理大量的数据流。通过将请求信息发送到Apache Kafka主题，并让消费者来计数和处理请求数据，可以实现对热点数据的发现和处理。

这些只是一些常见的外部计数工具和技术示例，实际上还有许多其他工具和方法可用于发现热点缓存。选择什么工具取决于具体应用的需求、技术栈和规模。

六、兜底方案设计

在采用前置缓存并解决了之前提到的问题后，当面对百万级并发时，可能会出现一种前提条件无法满足的情况，即受制于成本预算导致部署的机器数量无法支持当前热点查询的高QPS。

为了应对可能出现的超出预期的流量，可以采取前置限流策略。在系统上线之前，可以对启用了前置缓存的应用进行压力测试，以获取单机最大的QPS值。根据压测结果，设置单机的限流阈值，可以将阈值设置为压测值的一半或更低。因为在压力测试期间，应用的CPU已经接近100%。为了确保线上应用的正常运行，不能让CPU达到100%。

通过这种方式，可以在面临高并发流量时，采取限流策略来保护系统的稳定性，防止超过系统处理能力导致的故障。限流策略可以控制并发请求的数量，确保系统能够在可承受的范围内处理请求，避免过载和性能下降，具体架构如图2-19所示。

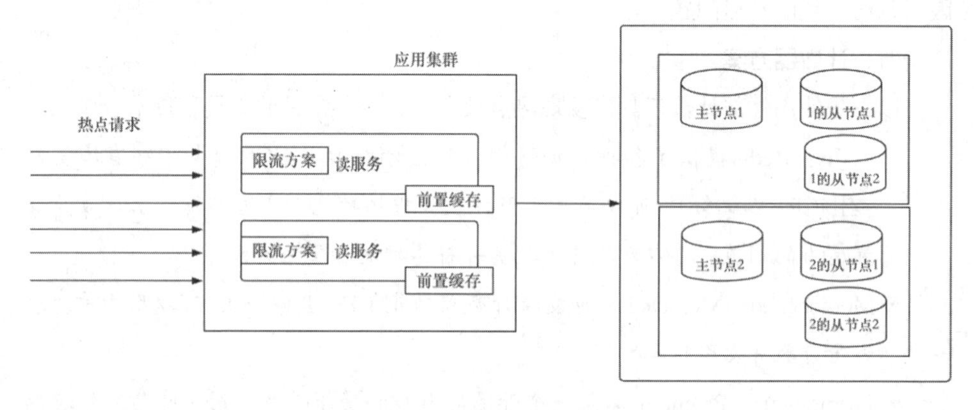

图 2-19

根据这个方案，我们可以看到，在进行架构设计时，即使采取了多种应对方案，最终的兜底降级策略仍然是必不可少的，因为难免会出现超出预期的情况。无论我们如何精心设计和优化架构，面对意外情况或意料之外的高负载，系统仍然可能无法完全应对。在这种情况下，兜底降级策略的作用变得至关重要。

兜底降级策略可以是通过限流、拒绝部分请求、降低服务质量或关闭某些功能等手段来保护系统的稳定性和可用性。当系统超出预期负载时，兜底降级策略可以帮助我们保持核心功能的正常运行，避免系统崩溃或性能下降。因此，在架构设计中，除了考虑高可用、高性能和可伸缩性等方面，也要充分考虑兜底降级策略，以应对意外情况和突发负载，保障系统的稳定运行。

除了在后端应用内使用前置缓存来应对热点查询外，在前端架构中也存在一些应对手段。在前端架构中，可以利用接入层（如Nginx）进行前置缓存，将数据缓存在离用户更近的CDN（Content Delivery Network，内容分发网络）上，以及通过开启浏览器缓存等方式来应对热点查询。这些方法可以在前端层面减轻后端服务器的负载，提高数据的访问速度，并改善用户体验。

第3章 高可用架构

3.1 面试官：如何使用分库分表支持海量数据的写入？

面试官提出的问题“如何使用分库分表支持海量数据的写入”，旨在考查面试者处理海量数据写入的能力和对相关技术的了解，该问题涉及数据库架构设计和分布式系统的知识。面试官希望面试者能够展示分库分表的原理和策略、数据一致性和事务处理、分布式ID生成等能力。

根据编者的经验，在回答这个问题时，可以按照以下思路进行。

（1）是否真的有分库分表的必要。

针对“如何使用分库分表支持海量数据的写入”这个问题，首先要向面试官分析是否真的有分库分表的必要。相信很多读者会觉得我这个回答思路很荒诞，面试官明明问的是“如何使用分库分表支持海量数据的写入”，而我还在讨论分库分表的必要性。在这里编者向读者保证，我思路很清晰且一点也不荒诞，之所以从“是否有必要”这个话题作为切入点，是因为深知分库分表带来的巨大成本。

分库分表架构需要对数据库进行细致的划分和管理，包括数据的分片、路由规则、数据迁移等，这会大大增加开发人员的工作量，并需要更多的测试和维护工作。在分库分表架构中，确保数据的一致性和处理跨库事务是一项复杂的任务，采用分布式事务机制或最终一致性方案会引入额外的复杂性和性能开销。

此外，在分库分表架构中，跨库查询和操作也会变得更加复杂，需要考虑查询路由、数据合并等问题，这会增加系统的复杂性和开销。另外，还需要制定相应的备份和恢复策略，以及故障切换和负载均衡机制，以确保系统的高可用性和容错性。所有这些额外的复杂性和资源需求都会增加系统的成本和负担。

因此，先回答是否有必要采用分库分表架构，更能展示面试者的实际经验和对系统设计的全面思考。这样的回答能够体现面试者的能力，让面试官对面试者的技术水平有更清晰的了解。

（2）如何落地分库分表方案。

一旦确定了分库分表的必要性，接下来就需要向面试官详细阐述如何落地分库分表方案，包括选择分库分表维度、生成全局唯一标识的策略，以及分库分表中间件的选型等问题。同时还需要考虑方案的扩展性、容错性和性能优化等方面。

下面对这两个思路进行详细说明。

3.1.1 是否真的有分库分表的必要

以订单业务为例，读服务并发达到百万级别，每次请求都不会产生新数据，是无状态的。而写服务并发上万，每天产生的数据量在亿级别左右。

在这种情况下，需要一个存储方案来处理这些海量订单数据，并确保写入和查询的性能，同时尽量不让业务流程产生太大的变化。无论是打车订单、电商支付订单还是外卖或团购支付订单，都是后台服务中重要的一环，直接关系到公司的营收。

因此，本小节以订单业务作为案例，深入分析如何存储海量数据，并保证相应的写入和查询性能，同时确保业务流程的稳定性。通过深入研究订单数据的存储和管理，我们可以找到合适的技术方案和架构设计，以满足高并发读取和大量写入的需求，同时保持系统的可伸缩性和稳定性，从而支持订单业务的顺利运行和公司的业务增长。

一、分库的利弊

分库是一种数据库架构设计的策略，可以解决存储容量问题。当应用程序的数据量逐渐增长，单一数据库可能无法满足存储需求时，分库成为一种可行的解决方案。分库之后有如下好处。

（1）数据分散存储。

通过分库，可以将数据分散存储到多个物理服务器上的不同数据库中。每个数据库负责存储一部分数据，将整个数据集分割成多个较小的子集，能够容纳更大规模的数据。

（2）水平扩展。

分库允许在需要增加存储容量时，通过添加更多的数据库节点来实现水平扩展。每个新增的数据库节点都能够存储一部分数据，随着节点数量的增加，整个系统的存储容量也随之增加，无须依赖单个数据库的物理存储限制。

（3）负载均衡。

分库架构可以实现负载均衡，将读写请求分发到不同的数据库节点上，避免单个数据库的负载过重，进而提高读写操作的并发处理能力。

（4）数据迁移和扩容。

分库架构允许在需要增加存储容量时，对数据进行迁移和扩容操作。当存储空间接近饱和或某个数据库节点存储达到上限时，可以通过迁移部分数据到新的数据库节点来扩展存储容量。

（5）数据备份和容灾。

分库架构可以通过数据备份和复制策略来提供数据的冗余存储和容灾能力。通过将数据复制到不同的数据库节点上，分库可以保证数据的安全性和可靠性。当某个数据库节点发生故障或数据丢失时，可以使用备份数据进行恢复，确保系统的连续性和稳定性。

采用分库架构时，也会出现一些附加的问题和挑战。

（1）数据查询的复杂性。

在分库架构中，由于数据分布在多个数据库中，跨多个分库的数据无法直接通过数据库查询语句进行查询。需要进行多次查询或借助其他存储进行数据聚合才能获取完整的结果。这增加了查询的复杂性和开销，也增加了系统的响应时间。

（2）维护成本的增加。

随着分库数量的增加，系统的复杂性也随之增加。每个数据库节点都需要独立进行管理和维护，包括硬件资源、软件升级、备份和恢复等方面。分布式环境下的故障排除和性能调优也更加复杂，维护成本也会相应提高。

（3）跨库事务一致性的挑战。

在分库架构中，由于数据分布在不同的数据库中，无法保障跨库事务的一致性。传统的数据库事务只能在单个数据库内保障ACID特性，而无法跨多个数据库。为了实现最终一致性，需要借助其他中间件或分布式事务管理系统来协调多个数据库节点之间的操作，这就增加了开发和维护的复杂性。

（4）数据迁移和平衡问题。

随着业务的变化和数据的增长，如果需要进行数据迁移和平衡操作，将数据从一个数据库节点迁移到另一个节点，以保持负载均衡和性能优化。数据迁移过程中可能会涉及数据同步、停机维护和数据一致性等挑战。

（5）分片键的选择和管理。

在分库架构中，需要选择合适的分片键来将数据分布到不同的数据库节点上。分片键的选择对于查询性能和负载均衡至关重要。选择不合适的分片键可能导致数据分布不均衡或查询性能下降。

二、分表方案

在解决容量问题时，可以根据业务场景选择适合的方法，而不是一上来就考虑分库分表。分表是一种选择，它可以将原本存储在一个大表中的数据拆分成多个小表。通过采用不同的拆分规则，比如按照时间范围、地理位置或订单ID，将数据分布到不同的表中。这样可以将数据均匀地分散到多个表中，减少单个表的数据量，从而缓解存储容量问题。

分表方案中的所有数据仍然存在于同一个数据库实例中，只是将原始的大表按照一定规则划分为多个行数较少的子表。与分库不同，分表不涉及将子表移动到新的数据库实例并在物理上分开部署的情况。

分表的拆分架构如图3-1所示。

假设订单系统面临的问题是，虽然每个订单的数据量很小，但订单总量却非常大，导致写入和查询速度变慢。此时，就可以考虑采用分表来解决这个问题。通过分表，每个小表的数据量减少，写入时构建索引的性能消耗也相应减少。此外，由于查询只需要在较小的表中进行，因此查询性能也会得到提升。

相比之下，如果采用分库来解决问题，虽然可以解决写入和查询速度慢的问题，但会导致每个库中的表所占用的磁盘空间很少，造成资源浪费。因为分库是将子表移动到不同的数据库实例并在物理上单独部署，每个数据库实例都需要一定的存储资源和维护成本。因此，在这里的订单案例中，采用分表是更为合适的选择。

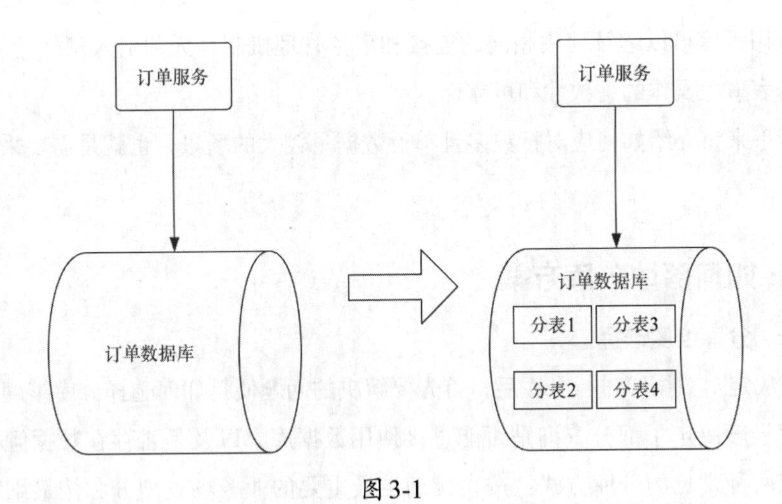

图 3-1

但是在实际场景里，因为要详细记录用户的提单信息，单个订单记录的数据量均较多，所以不存在行数多但单条数据量小的情况。但在其他写入服务里，经常会出现上述场景，因此读者可以优先采用分表的方案。因为分表除了能解决容量问题，还能在一定程度上解决分库所带来的以下4个问题。

（1）解决容量问题。

分表能够解决存储容量问题，因为它将大表拆分成多个小表，每个小表存储较少的数据量，从而减轻了单个表的负担。避免单个表的数据量过大导致查询性能下降和存储压力增加。

（2）简化富查询。

分表方案可以通过使用JOIN等操作完成一些复杂的富查询。相对于分库方案，分表的查询操作更加简单和方便。应用程序可以直接在同一个数据库实例中执行查询操作，不需要跨多个数据库进行数据聚合，减少了复杂性和开销。

（3）低维护成本和开发成本。

由于分表的数据仍存储在同一个数据库中，不需要引入额外的分库中间件，因此维护成本和开发成本较低。数据库管理和维护团队可以继续使用相同的工具和技术来管理和监控整个数据库实例，而不需要额外的学习和配置。

（4）解决事务问题。

在分表方案中，数据仍存储在同一个数据库中，因此可以很好地解决事务问题。应用程序可以继续使用相同的连接和事务管理机制，无须引入额外的复杂性，确保跨表事务操作的一致性和可靠性。

接下来将介绍如何应对行数多且单行数据量较大的场景，也就是需要采用分库方案了。

3.1.2 如何落地分库方案

一、分库维度选择

在决定对数据库进行分库后，首先要解决的问题便是如何选择分库维度。不同的分库维度决定了部分查询是否能直接使用数据库，以及是否存在数据倾斜的问题。有两种常见的分库方式：按直接满足最重要的业务场景划分和按最细粒度随机分。

首先我们来看按直接满足最重要的业务场景划分，按直接满足最重要的业务场景划分意味着将数据库中的数据按照最重要的业务场景进行划分，以满足业务操作的需求。在订单案例中，所有的订单数据都隶属于某一个用户，因此可以选择按订单归属的用户进行分库。

具体而言，可以通过用户字段来确定订单所属的用户，并将具有相同用户归属的订单数据存储在同一个分库中。这样的分库方式可以使同一个用户的订单数据集中存储在一个分库中，方便进行用户级别的查询和操作。

例如，假设有两个用户Alice和Bob，他们分别拥有一些订单数据。按照按用户分库的方式，可以将Alice的订单数据存储在分库A中，将Bob的订单数据存储在分库B中。这样，在查询Alice的订单时，可以直接连接到分库A，而无须遍历整个数据库；同样地，查询Bob的订单时，可以直接连接到分库B。

但是订单服务除了提供提交订单接口外，还会给商家提供对自己店铺的订单进行查询及修改等功能。这些维度的查询和修改需求，在采用了按用户分库之后，均无法直接满足。

这里请读者思考一个问题，订单模块最重要的功能是什么？

在订单模块中，最重要的功能是确保用户（即买家）能够正常使用各项订单功能，包括下单，实时查看已购的订单信息，查看待支付、待发货、待配送的订单列表等。相较之下，商家（即商品售卖方）所使用的功能并不是优先级最高的。在进行功能取舍时，可以将卖家的需求降低优先级，因为卖家是买卖交易的受益方。通过按用户分库，可以直接支持用户的使用场景，无须通过异构数据或其他手段来解决数据延迟等问题，从而提供更好的用户体验。此外，在同一个分库中，修改同一用户的多条数据也更加方便，因此不会涉及分布式事务的问题。

根据上述订单案例，我们可以抽象出一个分库准则，即在确定分库字段时应以直接满足最重要的业务场景为准。这个准则也可以在其他业务中得到应用。

举例来说，在用户生成内容（User Generated Content，UGC）的业务中，如微博和知乎，通常会按用户进行分库。这是因为用户发布内容后常常会去查看自己的内容列表，因此按用户进行分库可以直接满足这一重要的业务场景。类似地，在支付系统中，也会按用户的支付记录进行分库。这样可以方便地查询和管理特定用户的支付信息，满足支付系统的核心功能。在技术方面，比如一个微服务架构下的监控数据，同样会按微服务进行划分。这意味着同一个微服务的监控数据会存储在一个分库中，这样可以直接在一个分库中查看该微服务的所有监控数据。这种按微服务划分的方式能够满足监控系统对微服务级别的监控需求。

上述提到的业务领域中的分库方法都遵循了直接满足最重要的业务场景的准则。根据具体业务需求，选择合适的分库字段可以使系统能够更好地支持核心业务功能，并提供高效的查询和操作能力。但可能会出现数据倾斜的问题，比如出现一个超级用户（如企业客户），购买的订单量非常大，导致某一个分库数据量巨多，就会重现分库前的场景，这属于最极端的情况之一。

对于倾斜的问题，可以采用最细粒度的拆分，即按数据的唯一标识进行拆分，对于订单来说唯一标识即为订单号。采用订单号进行分库之后，用户的订单会按Hash随机均匀地分散到某一个分库里。这样就解决了某一个分库数据不均匀的问题。对于上述案例，也可以用此手段进行处理。例如：按用户的每一条微博随机分库；按用户的每一笔支付记录随机分库；按同一个微服务里的每一个监控点的数据随机分库。

采用最细粒度分库后，虽然解决了数据均衡的问题，但又带来了其他问题。

首先便是除了细粒度查询外，其他任何维度的查询均不支持。这就需要通过异构等方式解决，但异构有延迟，对业务是有损的。

其次采用最细粒度后，在数据库层面已经无法支持防重逻辑，比如用户对同一个订单在业务上只能支付一次这一诉求，在支付系统按支付号进行分库后便不能直接满足。因为上述分库方式会导致不同支付订单分散在不同的分库里，此时，期望在数据库中通过订单号的唯一索引进行支付防重就不可实施了。

上述两种分库的方式，在解决问题的同时又带来一些新的问题。在架构中，没有一种方案可以解决所有问题，更多的是根据场景去选择更适合自己的方案。

二、全局唯一标识

当使用分库方式时，传统的单库自增主键方案确实无法直接使用，因为在不同的分库中生成的自增主键可能会冲突。在这种情况下，需要采用其他方案来生成全局唯一的数据标识。

以下是一些常见的全局唯一标识生成方案。

（1）UUID（Universally Unique Identifier）。

UUID是一种标识符，它在广泛分布的计算设备上保持唯一性。它是由128位的数字表示，通常以32个十六进制数的形式显示，如“550e8400-e29b-41d4-a716-446655440000”。

- 优点：UUID几乎可以保证在全球范围内的唯一性，即使是在分布式环境下生成；生成UUID不需要依赖外部服务，因此不受网络连接或第三方服务可用性的影响；UUID在本地设备上生成，不需要进行网络通信。
- 缺点：UUID是128位的字符串，相比其他表示方法字符串较长，会占用较多的存储空间；UUID以十六进制表示，可读性差；UUID不具备可排序的顺序性。

（2）Snowflake算法。

Snowflake算法是Twitter开源的一种分布式ID生成算法。它使用一个64位的整数来表示唯一标识符，由时间戳、机器ID和序列号组成。

- 优点：Snowflake算法在分布式环境下可以高效生成唯一标识符，性能较高；Snowflake生成的ID包含时间戳，可以根据生成时间进行排序；Snowflake算法的设计目标之一是在分布式系统中生成唯一ID，因此适用于具有分布式架构的应用。
- 缺点：Snowflake算法的可用性依赖于唯一的机器ID和序列号生成方式，需要确保它们的唯一性；如果系统时钟发生回拨，可能会导致生成的ID不唯一或顺序错误；Snowflake算法的设计主要用于分布式环境，对于单机应用来说，可能过于复杂或不必要。

（3）数据库自增主键。

使用数据库自增主键是一种常见的生成全局唯一标识的方法。在关系数据库中，可以使用自增字段（如MySQL中的自增主键）来生成唯一标识符。

- 优点：数据库的自增主键功能通常很容易使用，只需将字段定义为自增类型即可；许多关系型数据库都提供了自增主键的功能，可直接使用其内置机制生成唯一标识符；自增主键通常与数据库的事务机制集成，确保生成的标识符在事务中的唯一性。
- 缺点：生成标识符需要数据库连接和执行插入操作，对于分布式系统或高并发场景来说，数据库的性能可能成为瓶颈；自增主键的机制主要适用于关系型数据库，对于非关系型数据库，可能需要其他的机制来生成唯一标识符。

除了以上方案外，很多互联网大厂都定制并开源了自己的全局唯一标识生成方案。

（1）美团的Leaf。

美团的Leaf是一种分布式ID生成方案，用于生成全局唯一标识符。它使用了类似Snowflake算法的思路，将生成的ID分为不同的区段，每个区段由一个唯一的机器ID和一段连续的序列号组成。

- 优点：Leaf可以在分布式环境中高效地生成唯一标识符，具备较高的性能；生成的ID包含时间戳和序列号信息，可以根据生成时间进行排序；Leaf支持水平扩展，可以根据需求增加机器ID来扩展ID生成的容量。
- 缺点：Leaf的可用性依赖于唯一的机器ID和序列号生成方式，需要确保它们的唯一性；如果系统时钟发生回拨，可能会导致生成的ID不唯一或顺序错误。

（2）百度的UidGenerator。

百度的UidGenerator是一种分布式ID生成方案，用于生成全局唯一标识符。它结合了时间戳、机器ID和序列号，生成一个64位的ID，其中时间戳占用了部分位数，确保ID的唯一性和可排序性。

- 优点：UidGenerator可以在分布式环境中高效生成唯一标识符，具备较高的性能；生成的ID包含时间戳信息，可以根据生成时间进行排序；UidGenerator提供了一些配置选项，可以根据需求进行调整和优化。

- 缺点：UidGenerator的可用性依赖于唯一的机器ID和序列号生成方式，需要确保它们的唯一性；如果系统时钟发生回拨，可能会导致生成的ID不唯一或顺序错误。

三、分库中间件

现在开源的分库分表中间件较多，整体上各类分库中间件可以分为两大类：一种是代理式，另外一种是内嵌式。

（1）代理式分库中间件。

代理式分库中间件的应用架构如图3-2所示。

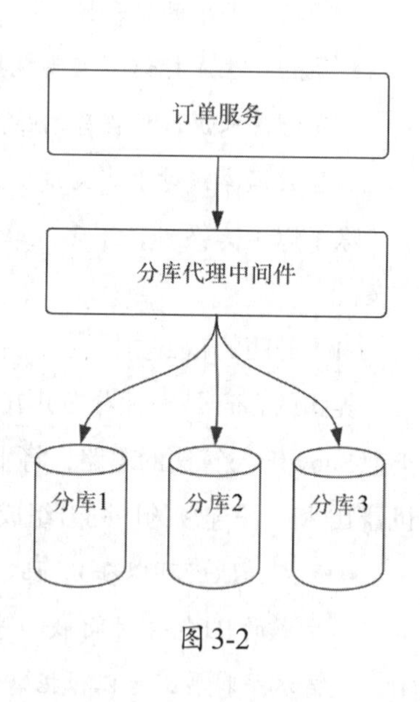

图3-2

代理式分库中间件通过在应用程序和数据库之间充当代理角色，拦截和处理数据库请求。它通过解析SQL语句、拦截JDBC驱动或网络代理等方式，实现将访问数据的请求路由和分发到不同的物理数据库。代理式分库中间件的特点如下。

- 路由和分发：代理式中间件根据事先定义的规则将数据库请求路由到不同的物理数据库。这些规则可以基于关键字、哈希函数、取模运算等方式进行定义。
- 透明性：应用程序对分库中间件是透明的，无须修改现有的应用程序代码。代理中间件负责将请求转发到正确的数据库节点。
- 动态扩展：代理式分库中间件可以根据实际需求动态扩展或缩减物理数据库节点，从而实现分库的动态调整。
- 高可用性：代理式分库中间件通常支持故障转移和负载均衡，可以提供高可用性和容错能力。

代理式分库中间件虽然有如上特点和好处，但也存在如下一些问题。

- 性能下降：由于代理式分库中间件需要解析业务应用的SQL并进行路由，

这会增加额外的处理时间和开销，可能导致性能下降。代理层的处理逻辑和网络通信也可能引入一定的延迟。

- 复杂度和出错可能性：代理式分库中间件需要解析和适配各种SQL语法，这增加了代理模块的复杂度和出错的可能性。对于复杂的SQL语句，代理层可能需要更复杂的逻辑来正确应对路由请求。
- 部署资源成本：代理式分库中间件通常作为单独的进程运行，需要额外的部署和资源占用成本。这可能需要额外的服务器资源和维护成本。

（2）内嵌式分库中间件。

内嵌式分库中间件的应用架构如图3-3所示。

内嵌式分库中间件将分库逻辑嵌入应用程序中，通过在应用程序中直接处理分库逻辑来实现数据的分库。应用程序根据预定义的规则将数据路由到不同的物理数据库。内嵌式分库中间件通常具有以下特点。

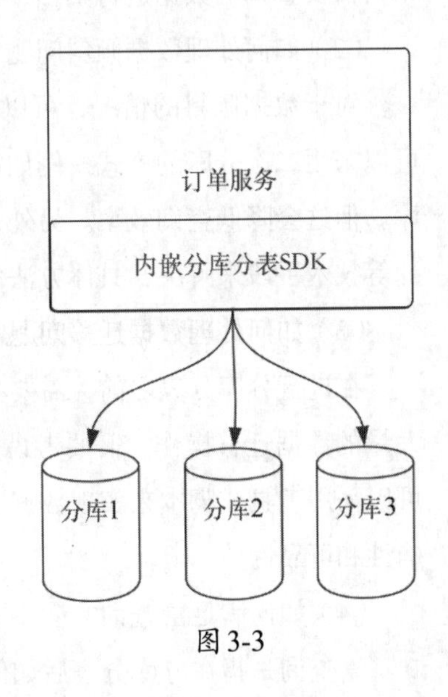

图3-3

- 应用程序集成：内嵌式分库中间件需要应用程序进行适配和集成，通常需要修改应用程序的代码来实现分库逻辑。
- 灵活性：内嵌式分库中间件可以根据应用程序的特定需求定制分库策略和规则，提供高度的灵活性和定制能力。
- 性能优化：由于分库逻辑嵌入在应用程序中，因此内嵌式分库中间件可以更好地与应用程序的业务逻辑进行整合，实现更精细的性能优化。
- 部署复杂性：内嵌式分库中间件需要应用程序进行部署和维护，增加了部署复杂性和维护成本。

虽然内嵌式分库中间件在性能方面可能具有一些优势，但也存在如下一些问题。

- 侵入性：内嵌式分库中间件需要对业务应用进行一定的改造，以适配其提供的API。这可能需要修改应用程序的代码和逻辑，使其能够正确使用分库中间件的功能。
- 运维工作：内嵌式分库中间件在进行故障转移、数据迁移等运维工作时，需要业务应用感知并配合。这可能需要应用程序在运维过程中进行相应的配置和调整。

四、其他问题

（1）是否一定需要进行分库或者分表呢？

并非所有系统都需要分库或分表。对于大多数系统来说，能够处理上百万、上千万的数据量已经足够。一些开源数据库，如MySQL在处理千万级别的数据量时表现良好。此外，可以在业务层面对数据进行处理，如对无效数据、软删除数据和不再需要查询的数据进行归档，以减少数据量和提高性能。

（2）如何处理数据倾斜问题？

对于数据倾斜的情况，可以考虑在分库基础上再进行分表。如果数据量较大，可以采用二次分库的方式，例如，在用户账号基础上增加一个字段进行进一步的分库。但这会降低查询效率。另外，处理数据倾斜还可以通过数据重分布、数据预分片等技术手段来解决，具体方法取决于具体的业务场景。

（3）如何处理数据迁移问题？

在进行分库分表之前，需要将现有的数据迁移到新的分库分表结构中。这涉及大量的数据迁移操作，需要考虑数据一致性、迁移时间和业务的可接受性等方面。可以采用工具或脚本来实现数据迁移，并进行逐步验证和调整，确保迁移过程的正确性和可靠性。

（4）如何满足富查询？

富查询是指在分库分表后如何跨越分库进行查询，这个问题将在3.4节讲解。

（5）如何解决跨多库的修改导致的分布式事务问题？

跨多库的修改可能会引发分布式事务问题，这个问题将在5.3节讲解。

3.2 面试官：如何打造无状态的存储方案？

“如何打造无状态的存储方案”是一个开放性问题，旨在评估面试者的技术深度、解决问题的能力和架构设计能力。面试者在回答该问题时可以基于以下思路。

（1）写服务的目标。

首先，明确写服务的目标。写服务通常需要满足高可用性、数据一致性和持久性的要求。在无状态的存储方案中，需要设计一种方案，以实现任何时候都能成功写入数据，即达到100%写入成功的目标。

从企业经营的角度来分析要求100%写入成功的原因。我们可以将请求分为读和写两类，根据二八原则，80%的读请求只带来20%的写请求。然而，写入类请求对企业来说通常非常重要，如外卖下单、团购订单等，这些操作直接影响到企业的盈利。

尽管实现完全的100%写入成功对大多数系统来说非常困难，因为会面临各种故障、网络问题或其他不可预测的情况，但在实际情况下，我们可以采取多种策略来尽量增加写入成功的概率。

（2）如何保证任何时候都可以成功写入。

确定了写服务的目标，接下来是通过设计数据库分片规则和部署方案来打造分库分表且分机房架构，以保证任何时候都可以成功写入。

（3）采用随机写入后的整体架构方案。

分析分库分表且分机房架构的问题和缺陷，并结合随机写入架构构建无状态存储架构设计方案，以实现随时切换故障数据库，随时低成本扩容数据库。

在无状态存储架构设计方案的基础上，针对分库故障移除后已写入的数据处理问题和分库分表后的复杂查询问题，再次对架构方案进行升级，构建两套存储集群，一套进行随机写入，一套进行分库分表后的查询，并设计数据同步方案。

（4）解决数据延迟的架构。

分库分表存储集群的数据来源于随机写入存储集群的数据同步，因此两套存储集群会在较短时间内存在数据不一致的问题，但是有一些场景是要满足写入后立刻查看的需求，从这一类场景的角度来看，当前的架构是存在缺陷的，因此需要引入缓存来解决数据延迟的问题。

（5）缓存可降级方案。

由于主动写入缓存可能存在异常，导致数据未写入缓存，同时主动数据同步和兜底同步是先写入分库分表，再通过Binlog刷新缓存，存在一定的延迟。因此，在查询时需要具备降级功能，当在缓存中未查询到时，可以主动降级到数据库进行一次兜底查询，并将查询到的值存储至缓存中。

（6）其他功能流程保持复用。

在开发中，通过复用已经存在的组件、模块或代码片段，可以避免重复编写相似的功能，节省开发时间和资源，加快产品或系统的交付速度。在设计无状态写入方案时，可以利用复用来提高开发效率。

接下来，将逐一探讨这些内容。

3.2.1 写服务的目标

在前面的章节中，我们已经介绍了如何通过分库分表的架构方案来解决数据容量的问题。然而，分库分表仅仅解决了容量的挑战，并未解决写服务的高可用性问题。实际上，采用分库分表架构后，系统的稳定性可能会降低，因为故障的概率会增加。

举例来说，在原有的单库架构中，数据库发生故障的概率为50%。然而，如果引入了5个分库，则故障的概率将提高至96%。因此，分库分表架构对系统的稳定性造成了一定的挑战。

在读服务方面，我们可以采用数据冗余来提高架构的高可用性。但是，在写服务方面，由于数据是由用户提交产生的，无法在写入时使用冗余来提高可用性。传统的写冗余方案需要满足CAP原则（又称CAP定理，指的是在一个分布式系统中，一致性（Consistency）、可用性（Availability）、分区容错性（Partition tolerance）这3个要素最多只能同时实现两个，不可能三者兼顾）的存储支持，然而根据CAP原则，最多只能同时满足两个特性（要么CP，要么AP），因此写冗余无法直接满足我们的需求。

为了解决这个问题，在这里将介绍一种能够实现随时切换数据库的高可用写服务方案。无论是单库架构还是分库分表架构，该方案都可以支持，并且能够确保高可用性。接下来，将详细探讨这个方案的目标和实施策略。

写服务的目标是确保用户提交的数据能够成功写入系统。在各种写入业务场景中，如申请表单、购物订单、论文提交等，用户提交的数据是至关重要的，因此系统必须保证在任何时候都能够可靠地接收和存储这些数据。

当面试官提及写服务的目标时，关注的是系统在面对各种故障情况时，如何保证数据的写入操作一定能够成功完成。无论是硬件故障、网络问题还是其他不可预测的情况，系统都需要具备高可用性和容错性，确保数据写入的可靠性和一致性。

在设计写服务架构时，我们需要考虑如何通过合适的技术手段和策略来满足这一目标，以确保用户提交的数据能够安全、可靠地写入系统中。当出现任何故障，如网络中断、CPU利用率飙升、磁盘空间被占满等问题时，也要保障系统依然可以随时写入数据。

3.2.2 如何保证任何时候都可以成功写入

在前文提到的分库分表架构里，假设当前只有两个分库，并且这两个分库分别部署在不同的机房，如图3-4所示。

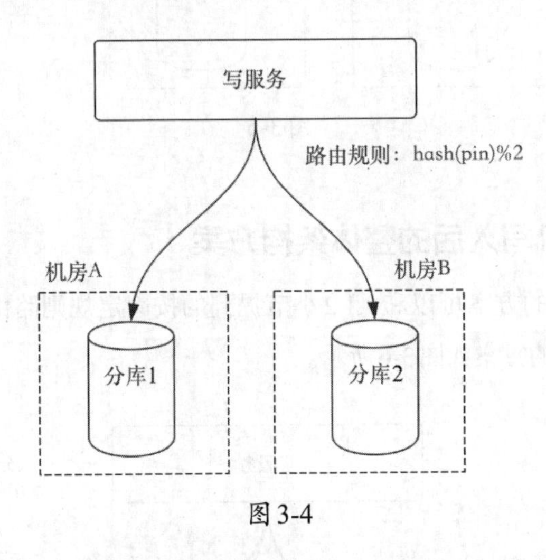

图3-4

当其中一个分库所在的机房出现网络故障，导致该分库无法访问时，系统将出现故障。为了解决这个问题，我们可以引入一种机制，使得在某个分库不可用时，原有的数据可以被写入当前可用的数据库中。

这种策略的核心思想是将写入数据的路由规则进行动态调整，以确保数据能够被成功写入当前可用的数据库中。当某个分库不可达时，系统会自动将原本应该路由到该分库的数据，重新路由到当前可用的数据库上进行写入操作。这样，即使某个分库故障，系统仍然能够保障数据的写入，并且确保写服务的高可用性，如图3-5所示。

通过这种方式，可以有效应对分库分表架构在面对故障时的可写入性问题，确保数据能够随时写入系统，并提高整体架构的稳定性和可用性。

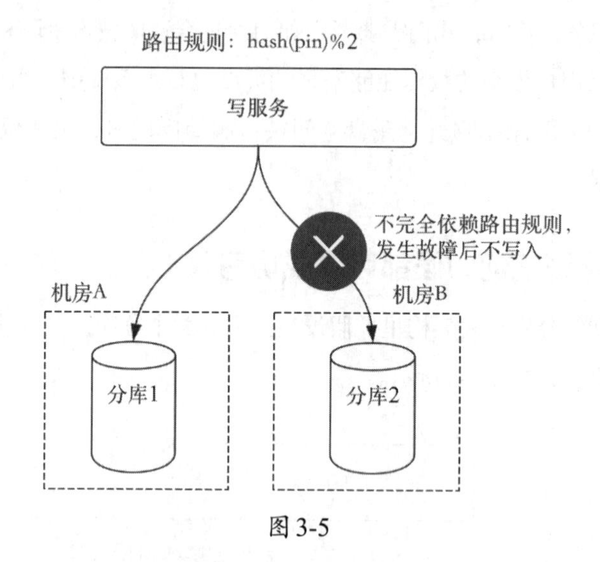

图 3-5

3.2.3 采用随机写入后的整体架构方案

3.2.2小节提供的方案可以和3.1.2小节提到的按固定规则路由的分库分表方案进行结合，结合后的方案如图3-6所示。

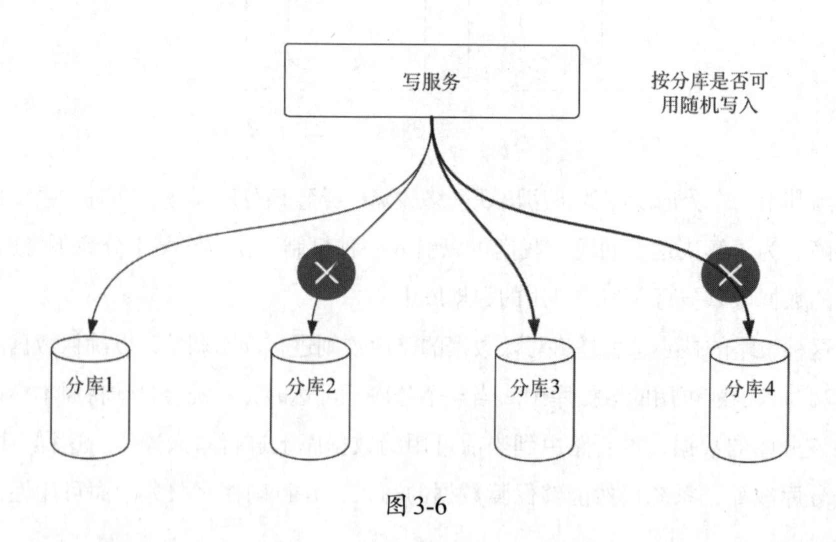

图 3-6

在结合后的架构中，仍然使用分库分表来进行数据存储，但是写入规则发生了变化，不再按照固定的路由进行写入，而是根据当前实时可用的数据库列表进行随机（如顺序轮流）写入。当某个数据库发生故障不可用时，将其从当前可用数据库列表中移除。如果数据库故障导致可用列表中的数据库变少，可以适当地扩容数据库资源，并将其添加到当前可用的数据库列表中。这种架构被称为无状态存储架构设计，因为它允许随时切换问题数据库并且可以随时以较低的成本进行数据库扩容。下面是该架构的基本思想和优势。

（1）动态写入规则。

传统的分库方案通常依赖于固定的路由规则，将数据根据某种规则分配到不同的数据库中进行写入。而分表方案可以采用动态写入规则，即根据当前实时可用的数据库列表进行随机写入，实现数据的均衡写入，减少单个数据库的负载压力，并提高系统的并发性能。通过动态写入规则，根据数据库的负载情况和系统性能需求，动态调整写入目标数据库，使数据分布更均匀，提高系统的整体性能和稳定性。

（2）故障切换。

在分表方案中，当某个数据库出现故障不可用时，将它从当前可用数据库列表中移除。确保故障数据库不再接收写入请求，从而避免写入失败。同时，系统可以根据一定的策略进行故障切换，将写入请求路由到其他可用的数据库上，保证系统的可用性和数据的一致性。故障切换可以通过监控和自动化的方式进行，确保系统能够及时应对数据库故障，并保持正常的写入功能。

（3）弹性扩容。

如果可用数据库列表变少，或者系统负载增加，可以根据需要适当扩容数据库资源，并将其添加到当前可用的数据库列表中。在保证高可用性的同时，根据系统负载灵活调整数据库资源，提高系统的伸缩性和弹性。弹性扩容可以根据业务需求和系统实际情况进行，以满足系统的性能和容量需求。

通过无状态存储架构设计，能够实现数据的随时切换和低成本扩容，从而保障写服务的高可用性和可扩展性。这种架构设计对于大规模写入业务场景非常有用，可以有效应对数据库故障和负载压力，并提供稳定可靠的写服务。

一、如何维护可用列表

在写服务的运行过程中，我们可以通过自动感知或人工确认的方式来维护可用的数据库列表。当写服务调用数据库进行写入操作时，可以设置一个阈值来判断数据库的可用性。例如，如果在连续几分钟内，某个数据库的写入失败次数超过了设定的阈值，可以判定该数据库故障，并将此判定进行上报。

当整个写服务集群中超过半数的节点都认为某个数据库故障时，可以将该数据库从可用列表中剔除。然而，为了防止将只是发生网络抖动的数据库误剔除，可以在真正将数据库下线之前增加一个报警，为人工确认提供机会。可以设置一个时间窗口，在此期间内如果没有人工响应，则自动将数据库下线。

上述方案类似于Paxos算法，在分布式协调和故障迁移中被广泛使用。通过这种方式，我们可以根据节点的判断来动态维护可用的数据库列表，保障写服务的可用性和数据的写入。

对于新扩容的数据库资源，可以通过系统功能自动添加到可用列表中。虽然本小节介绍的方案是按顺序进行随机写入，但建议在实现时将按顺序进行随机写入升级为按权重写入。例如，对于新加入的机器，可以设置更高的写入权重。因为新扩容的机器容量为空，设置更高的写入权重可以让数据更快地在所有数据库中实现均衡分布。增加权重的架构如图3-7所示。

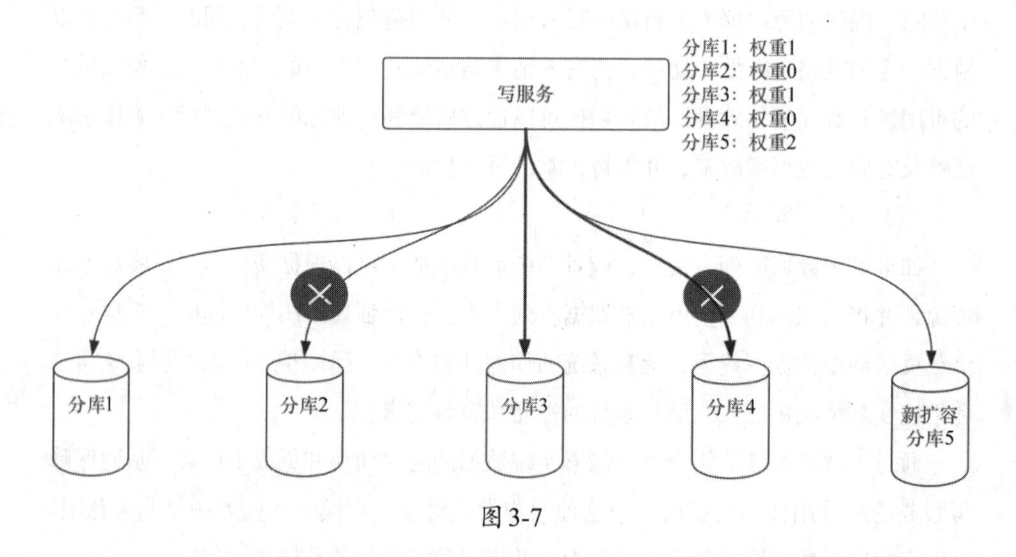

图3-7

二、写入后如何处理

通过数据库写入的随机化，实现了写服务的高可用方案。但不得不说，虽然解决了写入的高可用，但想要成为一个完整的架构方案，此设计还有几个重要的问题需要解决。

（1）如果某一个分库故障后将其从可用列表中移除，应如何处理其中已写入的数据呢？

（2）因为数据是随机写入，应该如何查询写入的数据呢？

对于上述的问题，编者先介绍一个整体的架构解决方案，如图3-8所示。

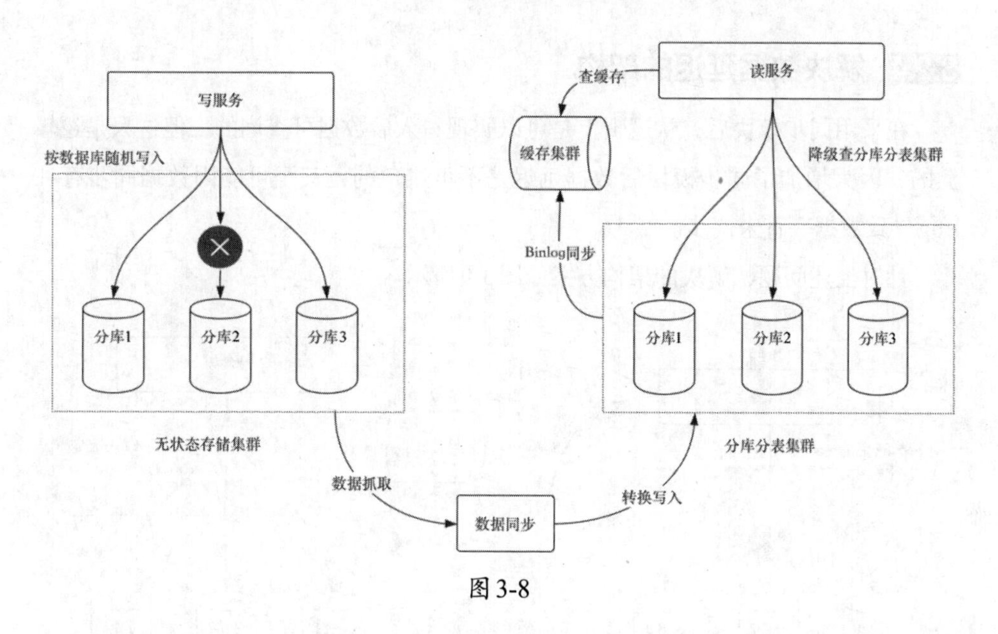

图3-8

该架构方案在原有分库分表方案的基础上进行了升级和扩展，主要新增了两个关键模块。

（1）按数据库随机写入模块。

该模块负责将数据随机写入可用的无状态存储集群中，实现了写服务的高可用性。通过随机化写入，数据可以均匀地分散到不同的数据库中，从而提高系统的写入能力和容错性。当某个数据库故障时，仍然可以将数据写入其他可用的数据库。

（2）数据同步模块。

该模块实时地将数据从随机写入的无状态存储集群同步至分库分表集群中。这样可以保证数据在分库分表集群中的一致性和持久性。通过数据同步，可以将随机写入的数据与分库分表集群中的数据保持一致，以供后续的查询和业务处理。

通过写入模块和同步模块的配合，整体架构方案实现了基于无状态存储的高可用性。在故障发生时，数据依然可以被写入，并且可以通过数据同步保持一致性。而后续的查询和业务处理则沿用了原有的分库分表方案，确保了数据的可用性。这样的架构方案能够提供更高的系统稳定性、可用性和弹性，同时满足了数据一致性和持久性的要求。

3.2.4 解决数据延迟的架构

在采用同步模块后，从逻辑上是可以实现写入后数据可查询的。但这只是逻辑上的，因为增加了同步模块后数据延迟是不可避免的，甚至可能因数据同步存在Bug导致数据一直未同步。

针对上述问题，解决的架构方案如图3-9所示。

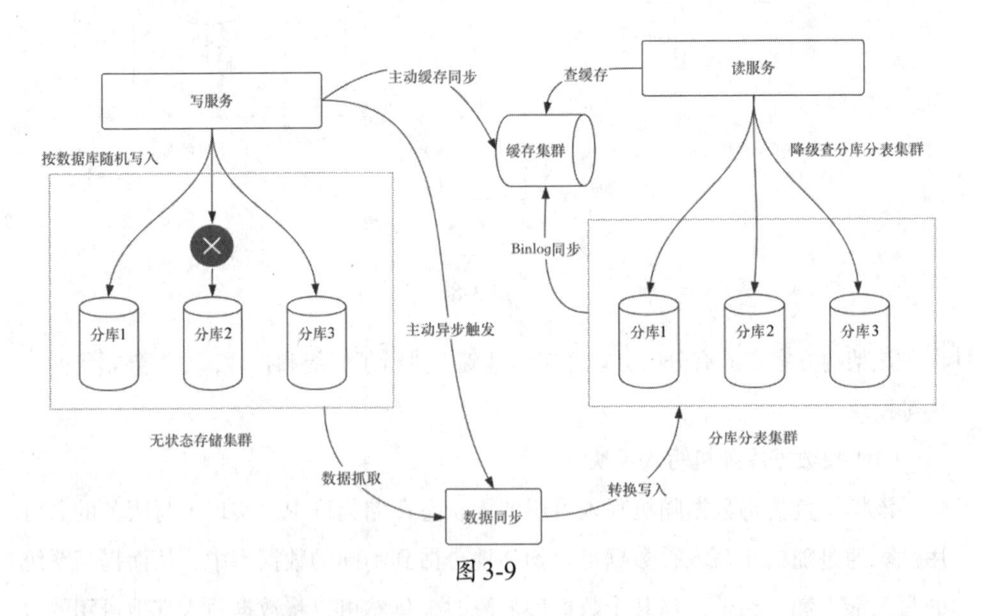

图3-9

在数据写入后，用户需要立即查看写入内容的场景并不太多，比如上传完论文后，用户只要立刻确定论文上传成功且查看系统中的论文内容和上传的一致即可。

当数据写入无状态存储集群成功后，可以在请求返回前，主动地将数据写入缓存中，同时将此次写入的数据全部返回给前台。但此处并不强制缓存一定要写成功，缓存写入失败也可以返回成功。对延迟敏感的场景，可以直接查询此缓存。

对于无状态存储集群中的数据，可以在写入请求中主动触发同步模块进行迁移，同步模块在接收到请求后，立刻将数据同步至分库分表及缓存中。

主动触发同步模块的请求及同步模块本身的运行都有可能出现异常，对于可能出现的异常情况，可以设计兜底策略进行处理。兜底策略和同步模块比较类似，主要架构如图3-10所示。

兜底策略的核心思想是通过不断轮询无状态存储集群中的数据，当超过设定的时间阈值（如5秒）仍未得到同步时，主动触发数据的同步操作。这样可以确保即使在缓存预写入和主动同步故障的情况下，数据仍然能够被写入分库分表中。

需要注意的是，如果兜底策略的时间阈值设置得过小，可能会导致与主动同步产生重复同步的情况。为了避免重复同步，可以在分库分表中设置数据库的唯一索引，并在插入数据之前进行简单的查询来进行防重处理。这样可以确保只有不存在的数据才会被写入分库分表中，避免了重复的同步操作。

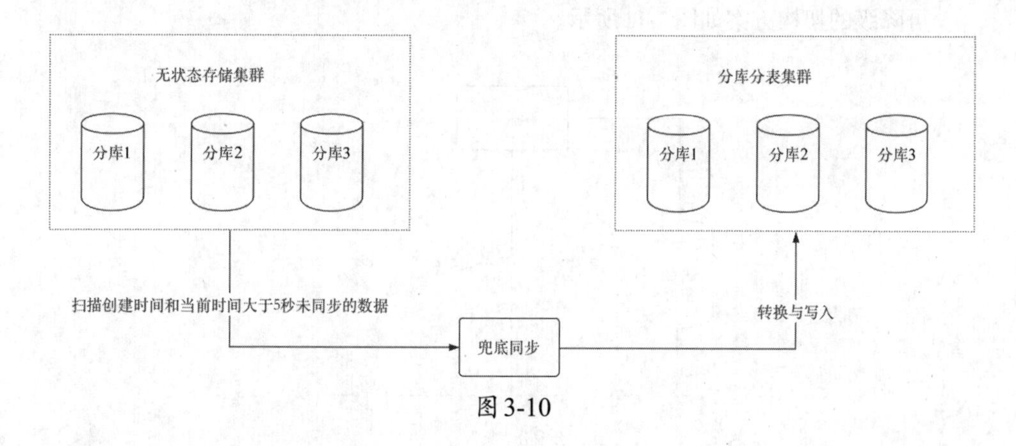

图3-10

3.2.5 缓存可降级方案

主动写入缓存可能存在异常，导致数据未能及时写入缓存。此外，主动数据同步和兜底同步是先将数据写入分库分表，然后通过Binlog等方式刷新缓存，存在一定的延迟。因此，在查询时需要具备降级功能。

当缓存未命中时，即缓存中不存在所需的数据，可以采取以下策略进行降级处理。

（1）主动降级。

当缓存未命中时，系统可以主动降级到数据库进行一次兜底查询，以获取所需的数据，保证在缓存不可用或数据未及时写入缓存的情况下，仍能从数据库中获取数据进行响应。

（2）兜底查询。

在主动降级的情况下，系统会直接查询数据库获取数据，并将查询结果返回给用户。同时，为了提高后续查询的性能，系统可以将兜底查询得到的数据存储回缓存中，以便下次同样的查询可以从缓存中获取数据，提高读取性能。

（3）更新数据库。

在后续数据变更时，需要保持缓存数据和数据库数据的一致性。当数据发生变更时，系统应该更新数据库，并在更新数据库成功后，再更新对应的缓存数据，确保缓存中的数据与数据库中的数据保持一致。

可降级的架构方案如图3-11所示。

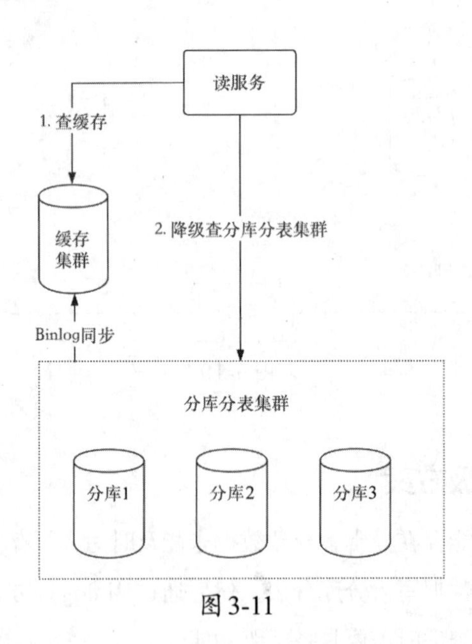

图3-11

3.2.6 其他功能流程保持复用

采用无状态存储后，除了3.2.5小节提到的降级功能和兜底查询，其他架构细节仍然保持复用。然而，在处理故障时可能会有一些变化。

假设某一台无状态存储的数据库发生故障，并且该故障数据库中仍有数据未能同步到其他数据库节点。在这种情况下，处理流程如下。

（1）确认数据一致性。

由DBA（Database Administrator，数据库管理员）负责确认故障数据库的从库和主库数据是否一致。DBA会检查故障数据库的从库是否已经完全同步了主库的数据，以确保数据的一致性。

（2）升级从库为主库。

如果数据一致性得到确认，DBA会将故障数据库的从库升级为主库。这样，从库将成为新的数据源，接管故障数据库的角色。

（3）重新加入无状态存储集群。

升级后的主库需要重新加入无状态存储集群，以确保系统的高可用性和负载均衡，通过将新的主库节点添加到无状态存储集群中，并确保集群中的其他节点能够正确识别并与新节点进行数据同步。

以上处理流程与传统的线上数据库故障处理类似，重点在于确认数据一致性，并将可用的从库升级为新的主库。这样可以保证数据的可靠性和一致性，并及时修复故障，以维持系统的正常运行。

除了故障处理外，其他架构细节，如数据同步、负载均衡等仍然适用于无状态存储集群。这些细节可能因具体实现而有所差异，但基本原则和流程保持一致。因此，在无状态存储集群架构下，处理故障和其他架构细节的方式与处理传统数据库架构的方式相似。

3.3 面试官：如何利用依赖管控提升写服务的性能和可用性？

依赖管控是指在软件系统中管理和控制对外部依赖的一系列策略和实践。在软件开发中，一个系统通常会依赖于其他组件、库、服务、数据库或第三方API等外部资源。依赖管控的目标是通过管理和优化这些外部依赖的使用，提升系统的性能、可用性和稳定性。

理解了依赖管控的含义后，就可以探讨如何利用依赖管控来提升写服务的性能和可用性。

以下是面试者在回答“如何利用依赖管控提升写服务的性能和可用性”时的思路。

（1）外部依赖的常见场景。

许多服务需要与其他服务或第三方服务进行集成，如支付网关、地理位置服务或社交媒体API。所以回答该问题，首先需要梳理外部依赖的常见场景，可以向面试官举例说明自己在实际的项目开发中遇到的一些外部依赖场景。

（2）串行改并行的架构方案。

大多数情况下，在处理写请求时，除了依赖于存储系统，许多场景还需要与各种外部第三方接口进行交互。当依赖的外部接口过多时，一种有效的策略是将这些依赖项进行并行化，以提升整体性能和写接口的稳定性。

（3）并行中需串行执行的架构方式。

并行执行外部依赖接口的前提条件是这些接口之间没有相互依赖关系。如果某个接口的执行依赖于其他接口的返回数据，那么这些接口就无法同时并行执行。在存在相互依赖的场景中，可以根据依赖关系设计并行中需串行执行的架构。

（4）依赖后置化架构。

将对外部依赖的处理后置化可以减轻接口的负载，提升用户体验，使用户能够更快地获取接口的响应结果。在确定适合后置化处理的任务时，需要综合考虑任务的重要性、实时性要求，以及资源消耗等因素。通常情况下，那些对接口实时性要求不高且可以在后台异步处理的任务更适合进行后置化处理。

（5）超时和重试设置。

对于某些外部接口，可能仍然需要使用同步调用。然而，如果这些同步调用的接口出现性能抖动或可用性下降的情况，则可以采取超时和重试策略来规避潜在的问题。

（6）降级方案。

降级方案是在外部接口性能抖动或可用性下降时采取的另外一种应对策略，旨在确保系统的稳定性和可用性，即使在外部依赖出现问题的情况下也能继续提供核心功能。例如，在外部接口不可用或性能下降时，通过提供替代的功能或数据来降低对该接口的依赖，这可以是使用缓存数据、默认值或预先计算的结果等，虽然功能可能不完整，但系统仍然可以正常运行，以保证核心功能的可用性。在回答面试官的问题时，可以根据具体的业务需求和系统架构进行评估，设计合理的降级策略。

接下来，将逐一探讨这些内容。

3.3.1 外部依赖的常见场景

在写业务的系统架构里，除了需要关注存储上的高可用性，对写链路上的各项外部依赖的管控同样十分重要。因为即使存储的高可用性做好了，也可能会因为外部依赖的不可用导致系统故障，比如写链路上依赖的某一个接口性能抖动或者接口故障，都会导致系统不可用。下面将介绍一个提升写服务性能和可用性的升级架构方案，详细讲解如何对写链路依赖进行精细化管控。

3.3.2 串行改并行的架构方案

在设计写业务的系统架构时，除了要关注存储的高可用性，同样重要的是对写链路上的各项外部依赖进行精细化管控。即使存储高可用性得到保证，但若写链路上的某个依赖接口性能抖动或发生故障，系统也有可能变得不可用。因此，需要一种升级的架构方案，旨在提升写服务的性能和可用性，并详细介绍如何对写链路的依赖进行管控。这个方案能够帮助我们有效应对外部依赖的性能问题和故障，从而提高整个系统的稳定性和可靠性。

一、链路依赖的全貌

在完成一个写请求时，除了依赖存储之外，大多数场景还需要依赖各种第三方提供的接口，如下面的这几个场景。

（1）当你发布一条微博时，在数据存储到数据库之前，你需要依赖用户模块来校验用户的有效性，还要依赖安全过滤机制来检查是否存在非法内容。

（2）在创建订单时，同样需要进行一系列的校验和数据获取操作。例如，校验用户的有效性、校验收货地址的合法性、获取最新的价格信息、进行库存扣减和支付金额扣减等。只有在完成这些校验和数据获取之后，才会进行最后的存储操作。

（3）发布电子邮件时，在将电子邮件存储到数据库之前，需要进行一系列的依赖操作。这可能包括验证邮件发送者的身份和权限、检查邮件内容是否符合规定格式，还可以使用反垃圾邮件服务来过滤垃圾邮件。只有在通过这些依赖操作后，才能将邮件写入数据库进行存储。

类似地，在其他的写场景中，比如发布短视频或发布博客，也会存在类似的依赖关系和操作步骤。因此，完成一个写请求并不仅仅依赖于存储，还涉及与第三方接口的交互。这些依赖关系需要被精细化地管控，以确保写服务的性能和可用性。

以订单业务为例，写请求的架构如图3-12所示。

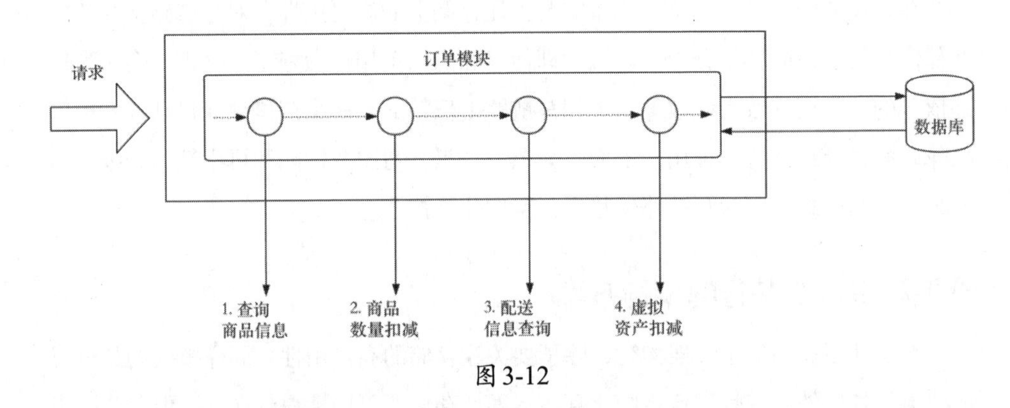

图3-12

对于整个链路依赖的各项外部接口，可能是出现了以下几个问题，导致系统不可用。

（1）外部接口性能抖动。

当外部接口的性能在短时间内出现剧烈波动时，如从正常的50毫秒飙升至500毫秒，可能导致系统内部的接口超时。这种情况下，系统的可用性会受到影响，因为某些请求无法在合理的时间内完成。

（2）依赖过多的外部接口。

如果一个写业务需要依赖过多的外部接口才能完成，这会对接口的性能产生负面影响。每个外部接口的调用都会增加延迟和网络开销，从而导致整体性能下降。这种情况下，系统可能无法在期望的时间内响应请求，降低了可用性。

（3）外部接口可用率下降。

当外部接口的可用率下降时，系统的可用性也会受到影响。如果某个外部接口无法正常工作或者不可用，系统的写业务可能无法完成所需的操作。这会导致请求失败或被延迟，降低了系统的可用性。

二、依赖并行化

当依赖外部接口过多时，可以从几个方面进行优化，来提升整体的性能和写接口的稳定性。假设一次写请求要依赖20个外部接口，可以将这些依赖全部并行化，优化的架构如图3-13所示。

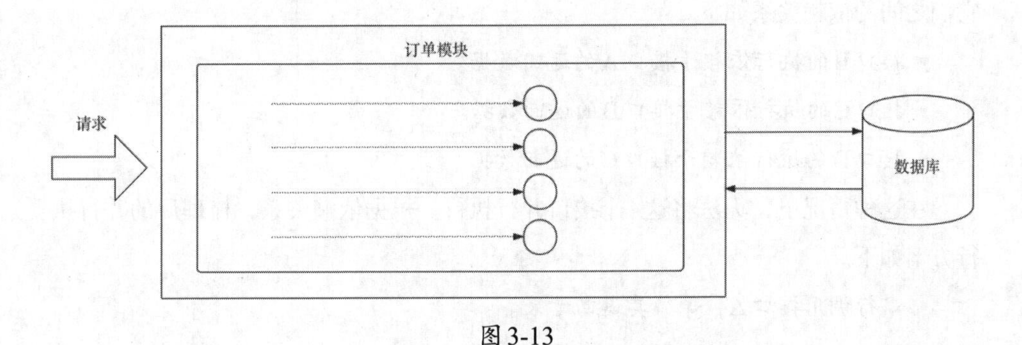

图3-13

在一个理想情况下，如果所有外部依赖的接口都可以并行执行，并且每个接口的性能都是精确的10毫秒，那么在串行执行的情况下，完成所有外部依赖的请求需要200毫秒（10毫秒 ×20个接口）。但是，在实际场景中，外部依赖的性能可能有所不同，有些接口可能更快，有些可能更慢。在并行执行的情况下，实际的耗时将取决于最慢的那个接口的性能。

3.3.3 并行中需串行执行的架构方式

并行执行外部依赖接口有一个前提条件，即这些接口之间没有任何依赖关系。如果某个接口的执行依赖于其他接口的返回数据，那么这些接口就无法并行执行。对于存在相互依赖的场景，可以根据依赖关系进行合理的并行化处理。在这种情况下，并行化后的性能将等于最长子串的性能总和。并行中需串行执行的架构方式如图3-14所示。

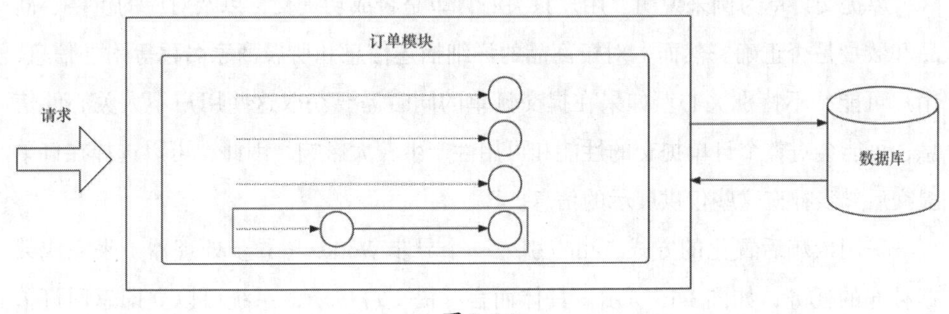

图3-14

再来看一个不能并行执行的示例。假设有4个外部依赖接口：A、B、C和D。它们之间的依赖关系如下。

- 接口B的执行依赖于接口A的返回数据。
- 接口C的执行依赖于接口B的返回数据。
- 接口D的执行依赖于接口C的返回数据。

在这种情况下，无法将这4个接口并行执行。根据依赖关系，梳理后的并行执行方案如下。

- 串行调用接口A，等待其返回结果。
- 接口A返回后，调用接口B，等待其返回结果。
- 接口B返回后，调用接口C，等待其返回结果。
- 接口C返回后，调用接口D，等待其返回结果。
- 接口D返回后，进行后续处理。

在这个方案中，每个接口的调用都依赖于前一个接口的返回数据，因此需要按照正确的顺序依次执行。

在设计并行化方案时，需要考虑依赖关系的复杂性、数据一致性的保证，以及并发访问的管理，确保并行执行不会引入数据冲突或不一致的问题，这个过程可能需要使用同步机制或其他合适的方法来保证正确性。

3.3.4 依赖后置化架构

后置化是指在接口的业务流程完成并返回给用户后，延迟处理一些非关键且对实时性无要求的任务。在许多场景中，许多接口都可以进行后置化处理。

以提交订单为例来说明。用户只关心订单是否成功提交，以及对应的价格、商品和数量是否正确。然而，对于商品的详细描述信息和所属商家名称等附加信息，用户可能并不特别关心。如果在提交订单的同时需要获取这些用户不太关心的信息，可能会对整个订单提交的性能和可用性产生较大影响。因此，可以选择在订单提交后异步补充这些仅供展示的信息。

采用依赖后置化的方式，可以引入一个异步Worker（异步处理器）来完成数据补充的任务，如图3-15所示。具体而言，提交订单后，系统可以立即返回订单提交成功的响应给用户，而不必等待补充信息的完成。随后，异步Worker可以在后台执行任务，获取商品的详细描述信息和商家名称等数据，并将其补充到订单信息中。只有补充完成，用户才可以在后续的操作中查看到这些补充的信息。

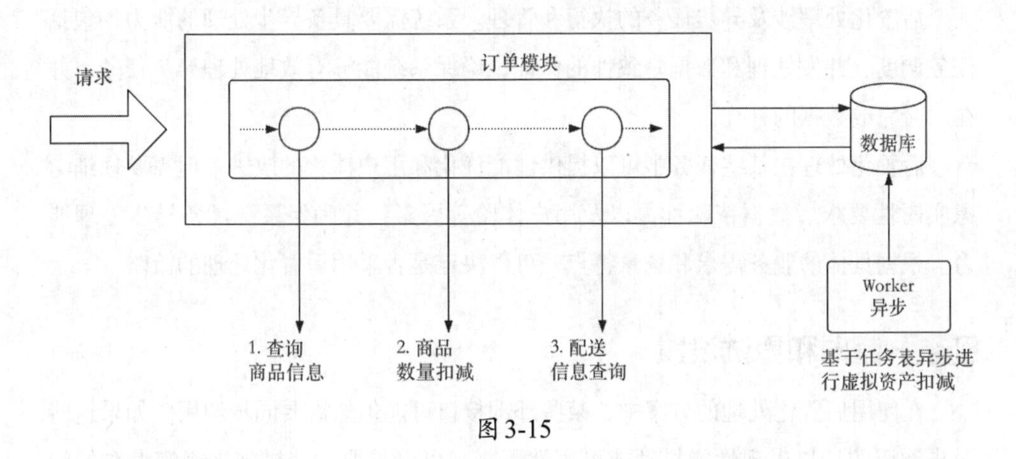

图 3-15

通过后置化处理，可以提高整个订单提交流程的性能和可用性，因为用户不需要等待获取所有附加信息的完成。所以对于一些可以后置补齐的数据，可以在写请求完成时将原始数据写入一张任务表。然后启动一个异步 Worker，异步 Worker 再调用后置化的接口去补齐数据，以及执行相应的后置流程（如发送MQ等）。通过依赖后置化移除一些不必要的接口调用，会提升写接口的整体性能和可用性。

后置化处理并不适用于所有任务，而是适用于某些特定类型的任务。以下是使用后置化处理时的条件和限制。

（1）实时性要求。

后置化适用于那些对于实时性要求不高的任务。如果某个任务需要立即响应或需要及时的数据更新，后置化处理则不是合适的选择。

（2）数据依赖性。

后置化处理适用于那些数据之间没有强制的依赖关系或其中一部分数据可以在后续处理中补充的任务。如果任务的执行需要依赖于其他数据的结果，或者需要所有数据才能进行下一步操作，则后置化处理不适用。

（3）用户体验。

后置化处理需要在用户不关心的附加信息上进行延迟处理，确保用户在关键信息上获得即时响应和良好的体验，对于用户满意度至关重要。因此，在考虑后置化处理时，需要权衡用户对于实时性和完整性的需求。

（4）异步处理能力。

后置化处理涉及异步任务的执行和管理。系统需要具备异步处理的能力，包括任务调度、并发处理和数据一致性的保证，确保系统能够有效地处理异步任务，并在后台完成数据的补充。

后置化处理在某些任务中可以提供性能优化和用户体验的改进，但需要仔细考虑实时性要求、数据依赖性，以及用户体验等因素，并确保系统具备异步处理能力。根据具体的业务需求和场景特点，可以决定是否采用后置化处理的策略。

3.3.5 超时和重试设置

在使用后置化处理的方案中，某些外部接口可能仍然需要同步调用。如果这些同步调用的接口出现性能抖动或可用性下降，可以采取一些措施来规避潜在的问题，如设置超时和重试。

一、超时设置

设置超时的目的是防止依赖的外部接口出现性能突变，比如从几十毫秒的响应时间突然增长到十几秒甚至更长的时间。如果没有适当的超时设置，这样的长时间等待可能会阻塞请求线程，导致请求无法释放，进而占用微服务的RPC线程池。当RPC线程池被耗尽后，系统将无法处理新的请求，导致系统基本上处于宕机状态。

导致上述问题的架构如图3-16所示。

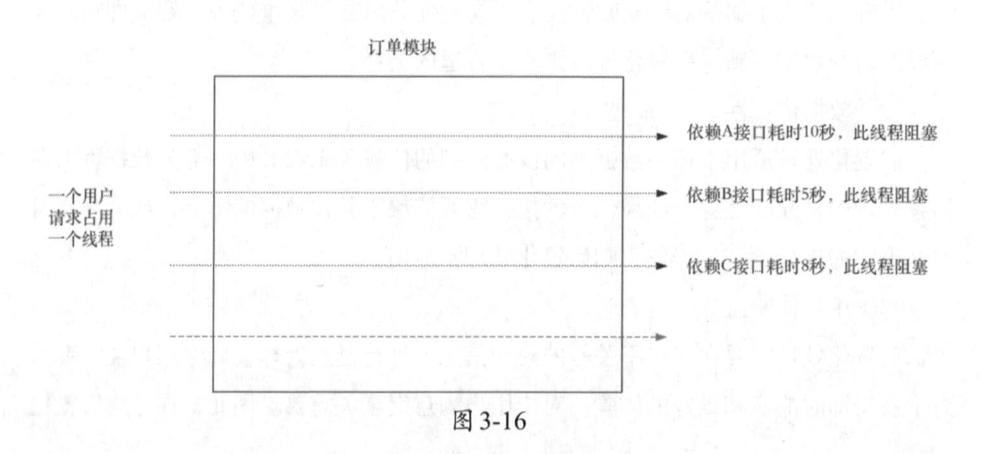

图3-16

在设置依赖接口的超时阈值时，为了简便和快速，很多人习惯设置一个固定的值，如3秒或5秒。然而，编者建议在设置超时阈值时，应该根据系统上线后的性能监控数据来进行决策，而不是凭空猜测。

通过观察性能监控图表，可以获取关于下游接口执行时间的详细信息。根据实际数据，可以将超时时间设置为性能值的最大值（Max）。这样，超时时间将根据实际情况进行调整，确保不会过早地中断请求。

如果下游接口存在严重的性能波动，表现为Max和TP999之间的差异或者TP999与Max之间的差异特别大，如TP999在200毫秒左右，而Max在3到5秒之间变动，这意味着在某些情况下接口的性能会显著下降。

在这种情况下，设置固定的超时时间可能会导致有效请求被过早地中断。相反，可以根据监控数据中的最大值来动态调整超时时间，以适应下游接口的性能变化。这样可以更精确地设置超时阈值，确保请求能够在合理的时间范围内得到响应，同时避免过度等待而影响系统的性能。

通过依据数据来设置超时时间，可以更专业地决策，确保系统在处理依赖接口时具有合理且可靠的超时机制。这样可以提供更好的用户体验，并保护系统免受下游接口性能波动的影响。

二、重试设置

除了设置超时时间外，另一种提高依赖接口可用性的方法是设置自动重试。自动重试只适用于读接口，因为读接口通常是无状态的，对被依赖方没有数据上的影响。相比之下，写接口具有状态，如果依赖方没有进行良好的幂等性设计，设置自动重试可能会导致脏数据的产生。

设置自动重试的目的是提高接口的可用性。当依赖外部接口的某台机器由于网络波动、机器重启等原因导致当前调用失败时，通过自动重试机制，可以尝试重新调用另一台正常的机器，确保服务的可用性。

在前面提到，为了保证接口性能，可以将超时时间设置为TP999和Max之间的值。然而，这可能会带来0.1%的失败率。通过搭配自动重试，可以将失败的概率降低到0.0001%（即两次都失败的概率为0.1%×0.1%）。即使进行一次重试，接口的性能也会得到显著改善。例如，将超时时间设置为大于上述TP999的值，如500毫秒，通过一次重试，最大的耗时将为1秒，远低于之前提到的Max。

通过超时和重试设置，可以显著提升接口的性能。然而，仍然存在极低概率的失败情况（0.01%）。为了解决这个问题，建议深入分析导致性能波动的根本原因。

（1）缓存中是否存在数据量较大的Key，导致每次请求耗时较长？

（2）是否存在不合理的调用方式，每次请求都需要获取大量数据，导致网络消耗过大？

（3）下游接口所依赖的资源，如数据库连接池、线程池或硬件设备，是否受限制或容量不足，导致性能下降或波动？

（4）下游接口是否面临高并发请求，导致系统负载过重，响应时间增加或失败率上升？

通过解决这些潜在问题，可以从根本上减少性能波动，从而降低接口失败的概率，简单粗暴地设置一个非常大的超时时间并不能解决根本问题。

3.3.6 降级方案

现在业界存在许多开源工具，如Hystrix等，可以实现服务熔断和触发降级的功能。然而，这些技术框架本身并不提供业务降级的具体实现方式和降级目标。例如，当依赖的接口可用率下降时，Hystrix可以设置一个持续时间低于某个特定阈值的可用率，然后自动触发降级。但是，降级方案的具体实现方式，如是直接报错还是调用替代接口，还是需要开发人员自行决策。

在面对依赖系统故障时，以下是一些可供选择的常见的降级方式。

（1）前置缓存。

前置缓存适用于读接口，当依赖的读接口不可用时，可以使用前置缓存来提供数据。前置缓存可以是本地缓存或共享缓存，可以将依赖接口返回的数据缓存起来，供后续请求使用。这样即使依赖接口不可用，系统也可以继续提供部分数据给用户，保证了系统的可用性。需要注意的是，前置缓存的有效期需要根据业务需求和数据的时效性进行合理设置，确保数据的准确性和及时性。

（2）后置处理。

后置处理适用于依赖的接口在发布前需要进行一些验证或处理的场景。当依赖的接口出现故障时，可以直接降级，将请求的数据存储下来，但不进行验证或处理。例如，在发布微博前需要进行内容合规性判断，如果依赖的风控接口出现故障，可以先将新微博数据保存到存储中，并标记为未校验状态。这样用户可以继续发布微博，但未校验的数据只允许用户自己看，待风控接口的故障恢复后再进行数据校验。校验通过后，可以将微博设置为对所有人可见。这种方式通过有损降级和异步校验的方式，保证了用户的使用体验，并在故障恢复后完成了数据的校验。

（3）写下游场景的降级。

写下游场景的降级适用于需要写下游的场景，如在下单时需要扣减库存，当库存不够时无法下单，但库存系统出现故障时可以采取相应的降级策略。一种常见的降级方式是直接跳过库存扣减，但需要向用户提示后续可能无货。同时，系统需要异步进行库存校验和处理。一旦库存系统的故障恢复，系统就可以进行异步校验库存，如果校验不通过，可以取消订单或发送消息通知用户进行人工判断是否要等待商家补货。这种方式可以预承接用户的请求，但最终有可能因为库存不足而失败，是一种有损降级的方式。

3.4 面试官：如何设计分库分表化后的查询方案？

在讨论分库分表化后的查询方案之前，让我们先来分析一下面试官问这个问题可能的原因和目的。分库分表是常用的数据库拆分方案，用于解决大型应用中数据量过大或并发访问压力过高的问题。然而分库分表也引入了一些挑战，特别是在查询方面。

在面试官提出这个问题时，他们希望面试者对分库分表后查询的难点有较深入的分析，进而考查面试者对于数据库架构和查询优化的理解，以及在面对分布式数据存储时能否灵活应对的能力。

面试者在回答该问题时可以基于以下思路。

（1）分库分表后查询的难点分析。

所谓“没有调查就没有发言权”，要想设计分库分表化后的查询方案，就得先搞清楚分库分表后查询的难点。在此可以向面试官详述下列分库分表后查询的难点。

- 跨库查询：当查询涉及多个库时，需要跨越不同的数据库实例来获取数据。

- 跨表查询：类似于跨库查询，当查询涉及多个表时，需要跨越不同的表来获取数据。
- 数据合并：在某些情况下，查询结果需要从多个库或表中合并。这需要在应用层或者中间件进行数据的合并和排序，增加了额外的开发和计算成本。

（2）借助分库网关实现查询。

借助分库网关实现查询是分库分表后常用的查询方案之一，在面试过程中可以详细阐述借助于分库网关实现查询的详细步骤。

- 在分库网关中配置相应的分库分表规则，指定数据如何被分散存储。
- 应用程序将查询请求发送到分库网关，不需要关心实际的数据分布。
- 分库网关根据分库分表规则将查询请求路由到相应的数据库实例和表中，并从各个分片中获取数据。
- 分库网关将从各个分片中获取的数据进行合并，并返回给应用程序。

（3）基于ElasticSearch实现查询。

基于ElasticSearch实现查询是分库分表后另一种常用的查询方案，使用ElasticSearch作为查询引擎可以提供快速和灵活的查询功能，同时减轻了应用程序的负担。然而，这种方案需要额外的数据同步和索引维护工作，并且要考虑ElasticSearch的规模和性能。

接下来，将逐一说明这些内容。

3.4.1 分库分表化后的查询难点分析

借助于分库分表及无状态存储实现了写服务的高可用性，但是也引入一些问题，即数据按路由规则分散后，无法满足无路由字段的多维度富查询。查询操作面临的挑战和难点如下。

（1）跨库查询。

当数据分散在多个数据库中时，跨库查询变得复杂。查询需要访问多个库，并合并处理结果。跨库查询会导致性能问题和额外的网络开销。

（2）结果合并。

当数据分布在多个表中时，查询可能需要合并来自不同表的结果。合并结果需要考虑数据一致性、排序和去重等问题。

（3）查询性能。

由于数据分布在多个库或表中，查询的性能会受到影响。查询需要考虑分布式事务、数据传输延迟、索引使用等因素，以确保查询的效率和响应时间。

（4）一致性问题。

在分库分表架构中，数据的一致性变得更加复杂。查询需要考虑数据的一致性和事务的隔离级别，以避免数据不一致或并发问题。

（5）数据迁移和维护。

分库分表可能需要进行数据迁移、扩容和维护等操作。这些操作需要谨慎处理，以确保查询的正常运行和系统的可用性。

3.4.2 借助分库网关实现查询

一、按商家维度异构数据

在3.2节中，介绍了一个关于订单模块的分库分表案例，这里先回顾一下该案例的处理方式。

（1）在提交订单时，采用用户账号作为分库字段。

（2）在查询时，只有携带用户账号的SQL才能直接执行查询。

（3）在下单后，售卖商品的商家可能希望查询自己店铺里的所有订单，此时按用户维度的分库分表则不能满足该查询需求。

为了满足和原有分库维度不一样的查询，最简单的方式是按新的维度异构一套数据，其架构如图3-17所示。

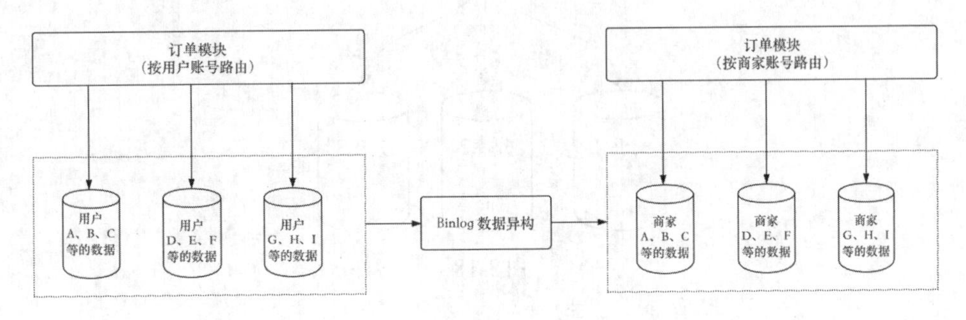

图3-17

采用数据异构满足了按商家维度查看数据的需求，但如果出现了按订单来源查询订单数据的新需求，是否需要按来源维度进行数据异构呢？

答案显然是否定的，原因有以下两个。

第一，按来源维度进行数据异构需要开发新的数据同步程序。每次出现新的需求都需要开发一套新的同步程序，这将带来不必要的人力成本和开发工作量。

第二，异构数据会浪费资源。分库分表的初衷是为了应对大数据量的情况，如果每个新的维度都进行数据异构，将导致数据量倍增，进而带来更多的资源消耗。

在接下来的内容中，将介绍两种方案，以解决上述问题。这些方案旨在提供更灵活和可扩展的查询能力，而无须进行数据异构。

二、分库网关查询方案

在3.2节介绍了代理式的分库分表架构方案。该方案使用分库代理中间件来解析用户指定的SQL并提取路由字段，根据路由字段去访问具体的分库，进而进行数据的查询，具体架构如图3-18所示。

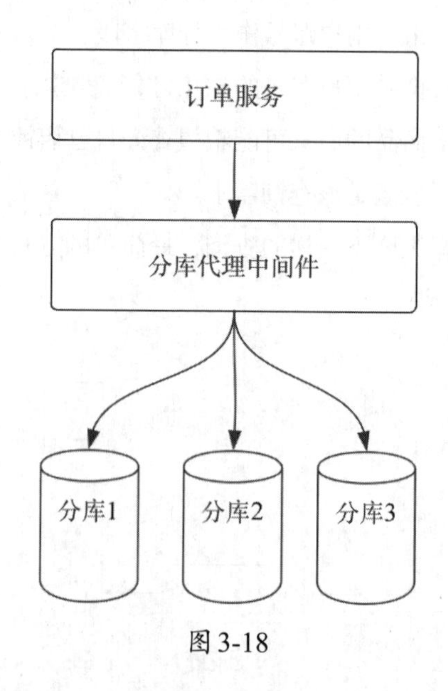

图3-18

当用户没有指定路由字段时，可以在分库代理中间件进行转换处理。以订单为例，假设路由字段为用户账号，当查询时只指定了订单号时，代理层无法计算到具体命中了哪个分库，但是代理层可以多线程并发地去请求所有的分库，查询此条订单信息。

但是当用户指定的查询带有排序和数量的要求时，比如查询所有用户最近提交的100个订单，当没有指定路由字段时，要获取分库分表中的前100个订单数据，由于无法确定全局的前100条数据是否都分布在某一个分库中，为了确保能够获取到全局的前100条数据，代理层可以向每个分库发起请求，获取各自的前100条数据。然后，在代理层进行汇总和排序操作，以得到全局的前100条订单数据，原理如图3-19所示。

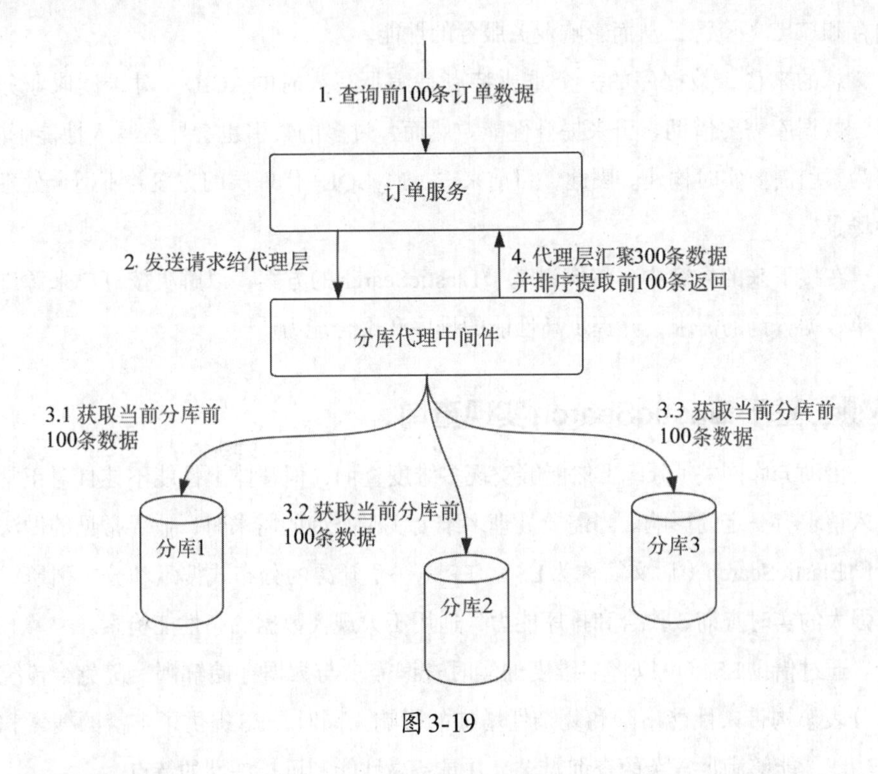

图3-19

具体步骤如下。

（1）代理层向每个分库发起并发请求，获取各自分库的前100条订单数据。

（2）代理层接收各个分库返回的数据，并进行汇总操作，将所有订单数据合并成一个结果集。

（3）代理层对合并后的结果集进行排序，按照订单的相关字段（如订单号、提交日期等）进行排序。

（4）代理层选择最终的前100条订单数据，作为查询的结果返回给用户。

对于不带路由字段的条件查询或排序聚合查询，代理层需要扫描所有分库来实现，比如获取前100条订单数据。实际上，为了实现这个目标，代理层总共需要获取300条数据，这使代理层的内存和CPU占用非常巨大。因为代理层需要发起分库数量的查询才能满足上述需求，这增加了调用量和资源消耗。

此外，对于内嵌式的分库代理中间件来说，情况更加不理想。因为内嵌式的分库架构是与业务应用部署在同一台机器上的，它会消耗业务应用所在机器的网络、内存和CPU等资源，从而影响业务服务的性能。

总的来说，数据库的一个重要特点是满足写入时的ACID。对于读取业务而言，数据库需要借助索引来提升性能。然而，过多的索引也会导致写入性能下降，因为索引需要实时构建。因此，目前来看，MySQL+代理层的方案并不适合处理这种场景。

在接下来的内容中，将探讨基于ElasticSearch的方案，以解决按订单来源进行订单数据查询的需求，并提供高性能的排序和聚合能力。

3.4.3 基于ElasticSearch实现查询

借助分库网关+分库虽然能够实现多维度查询，但整体上性能不佳且对正常的写入请求有一定的影响。当需要处理多维度实时查询的需求时，业界常见的做法是借助ElasticSearch（后文简称为ES）。ES是一个开源的分布式搜索和分析引擎，具有强大的实时查询、聚合和排序能力，适用于大规模数据的高性能检索。

通过借助ES，可以将多维度的实时查询需求与数据存储解耦，避免给传统分库分表架构带来性能下降和复杂性增加的影响。同时，ES提供了丰富的搜索和分析功能，能够满足复杂的查询需求，并具备高性能和可扩展性的特点。

一、什么是ES

ES是一个开源的分布式搜索和分析引擎，专注于实时数据的存储、搜索和分析。它基于Apache Lucene搜索引擎库构建，并提供了简单而强大的RESTful API，使得数据的索引、搜索、聚合和分析变得更加方便。

ES具有以下特点和优势。

- 分布式架构：ES采用分布式架构，数据可以水平分片存储在多个节点上，实现高性能和高可用性。它支持自动的数据分片和负载均衡，可以处理大规模数据和高并发查询。
- 实时性：ES具有近实时的搜索和分析能力。一旦数据被索引，就可以立即进行搜索和查询操作，使用户可以及时获取最新的结果。
- 多维度查询：ES支持多种查询方式，包括全文搜索、精确匹配、模糊查询、范围查询等。它还提供了丰富的查询语法和功能，如布尔逻辑、通配符、正则表达式等，可以满足复杂的查询需求。
- 强大的聚合功能：ES支持聚合操作，可以按照字段进行分组、统计、求和、求平均值、求最大值、求最小值等聚合操作。这使多维度的数据分析和统计变得非常方便。
- 可扩展性：ES可以轻松地进行水平扩展，通过增加节点来处理更大规模的数据和请求负载。它还提供了自动化的数据分片和负载均衡机制，可以根据需求自动调整集群的规模。
- 生态系统和插件支持：ES拥有丰富的生态系统，提供了各种插件和工具，如Kibana（数据可视化工具）、Logstash（日志收集和处理工具）等，可以构建完整的数据搜索、分析和可视化解决方案。

借助ES，可以将数据快速索引并进行复杂的查询和分析，满足多维度实时查询的需求。它的高性能、实时性和丰富的功能使ES成为处理大规模实时数据的首选工具之一。

二、倒排索引

倒排索引（Inverted Index）是一种数据结构，用于快速定位包含特定词汇的文档或文本。它的工作原理是将文档中的词汇映射到包含这些词汇的文档列表。相对于传统的正排索引，倒排索引更适合于文本搜索和关键词查询的场景。

ES使用倒排索引作为其核心数据结构。

具体来说，当数据被索引到ES中时，它会被分割成一个个的词（或称为术语），并建立倒排索引。倒排索引由两部分组成。

- 词典（Terms Dictionary）：词典存储了所有不重复的词（terms），以及对应的词频率、位置等信息。词典按照字典顺序组织，以便快速查找某个词的信息。

- 倒排列表（Inverted List）：倒排列表存储了每个词对应的文档列表。对于每个词，它记录了包含该词的所有文档的相关信息，如文档ID、词频率、位置等。

通过倒排索引，ES可以快速定位包含某个词的文档，并支持高效的全文搜索、词频统计、位置信息查询等操作。当用户进行查询时，ES会根据查询条件在倒排索引中查找匹配的文档，并返回相应的结果。

倒排索引的使用可以极大地提高搜索和查询的效率，特别是在面对大规模文本数据时，它是ES实现快速、灵活和强大搜索能力的关键基础之一。

三、如何使用

在使ES满足多维度查询时，第一步通常是进行数据异构，将数据库中的数据同步到ES中。在进行数据异构时，建议采用基于Binlog的方式，原因如下。

- 保障数据最终一致性：Binlog是数据库引擎记录数据库变更操作的日志，通过订阅和解析Binlog，可以实现对数据库操作的实时同步，确保ES中的数据与数据库中的数据保持一致，避免数据不一致的问题。
- 简化同步代码编写：相对于其他手动同步数据的方式，基于Binlog的方式编写同步代码更加简单且不容易出错。只需要订阅Binlog发出的数据，而不需要在业务代码的每个修改点进行特殊处理，减少代码维护的复杂性和潜在的错误。

基于Binlog的ES数据异构如图3-20所示。

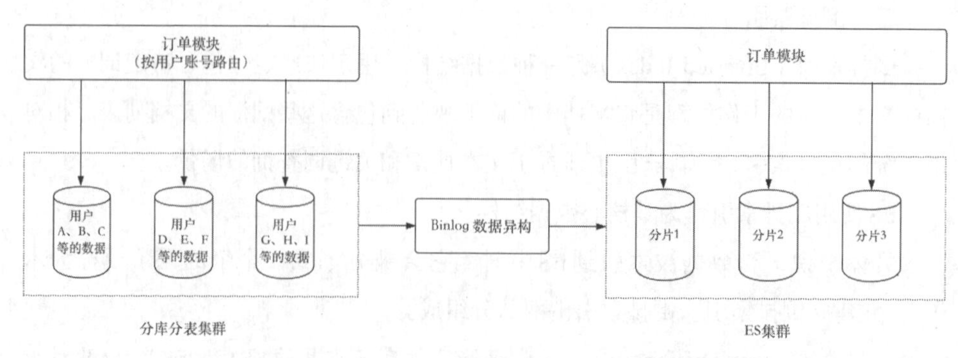

图3-20

在将数据进行异构同步到ES之前，需要了解ES中的几个重要概念，以便设计合适的数据结构来满足存储需求。下面是将数据库中的几个概念与ES进行类比的解释。

（1）数据库→索引（Index）。

数据库在ES中对应索引的概念。索引是ES中最顶层的数据存储单元，它包含了一组具有相似结构的文档。每个索引都有一个唯一的名称，并且可以在其中定义各种设置和映射规则。

（2）数据表→类型（Type）。

数据表在ES中对应类型的概念。在较新的ES版本中，一个索引可以包含多个类型，每个类型代表一种文档的结构模式。然而，从ES 7.0版本开始，类型逐渐被弃用，推荐将文档的结构直接定义在索引中。

（3）行→文档（Document）。

行在ES中对应文档的概念。文档是ES中最小的数据单元，它是以JSON格式表示的实际数据。每个文档都有一个唯一的ID，并且属于特定的索引。文档可以包含不同的字段，每个字段对应一个键值对。

（4）列→字段（Field）。

列在ES中对应字段的概念。字段是文档中的键值对，表示文档的属性或特征。字段可以包含不同的数据类型，如字符串、数字、日期等。

（5）主键→文档ID（Document ID）。

主键在ES中对应文档ID的概念。文档ID是用于唯一标识文档的字符串或数字。每个文档在索引中必须具有唯一的文档ID，可以手动指定或由ES自动生成。

了解了ES中Type的特点后，我们可以使用ES来存储购物时的用户信息和用户的多个收货地址。

了解上述概念后，现在以一个实际的案例进行演练。以购物时的用户作为参考，用户数据库需要存储用户信息和用户的多个收货地址才能完成业务需求。数据库至少会有两张表，一张为用户表（user），另一张为收货地址表（delivery_address），为一对多的关系。

```
create table user{
  id bigint not null,
  user_id varchar(30) not null comment  '用户账号编号',
  nick_name varchar(50) not null,
  telephone_num varchar(50) not null,
  email varchar(80)
}
create table delivery_address{
  id bigint not null,
  user_id varchar(30) not null comment '用户账号编号',
  prov_id bigint not null,
  city_id bigint not null,
  county_id bigint not null,
  detail_address bigint not null
}
```

基于上述的数据库表结构，完成如下的ES结构设计。

```
{
  "mappings": {
    "properties": {
      "user_id": {
       "type": "long"
      },
      "nick_name":{
        "type":"keyword"
      },
      "telephone_num":{
        "type":"keyword"
      },
      "email":{
        "type":"keyword"
      },
      "delivery_address": {
        "type": "nested",
        "properties":{
          "prov_id":{
            "type":"long"
          },
          "prov_name":{
            "type":"text"
          },
          "city_id":{"type":"long"},
          "city_name":{
            "type":"text"
          },
          "county_id":{
```

```
            "type":"long"
          },
          "county_name":{
            "type":"text"
          },
          "detail_address":{
            "type":"text"
          }
        }
      }
    }
  }
}
```

了解了ES和数据库之间的差异后，我们可以使用ES来存储购物时的用户信息和用户的多个收货地址。与传统数据库中的表结构有所不同，ES采用了冗余宽表的方式来解决一对多关系的存储需求。这种冗余宽表的设计在ES中是为了保证性能和查询的灵活性。

下面是一些主要的差异项。

（1）冗余宽表。

在ES中，我们将用户信息和用户的多个收货地址都放在一个文档（Document）结构中，这是为了支持冗余存储并优化查询性能。相比之下，传统数据库中的表需要通过关联来实现一对多关系，而ES通过冗余存储避免了关联查询的性能问题。

（2）字段的分词。

在ES中，我们可以选择对字段进行分词或不进行分词。对于不需要进行模糊匹配的字段（如电话号码），我们可以使用Keyword类型来避免分词，以节省存储空间并提高查询性能。

（3）冗余字段的添加。

在ES的收货地址结构中，我们可能会添加一些冗余字段，如省份名称、市名称等。这是为了满足业务需求，如根据中文名称查询地址。ES的设计目标是面向查询，因此在索引的设计中，我们可以根据查询需求进行冗余字段的添加，以提高查询的灵活性和性能。

通过以上的差异和原因解释，我们可以更好地理解ES中的数据建模和查询优化。

四、ES的架构

ES的架构涉及3个核心概念：节点（Node）、分片（Shard）和集群（Cluster）。

（1）节点（Node）。

节点是ES架构中的基本单元，代表一个独立的服务器或计算机实例，可以是物理机、虚拟机或Docker容器。每个节点都是一个独立的ES实例，负责存储数据、执行数据操作和参与集群协调。

（2）分片（Shard）。

分片是将索引数据分割为多个数据的方式，每个分片存储索引的一部分数据。在ES中，分片可以分为主分片（Primary Shard）和副本分片（Replica Shard）。主分片负责处理所有的读写操作，而副本分片则是主分片的复制，用于提供冗余和高可用性。

（3）集群（Cluster）。

集群是由多个节点组成的逻辑组合，共同协作完成数据存储和任务处理。节点通过集群进行通信和协调，共享资源和负载，实现数据的分布式存储和处理。集群中的节点可以动态增加或减少，根据需求进行扩展或缩减。

基于上述概念的架构如图3-21所示。

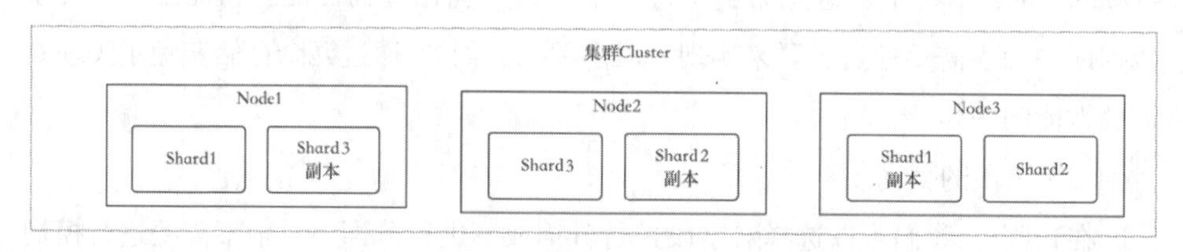

图3-21

在ES架构中，多个节点协同工作，每个节点可以包含多个分片。通过存储和复制数据分片，ES实现了数据的高可用性、水平扩展和并行处理。节点之间通过集群协调，实现数据的均衡分布、故障转移和负载均衡。

ES的架构中没有代理式网关，所有的节点都可以接收用户的请求。接收请求的节点会以并行的方式与其他节点进行通信，获取数据，并在该节点上执行集群级别的排序和过滤操作，请求流程如图3-22所示。

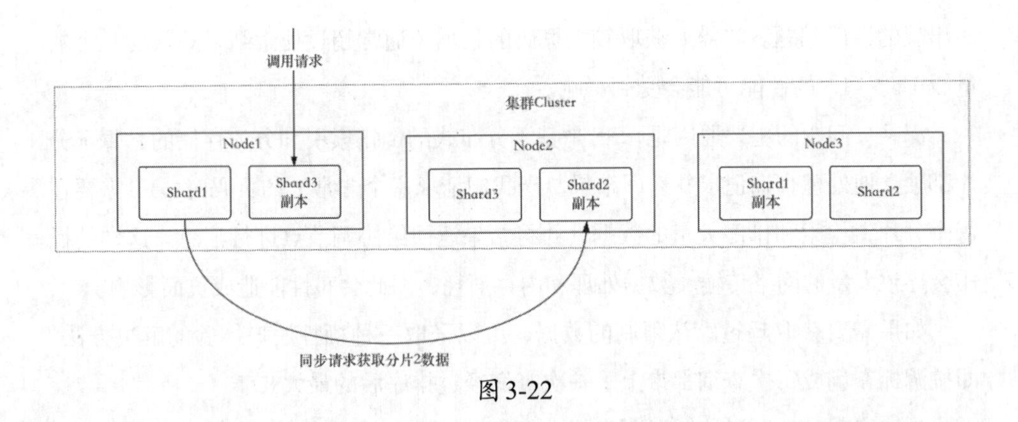

图 3-22

基本流程如下。

（1）用户发起排序和数量查询请求到任意一个ES节点。

（2）接收请求的节点作为协调节点（coordinating node），负责协调查询操作。

（3）协调节点通过集群的元数据（Metadata）了解整个集群的拓扑结构和索引分片的分布情况。

（4）协调节点将查询请求转发给涉及的所有分片所在的节点。每个分片节点都只需要处理自己所负责的分片上的数据。

（5）每个分片节点在本地执行排序和过滤操作，返回结果给协调节点。

（6）协调节点收集所有分片节点返回的结果，并根据排序规则进行全局排序和过滤。

（7）协调节点根据用户请求的数量限制，选取前N个结果并返回给用户。

ES的倒排索引可以提高检索性能，但如果要搜索第1000条数据之后的100条数据，接收请求的节点需要获取的数据量将是1100×节点的数据量。即使ES是面向查询的存储系统，也难以承受如此大规模的数据处理负担。

因此，ES默认设置了一个最大查询结果限制，即最多只能返回10000条数据。如果查询超过了这个限制，ES将直接报错。这个限制的目的是保护系统避免过大的资源消耗和潜在的性能问题。如果需要获取超过10000条数据，建议采用分批查询的方式，即通过多次查询来获取所需的数据。

五、ES的深翻页问题

ES中的深翻页（Deep Pagination）问题是指在大量数据集上进行分页查询时可

能出现的性能问题。当需要获取较大页码的数据（通常超过搜索结果总数的几个数量级）时，ES的性能可能会受到影响。

深翻页问题的主要原因是，ES是基于分布式的倒排索引和分片存储的，每个分片都独立地处理查询请求并返回结果。当我们请求一个非常大的页码时，ES需要在每个分片上检索和排序大量的数据，并将结果返回给协调节点进行汇总。这样的操作会导致大量的网络传输、数据处理和内存消耗，因此会对性能造成负面影响。

如果需要获取超过默认限制的数据，可以采取一种牺牲用户体验的解决方法，即按游标查询或每次查询都带上上一次查询经过排序后的最大ID。

具体实现时，可以按照以下步骤进行。

（1）执行第一次查询，按照排序字段（如文档的ID）进行排序，并设置合适的size参数来控制每次查询返回的数据量。在第一次查询的结果中，获取排序字段的最大值（最后一个文档的ID）。

（2）在下一次查询时，将该最大值作为参数（如search_after）传递给查询请求，告诉ES从该值之后的位置继续查询。

（3）重复步骤（2）和步骤（3），直到获取到所需的数据。

这种方式可以有效地避免深翻页问题，并且在每次查询中只获取所需的数据量，减少了资源消耗。但是，这种方法可能会牺牲一些用户体验，因为每次查询都需要维护游标或传递上一次查询的最大值。上述的有损用户体验主要体现在，用户无法指定页码进行翻页，只能在文章列表里一页一页地翻。

六、ES的实时性

ES的实时性可以被认为是“近实时”，而非“绝对实时”。它的实时性受到以下几个因素的影响。

（1）索引刷新频率。

ES“近实时”的机制，将文档写入内存缓冲区，然后定期将缓冲区的内容刷新到磁盘上的索引文件中。这个刷新过程是有一定的延迟的，默认情况下，刷新频率是每秒钟一次。因此，在文档写入ES后，需要等待刷新操作完成后才能被搜索到。

（2）索引可见性。

当文档被写入ES后，它们并不立即对所有节点可见。ES使用分布式架构，数据在集群中的各个节点之间进行复制和同步，这个过程需要一定的时间。因此，如果使用的是多节点的ES集群，新写入的文档需要经历短暂的时间才能在整个集群中完全可见。

（3）查询延迟。

即使文档已经被写入并刷新到索引中，执行查询操作也需要一定的时间。查询涉及从磁盘读取索引数据、执行搜索算法等操作，这些过程都会产生一定的延迟。

综上所述，ES提供的是“近实时”的搜索和分析能力，而不是绝对的实时性。对于大多数应用场景而言，ES的实时性已经足够满足需求，但如果业务上需要延迟更低、实时性更高的解决方案，可能需要考虑其他技术或架构选项。

第4章 高并发架构

4.1 面试官：秒杀业务的核心需求是什么？

面试官问秒杀业务的核心需求，目的是考查面试者是否能透彻理解这类业务以及对其关注点的把握能力。面试者的回答应该清晰展示对秒杀业务核心需求的认识，并提供秒杀功能的技术关注点。

面试者在回答该问题时可以基于以下思路。

（1）如何理解秒杀业务。

回答这个问题时，可以从高并发性、限时限量和瞬时性等方面进行说明，以展示对秒杀业务的理解。

（2）扣减类服务的技术关注点。

秒杀业务属于典型的扣减类服务，在阐述了如何理解秒杀业务之后，可以将重点转移到扣减类服务的技术关注点上，如扣减操作一致性、返还规则、幂等性等。

接下来，将详细说明这些内容。

4.1.1 如何理解秒杀业务

秒杀业务是指在特定的时间段内，大量用户竞相抢购限量商品或服务的商业模式。在秒杀业务中，商品数量有限，而用户数量庞大，因此系统需要能够高效处理并发请求，并保证公平性和用户体验，如京东的平价抢茅台活动、天猫的双十一活动等。

秒杀业务的核心需求如下。

（1）限量供应。

秒杀业务是一种在特定时间段内，大量用户竞相购买限量商品或服务的商业模式。这种模式通常在短时间内集中销售商品，吸引用户通过抢购来获取商品，创造紧张和独特的购物体验。

（2）高并发处理。

秒杀业务吸引了大量用户同时访问和提交订单，导致系统面临极高的并发请求压力。系统需要具备高并发处理能力，确保用户能够顺利提交订单，同时保持系统的稳定性和响应速度。

（3）公平性和防作弊。

秒杀业务要求对用户进行公平的分配，避免某些用户通过非正常手段（如恶意刷单、使用脚本等）获取更多商品。系统需要实施安全措施，如验证码、限购策略等，以维护公平的竞争环境。

对于开发人员来说，了解秒杀业务对电商平台或网店的好处需要站在更高的视角，以便为其顺利执行和成功实施开发提供支持。以下是电商平台或网店喜欢进行秒杀业务的原因。

（1）销量提升。

秒杀业务可以快速促进大量商品销售，迅速提升销量。对电商平台或网店而言，这不仅增加了收入，还能消化库存，避免滞销产品积压。

（2）用户忠诚度。

通过秒杀业务，电商平台或网店为用户提供实实在在的优惠和折扣，增强用户的购物满足感。这有助于提高用户的忠诚度和粘性，使他们更倾向于在将来继续选择该平台或网店进行购物。

（3）竞争优势。

在竞争激烈的市场环境中，秒杀业务可以帮助电商平台或网店脱颖而出，与竞争对手形成差异化。通过独特的秒杀业务，吸引用户并提供独特的购物体验，从而获得竞争优势。

（4）营销推广。

秒杀业务是一种高度吸引眼球的营销方式。限时限量的特殊销售方式能够激发用户的购买欲望，创造紧迫感和独特的购物体验。这种独特性吸引了大量用户的关注和参与，有效提升了品牌知名度和曝光度。

4.1.2 扣减类业务的技术关注点

一、扣减类业务

相信很多读者会认为：扣减类业务不就是指秒杀业务吗？为什么还要取这么抽象的名字呢？

但其实秒杀业务只是扣减类业务中一个有代表性、具备一定技术复杂度的业务，它并不能代表全部扣减类业务。除了秒杀业务外，还有如下一些常见的扣减类业务。

- 优惠券扣减：用户在购物时可以使用优惠券进行抵扣，减少订单金额。
- 积分兑换：积分可以通过用户的购物消费、参与活动等方式积累，用户可以在结算时使用积分进行商品或服务的兑换，降低实际支付金额。
- 礼品卡/代金券扣减：用户购买或获得的礼品卡或代金券可以在特定商店或平台上使用，并在结算时进行扣减。这种业务形式灵活，用户可以根据自己的需求选择商品进行扣减。
- 会员折扣：对于特定会员身份的用户，商家可以提供会员折扣，降低商品价格。用户在结算时根据会员身份享受相应的折扣优惠。

根据上述业务场景的共同点，我们可以给扣减类业务下一个明确的定义，即扣减类业务是指那些需要通过精准扣减一个或多个已有的、被用户间共享的数量，才能继续进行的业务。这个定义帮助我们明确了要讨论的扣减类业务的边界和概念。

扣减类业务和写业务在操作方式和业务逻辑上存在一定的区别，因此很多人容易混淆。扣减类业务主要是通过精确扣减已有数量来实现，而写业务则涉及数据的创建、更新和删除等操作。正确理解这二者之间的差异对于清晰把握业务需求非常重要。

二、技术关注点

发生扣减必然就会存在归还。例如，用户购买了商品之后因为一些原因想要退货，这个时候就需要将商品的库存、设置的商品购买次数及订单金额等进行归还。因此，在实现的时候还需要考虑归还。但是因归还的实现较通用，且归还是后置流程，对并发性要求并不高，因此下面会先介绍如何应对高并发扣减，再讲解如何实现归还。

基于扣减类业务的定义，编者总结了扣减实现时需要关注的以下几个技术点。

（1）要确保当前剩余数量不小于本次扣减数量，以避免超卖情况。

（2）当多个用户对同一数据进行并发扣减时，需要保证并发操作的一致性。

（3）确保系统具备高可用性，并且扣减操作的性能至少能够在秒级范围内完成。

（4）系统需要保证可用性和高性能，使得扣减操作能够在秒级时间内完成。

（5）一次扣减可能涉及多个目标数量，需要确保所有目标数量的扣减要么全部成功，要么全部失败并回滚。

关于返还实现需要关注的技术要点如下。

（1）必须有扣减才能进行返还：确保只有在成功扣减后才能进行相应的返还操作。

（2）返还的数量必须加回，不能丢失：确保返还操作将扣减的数量准确地加回到相应的资源或库存中，避免数量的丢失或错误。

（3）返还的数据总量不能大于扣减的总量：在进行返还操作时，需要保证返还的总数量不超过先前扣减的总数量，以维护数据的一致性。

（4）一次扣减可以有多次返还：对于一次扣减操作可能涉及的多个目标数量，需要支持相应的多次返还操作，以确保每个目标数量都能正确返还。

（5）返还需要保证幂等性：返还操作应该具备幂等性，即多次执行相同的返还操作不会产生额外的影响，以防止重复返还导致数据错误或不一致。

4.2 面试官：如何实现常规场景的秒杀业务？

受很多IT培训机构的影响，很多求职者一谈到秒杀就高谈阔论缓存、消息队列，好像这两种技术与秒杀天然绑定，但实际情况并非如此。只有当需求确定后，我们才能决定使用何种技术栈，因为是需求决定了技术选型，而不是技术选型决定需求。毕竟没有任何一种技术方案可以解决所有场景问题。

那么面试官问“如何实现常规场景的秒杀业务”的需求是什么呢？我们来分析

一下。

面试官在描述秒杀业务时使用了一个修饰词：常规，这指的是市场上大部分项目针对秒杀的情况，一般都排除了头部厂商。在这种典型场景中，一般企业秒杀业务的并发写入通常低于1万TPS（Transaction Per Second，每秒事务处理量）。

基于上述分析，我们可以将并发写入需求，即TPS的值设定为几千。这个数据根据面试情况进行粗略估算即可。

在确定方案时，如果需求已经基本确定且并发写入的TPS相对较低，使用纯数据库是可以实现的。对于常规的秒杀场景，数据库具有事务处理和并发控制的能力，可以有效地处理并发写入操作。使用数据库的事务机制可以确保秒杀订单的一致性和可靠性，并通过索引和查询优化提高读取性能。

然而，在高并发情况下，纯数据库方案可能面临性能瓶颈。这时就需要考虑其他技术方案，如缓存和消息队列，来分担数据库的压力并提升系统的扩展性和性能。关于这方面的讨论可以主动和面试官深入沟通。

基于以上分析，面试者在回答"如何实现常规场景的秒杀业务"这个问题时就可以基于以下思路。

（1）纯数据库实现秒杀。

首先，向面试官解释纯数据库实现秒杀的基本情况，包括基础架构方案和表结构设计。在这种方案中，数据库承担了事务处理和并发控制的任务，确保秒杀订单的一致性和可靠性。

（2）扣减实现流程分析。

完成了存储的数据结构设计后，可以进一步分析扣减业务提供的扣减接口的实现流程，包括数据校验、事务处理和记录流水等，以向面试官展示对秒杀流程的掌握。

（3）实现读写分离的扣减架构。

在常规场景的秒杀业务中，为了提高系统的性能和并发处理能力，可以考虑实现读写分离的架构。这样可以将读操作和写操作分开处理，减轻主数据库的压力，并提高整体系统的吞吐量。

（4）读写基于不同存储的扣减架构。

在常规场景的秒杀业务中，为了进一步提高系统的性能和并发处理能力，可以考虑使用不同存储的读写扣减架构。这种架构下，读操作从缓存中读取数据，写操作则将数据写入主数据库，进一步提升读写性能。

（5）纯数据库扣减方案的适用场景。

最后向面试官阐述纯数据库扣减方案的适用场景，如适用于一些简单的秒杀场景和小规模的系统，其中对于数据库的访问和事务处理能力要求相对较低。这种方案的主要优点是简单直接，不需要引入额外的组件和复杂的架构。

接下来，将逐一介绍这些内容。

4.2.1 纯数据库实现秒杀

下面介绍的实现方案将直接以库存扣减为蓝本，其他扣减场景，如限次购买、支付扣减等技术方案基本类似，读者可以举一反三。

下面先介绍第一种方案——纯数据库的扣减。

一、基础架构

纯数据库扣减的方案完全依赖于数据库提供的功能，而不依赖其他存储或中间件。这种实现方式的优点在于逻辑简单、开发和部署成本低。纯数据库的实现满足扣减业务的各项功能要求，主要依赖于主流数据库提供的以下两个特性。

- 利用数据库的乐观锁机制确保数据的并发扣减具有强一致性。
- 利用数据库的事务功能实现批量扣减并在部分失败时进行数据回滚。

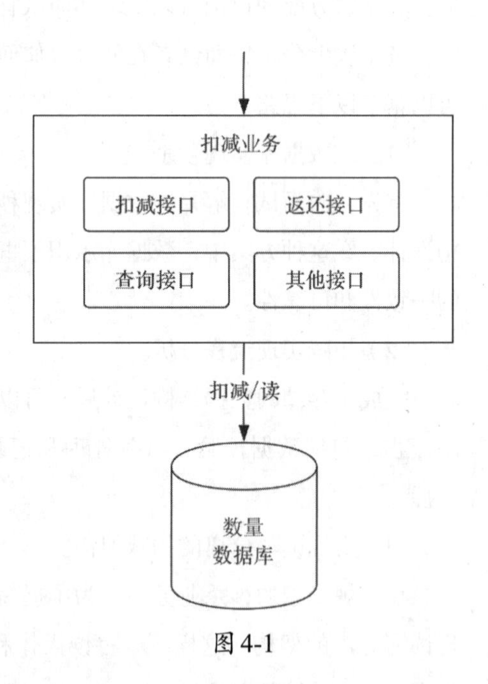

图4-1

这种架构方案如图4-1所示，其中包括一个扣减业务和一个数量数据库。

二、表结构设计

数量数据库存储扣减中的所有数据，主要包含两张表：扣减剩余数量表和流水表。扣减剩余数量表是最主要的表，包含实时的剩余数量，主要结构如图4-2所示。

字段名	英文表示	含义
商品ID	SKU ID	商品标识
库存数量	LeavedAmount	剩余可购买的商品数量

图4-2

对于当前的库存数量，当用户取消订单时，需要将数量加回到该字段。同时，当商家补充库存时，也需要增加数量。

从实现业务功能的角度来看，只需要对剩余数量进行扣减即可。然而，在实际场景中，通常需要查看明细以进行对账、盘货或排查问题。此外，在进行返还操作时，流水表非常重要，因为只能返还已扣减记录的库存数量，并且技术上的幂等性也在很大程度上依赖于流水表。

图4-3是流水表的主要结构。

字段名	英文表示	含义
扣减编号	UUID	表示一次成功的扣减记录
商品ID	SKU ID	商品标识
扣减数量	NUM	扣减的商品数量

图4-3

4.2.2 扣减实现流程分析

完成了存储的数据结构设计后，再来看一下扣减业务提供的扣减接口的实现。扣减接口接收用户提交的扣减请求，包含用户账号、一批商品及对应的购买数量，大致实现逻辑如图4-4所示。

在流程开始时，首先进行数据校验，其中可以进行一些常规的参数格式校验。此外，还可以进行库存扣减的前置校验。例如，当数据库中的库存只剩下8个，而用户要购买10个时，可以在数据校验阶段进行前置拦截，减少对数据库的写操作。

由于纯读操作不会加锁，性能较高，可以采用这种方式来提升并发量。

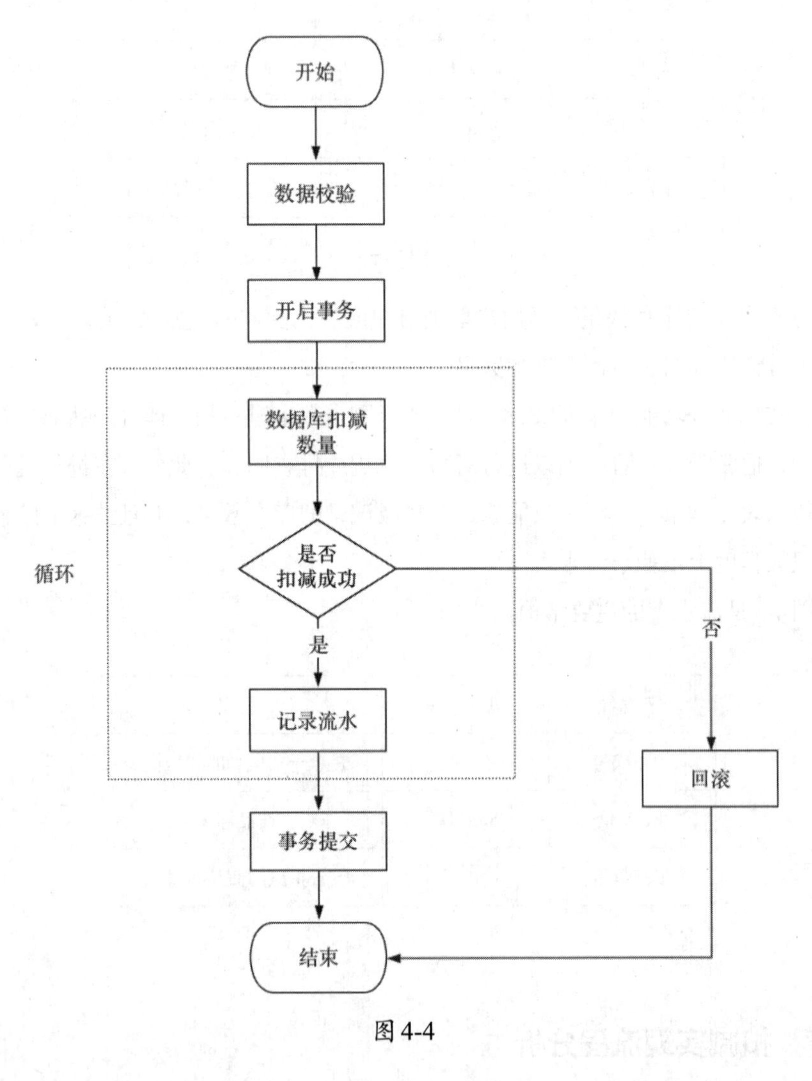

图 4-4

然而，存在以下情况：当用户只购买2个某种商品时，在校验阶段剩余库存为8个，校验会通过。但在实际的扣减过程中，由于其他用户同时进行并发的扣减操作，可能会出现幻读的情况，即该用户实际扣减时数量不足2个，导致扣减失败。这种情况会导致多一次数据库查询，降低整体的扣减性能。即使将校验放在事务内，先查询数据库数量，校验通过后再进行扣减，也会增加性能开销。

那么是否可以省略前置校验呢？

在实践中，前置校验仍然是必要的。相较于扣减操作，读操作的事务性能更好，所以两者权衡取其轻，尽可能避免不必要的扣减。此外，扣减服务提供的数量查询接口和校验过程中的反查底层实现是相同的，如果反查需要访问数据库，则查询性能问题仍然需要解决。我们将在本节的后半部分详细讲解如何规避性能问题，并降低对数据库的压力。

在开启事务之后，进行数据库的更新操作。由于用户可以购买一个或多个商品，只要其中一个扣减失败，就判定用户不能购买。需要注意的是，在事务之后，使用for循环对每个商品进行处理，每次循环都需要判断结果。如果有一个扣减失败，就进行事务回滚。

完成扣减后，需要记录流水数据。每次扣减时，外部用户需要传入一个全局唯一的UUID作为流水编号。该编号有以下两个作用。

- 当用户归还数量时，需要传回此编号，用于标识此次归还对应的具体扣减记录。
- 实现幂等性控制。当用户调用扣减接口超时时，用户不确定是否扣减成功，可以使用该编号进行重试或反查。在重试时，使用此编号进行标识以防止重复操作。

当每个商品ID按照上述流程都成功扣减时，提交事务，表示整个扣减过程成功。

4.2.3 实现读写分离的扣减架构

在4.2.2小节中提到了前置校验的优点和问题，即多一次查询会增加数据库的压力，并对整体服务性能产生一定影响。此外，提供查询库存数量接口也会给数据库带来压力，而读请求通常远多于写请求，导致进一步增加了压力。

根据业务场景分析，读取库存的请求通常发生在顾客浏览商品时，而调用扣减库存的请求主要在用户购买时触发。相对于读请求，购买请求的业务价值更高，因此需要重点保障写操作的性能。从技术角度来看，可以将低价值的读请求进行降级或损失一些功能。而对于写操作，则需要追求更好的性能，尽量减少不必要的读写请求（写操作本身非常消耗性能）等。

为了解决前置校验的问题，可以对整体架构进行升级。升级后的架构如图4-5所示。

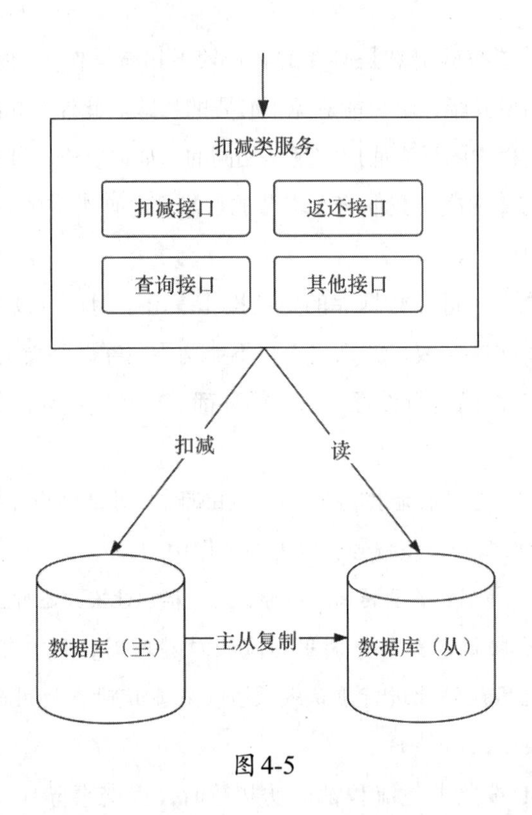

图4-5

整体升级策略采用了读写分离的方式，并利用MySQL等数据库的主从复制功能进行实现。在扣减服务中配置了两个数据源，使得用户在查询剩余库存数量和进行扣减服务的前置校验时可以读取从数据库，而实际的数据扣减仍然使用主数据库。

通过读写分离，再结合二八原则（80%的流量为读流量），使得主库的压力降低了80%。虽然读写分离可能导致读取的数据不准确，但考虑到库存数量本身是实时变化的，短暂的差异在业务上是可以容忍的。最终的实际扣减操作将确保数据的准确性。

然而，为了降低数据库压力而增加的前置校验导致了性能下降这一问题，并没有得到实质性的解决。那么，接下来我们应该从哪个方面解决这个问题呢？

4.2.4 读写基于不同存储的扣减架构

在基于数据库的主从复制功能降低了主库流量压力之后，还需要升级的就是读取的性能了。这里可以使用Binlog实现简单、可靠的异构数据同步的技能，应用此方案后整体的架构如图4-6所示。

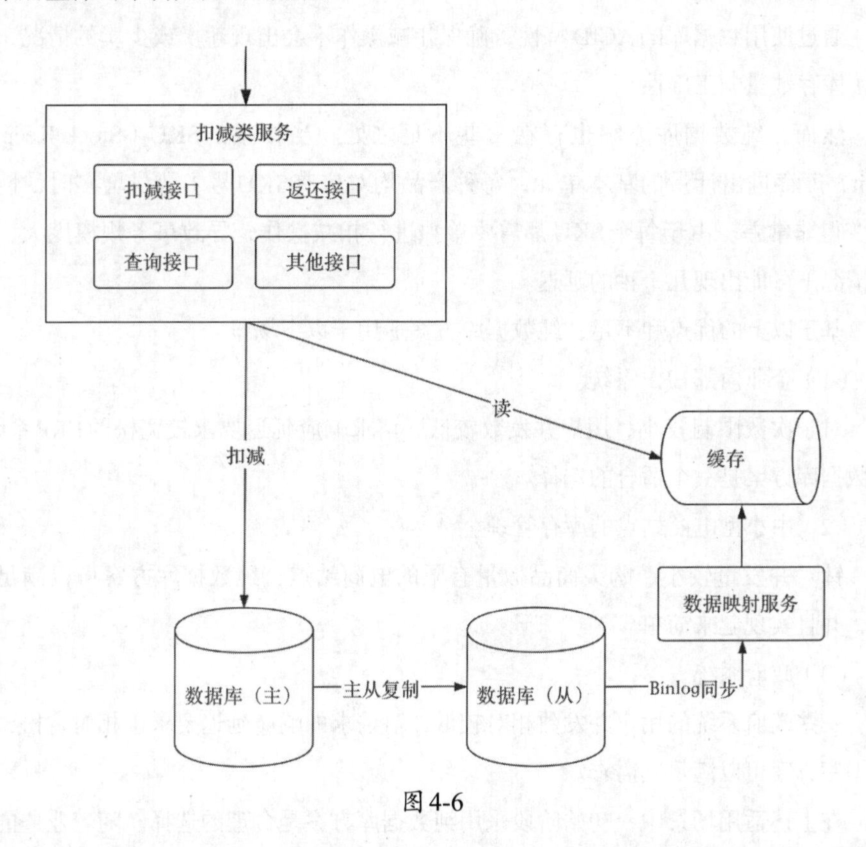

图4-6

在该架构中，增加了缓存，用来提升读取从库的性能。在技术实现上，采用了Binlog技术，这里不再赘述。经过此次升级后，基本上解决了在前置扣减的校验环节及获取库存数量接口的性能问题，提高了用户体验度。

4.2.5 纯数据库扣减方案的适用场景

任何方案都需要根据业务需求和实现成本进行综合分析和取舍，很难找到一个方案能够完全满足所有需求，因此每个方案都有其适用和不适用的场景。

纯数据库方案具有以下几个优点。

（1）实现简单。

在需求交付周期紧张、人力资源有限的情况下，纯数据库方案非常适用。整体代码工程只需扣减服务和数据映射服务，简化了开发和维护的工作量。

（2）使用数据库的ACID特性。

通过使用数据库的ACID特性，确保扣减操作不会出现超卖或少卖的情况，保证了库存数量的正确性。

然而，纯数据库方案也存在一些不足之处。当扣减的SKU（Stock Keeping Unit，库存进出计量的基本单元，每种产品均对应有SKU号）数量增多时，性能会变得非常差。由于每个SKU都需要单独进行扣减操作，导致事务规模庞大，极端情况下可能出现几十秒的延迟。

基于以上的优点和不足，纯数据库方案适用于以下场景。

（1）企业内部ERP系统。

对于次数限制较小、用户并发数较低、请求响应延迟要求较宽松的ERP系统，纯数据库方案是一个适合的选择。

（2）中小型电商站点的库存管理。

针对并发量较小、购买商品数量有限的电商站点，纯数据库方案可以满足需求，并且实现起来简单。

（3）政府系统。

一些政府系统的用户并发数相对较低，对请求的响应延迟要求也相对宽松，纯数据库方案可以满足其需求。

在上述适用场景中，初始阶段采用纯数据库方案是合理的选择。随着业务的发展和对上述指标的要求增加，可以在后续进行升级和优化。系统的演化是一个迭代的过程，并不需要在一开始就完美地构建系统。

任何架构方案都是有取舍的，不存在完美的方案。不要过分追求单机高并发或者百万、千万级的并发量，因为这可能会在其他方面产生更多的成本和消耗。

总而言之，每个方案都有其适用的场景和限制条件。在选择方案时，需要综合考虑业务需求、实现成本、性能要求等因素，并进行取舍。

4.3 面试官：如何实现万级并发秒杀需求？

针对万级并发秒杀需求，纯数据库扣减方案就会面临性能瓶颈，即不能满足万级并发的需求，因此可以考虑使用纯缓存架构代替原有的纯数据库架构，以提高系统的性能和并发处理能力。

基于以上分析，面试者在回答“如何实现万级并发秒杀需求”这个问题时就可以基于以下思路。

（1）纯缓存架构实现剖析。

在纯缓存架构中，为了实现万级并发秒杀需求，可以对该架构进行剖析，包括基础架构、缓存的定位、缓存与数据库数据同步等方面。此外，为了满足Redis单线程执行的批量扣减操作要求，可以使用Lua脚本来保证扣减操作的原子性，并准确记录流水信息。

（2）纯缓存架构升级版架构。

纯缓存架构升级版架构可以在原有基础上引入Redis从节点，并增加了运营后台增加或修改库存时的处理流程。由于数据库和Redis不支持分布式事务，为了保证数据一致性，实际开发中需要增加额外的手段，因此会增加一定的成本。

（3）纯缓存架构适用场景。

纯缓存架构适用于高并发、大流量的互联网场景，特别是对于数据精度要求相对较低的场景。它具有显著的性能提升，至少可以提升10倍以上的性能，适合库存扣减、积分扣减等需要高精度的场景。然而，为了确保最终一致性，需要考虑降级方案和设计对账和异常处理。在实践中，许多公司成功将纯缓存架构应用于高精度的场景，但需要综合考虑数据一致性和复杂度增加的问题。

下面将展开讨论纯缓存架构的实现剖析，探讨纯缓存架构的升级版架构，以及纯缓存架构适用的场景。

4.3.1 纯缓存架构实现剖析

一、纯缓存架构浅析

纯数据库的解决方案虽然可以避免超卖或少卖的情况，但是在处理大量的SKU时，性能会明显下降。这是因为该方案采用了事务来保证扣减操作的一致性和原子性。事务具有ACID特性。然而，在处理大量SKU时，事务的使用会导致性能下降。

在扣减库存时，关键是确保商品不会超卖或少卖。为了实现这个目标，当一个

SKU的购买数量不足时，整个批量扣减操作必须回滚。为了满足这个要求，我们需要使用类似for循环的方式对每个扣减SQL的返回值进行检查。另外，当多个用户同时购买同一个SKU时，也会对性能造成影响。高并发扣减或者并发扣减同一个SKU时，事务的隔离性可能导致加锁等待和死锁的情况出现。

然而，我们可以重新梳理问题并寻找可升级演化的方案。

首先，需要明确扣减操作只需要保证原子性，而不一定需要数据库提供的完整ACID特性。在扣减库存的过程中，重点是确保商品不会超卖或少卖。持久化功能只在数据库故障切换和恢复时才需要，因为被中断的事务需要持久化的日志进行重演。因此，持久化可以看作是主要功能之外的附加功能。

接下来，我们可以考虑提升性能的方案。最简单且快速的方法是升级硬件。无论使用哪个数据库厂商的实现，提升或更换数据库服务器的硬件配置都可以显著提升性能。然而，硬件升级的资金成本非常高，可能需要数百万甚至数千万的投资。

因此，我们可以考虑另一种方案，即提升或替换数据库存储。在不改变机器配置的情况下，将传统的SQL类数据库替换为性能更好的NoSQL类数据存储。

Redis是一种流行的NoSQL数据库，在过去几年中被国内的互联网公司和云厂商广泛采用。它具有出色的性能和原子性。Redis的架构简单，部署在普通的Docker容器中即可，成本非常低。此外，Redis采用了单线程的事件模型，保证了对于扣减操作的原子性要求。当多个客户端同时发送命令给Redis时，Redis会按照接收到的顺序进行串行执行，对于已接收但未执行的命令，它们将排队等待执行。这个特性使得扣减操作在Redis中是原子的，恰好符合我们对于扣减原子性的要求。

二、方案实现剖析

在确定了使用缓存来完成扣减后，为了帮助读者理解，这里我们结合扣减类业务的整体架构图（见图4-7）来进一步分析。

图4-7中的扣减类业务和4.2节里的扣减类业务一样，都提供了3个在线接口。但此时扣减类业务依赖的是Redis缓存而不是数据库了。

缓存中存储的信息和前文中的数据库表结构基本类似，包含当前商品和剩余的库存数量和当次的扣减流水，这里要注意以下两点。

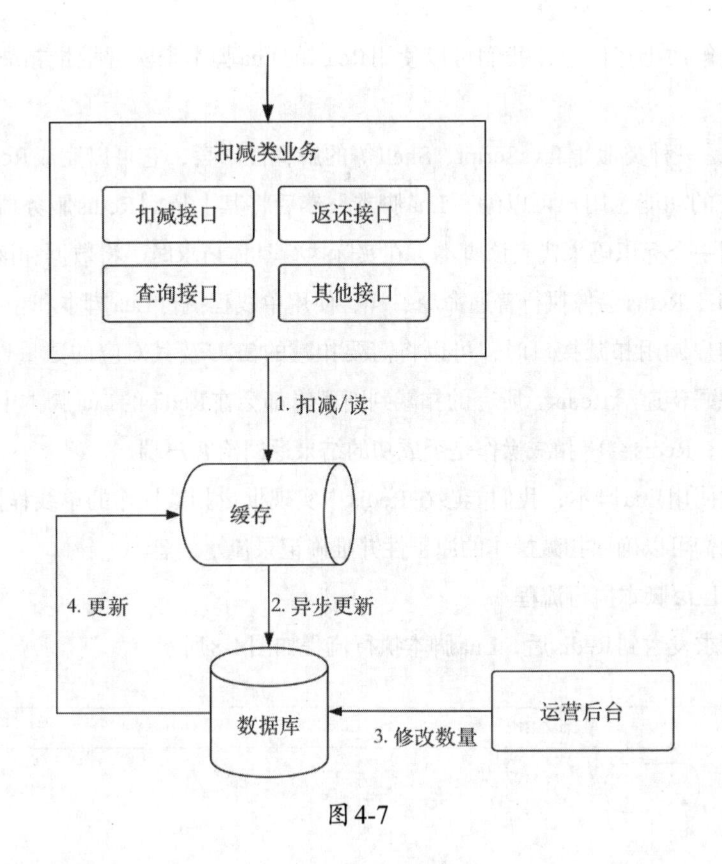

图 4-7

第一，因为扣减全部依赖于缓存而不依赖数据库，所以所有存储于Redis的数据均不设置过期并全量存储。

第二，Redis是以K-V结构为主，以hash、set等结构为辅，与MySQL以表+行为主的结构有一定的差异。

在一次扣减操作中，我们需要按照SKU在Redis中的库存数量进行扣减，并记录相应的流水信息。然而，Redis对于某些操作并不支持批量操作。具体来说，Redis不支持对hash进行多个键的批量操作，也不支持不同数据结构之间的批量操作，如K-V与hash之间的操作。

因此，如果我们无法进行多个SKU的批量操作，就需要按照单个SKU发起Redis调用。正如之前提到的，Redis并不保证命令间的单线程执行。如果我们使用上述的Redis数据结构，一次扣减操作就必须发起多次Redis命令才能完成。这样，之前提到的利用Redis单线程来保证扣减操作的原子性的方法就无法满足要求了。

为了解决上述问题，我们可以使用Redis的Lua脚本来实现批量扣减的单线程操作。

Lua是一种类似于JavaScript、Shell等的解释性语言，它可以完成Redis原本命令不支持的功能。用户可以编写Lua脚本，然后将其上传到Redis服务器端，服务器会返回一个标识码来代表该脚本。在实际执行具体请求时，将数据和该标识码发送到Redis，Redis会像执行普通命令一样，使用单线程执行Lua脚本和相应的数据。

当用户调用扣减接口时，可以将需要扣减的SKU及其对应的数量以及Lua脚本的标识码传递给Redis。所有的扣减判断逻辑都会在Redis的Lua脚本中执行，执行完成后，Redis会将扣减操作是否成功的结果返回给客户端。

通过使用Lua脚本，我们能够在Redis中实现批量扣减操作的单线程执行要求。这样，我们可以确保扣减操作的原子性并准确记录流水信息。

三、Lua脚本执行流程

当请求发送到Redis后，Lua脚本执行流程如图4-8所示。

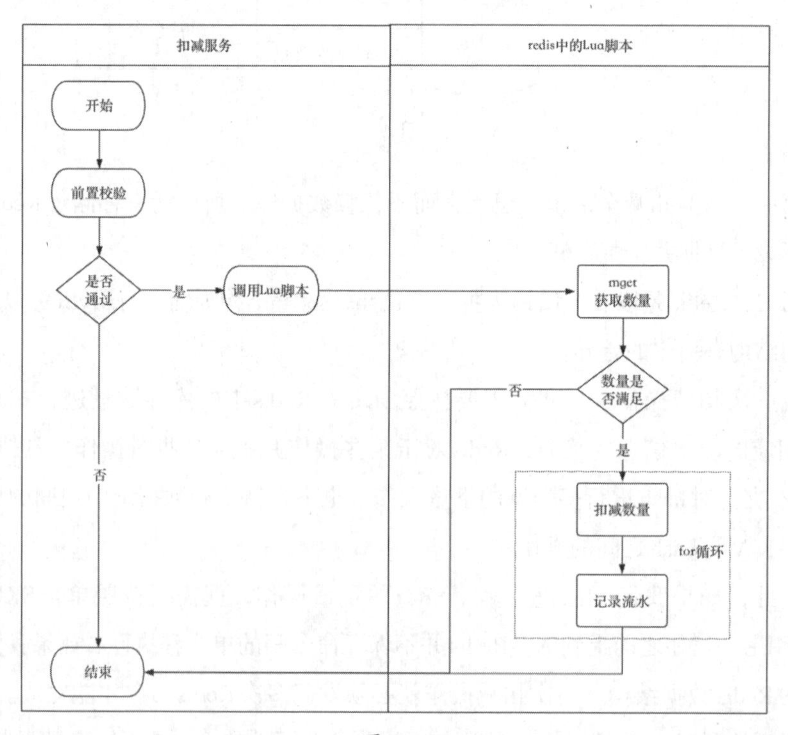

图4-8

在执行Redis中的Lua脚本时，首先会使用GET命令查询UUID是否已存在。如果已存在，则直接返回，并提示用户请求重复。一旦防重操作通过，就会批量获取各个SKU的剩余库存状态，并进行判断。如果其中某个SKU的扣减数量大于其剩余数量，那么会直接返回扣减服务错误，并提示库存不足。通过Redis的单线程模型，确保在判断所有SKU的扣减数量是否满足条件后，实际的扣减操作不会出现数量不足的情况。同时，单线程执行可以保证判断数量的步骤和后续的扣减步骤之间没有其他并发执行的线程。

一旦确认数量满足要求，Lua脚本会按照每个SKU循环扣减相应的数量，并记录流水信息。

在Redis扣减成功后，扣减接口会异步将此次扣减的内容保存到数据库中。异步保存到数据库的目的是防止出现极端情况，即Redis宕机后数据未持久化到磁盘。此时，我们可以使用数据库恢复或校准数据。

最后，在纯缓存架构中的运营后台是运营人员和商家修改库存的入口，因为其直接连接数据库。当商家补充新货物时，可以通过运营后台将相应SKU的库存数量增加。同时，运营后台的实现需要将这个数量同步增加到Redis中，因为当前方案中的所有实际扣减操作都在Redis中进行。

至此，纯缓存扣减的基本架构已经介绍完毕。具体的性能数据会受到多个因素的影响，如机器配置、压测参数等，因此在此不提供具体数字。但是，目前这个架构已经能够支撑单机万级的扣减。接下来，我们将进一步讨论如何处理异常情况。

四、异常情况分析

在使用Redis进行扣减时，由于Redis不支持ACID特性，相比纯数据库方案，会面临更多异常情况需要处理。下面介绍几个重要的异常场景。

第一个场景是Redis突然宕机。

如果在Redis中的请求仅执行了前置的防重和数量验证，而此时Redis宕机，那么不会产生任何影响，可以直接向客户端返回扣减失败的响应。

然而，如果Redis宕机时，Lua脚本已经执行了实际的扣减操作，那么就会发生数据丢失的情况。由于Redis没有事务保证，宕机后已经完成的扣减操作不会回滚。尽管扣减服务向客户端返回了扣减失败的响应，但实际上Redis已经扣减了部分数据并将其刷新到磁盘。当Redis故障处理完成并重新启动或进行故障转移后，部分库存数量已经丢失。

为了解决这个问题，可以使用数据库中的数据进行校准。一种常见的方法是开发对账程序，对比Redis和数据库中的数据是否一致，并结合扣减服务的日志来看。当发现数据不一致且日志记录扣减失败时，可以在Redis中将数据库中多出的库存数据补回来。

第二个场景是在Redis扣减已完成并成功返回给客户端后，异步刷新数据库失败。

在这种场景下，Redis中的数据库是准确的，但数据库中的库存数据是超额的。通过结合扣减服务的日志，确认Redis扣减操作已成功但异步记录数据失败后，可以在数据库中扣减多出的库存数据。

4.3.2 纯缓存架构升级版

纯缓存架构在使用了Redis进行扣减实现后，基本上完成了扣减的高性能和高并发，满足了我们最初的需求。那整体方案上还有哪些可以优化的空间呢？

首先，扣减服务不仅包含扣减接口还包含数量查询接口。查询接口的量级至少是写接口的10倍，即使是使用了缓存进行抗量，但读写都请求了同一个Redis，将会导致扣减请求被读影响。

其次，运营后台增加或者修改库存时，是在修改完数据库之后在代码中异步修改刷新Redis。因为数据库和Redis不支持分布式事务，为了保证在修改时它们数据的一致性，在实际开发中，需要增加很多手段保证数据一致性，成本较高。

对于上述两个问题，我们可以做以下两方面的改造。

第一，可以引入Redis的主从架构来解决读写请求互相影响的问题。通过增加一个Redis从节点，并在扣减服务中根据请求类型将请求路由到不同的Redis节点上。这样做的好处是不需要太多的数据同步开发工作，可以直接利用Redis的主从同步机制，降低了开发成本和工作量。

第二，可以使用MySQL的Binlog来实现运营后台修改数据库数量后与Redis的同步。通过监听并解析MySQL的Binlog，将修改操作转换并插入Redis中。这样做的好处是Binlog的消费机制采用了ACK机制，如果在转换和插入Redis时出现错误，可以保留未消费的Binlog，等待下一次数据转换代码运行时继续执行。最终达到数据一致性的目标，而且相比不使用Binlog的方式，这种方案的成本和复杂度都较低。

优化后的整体方案如图4-9所示。

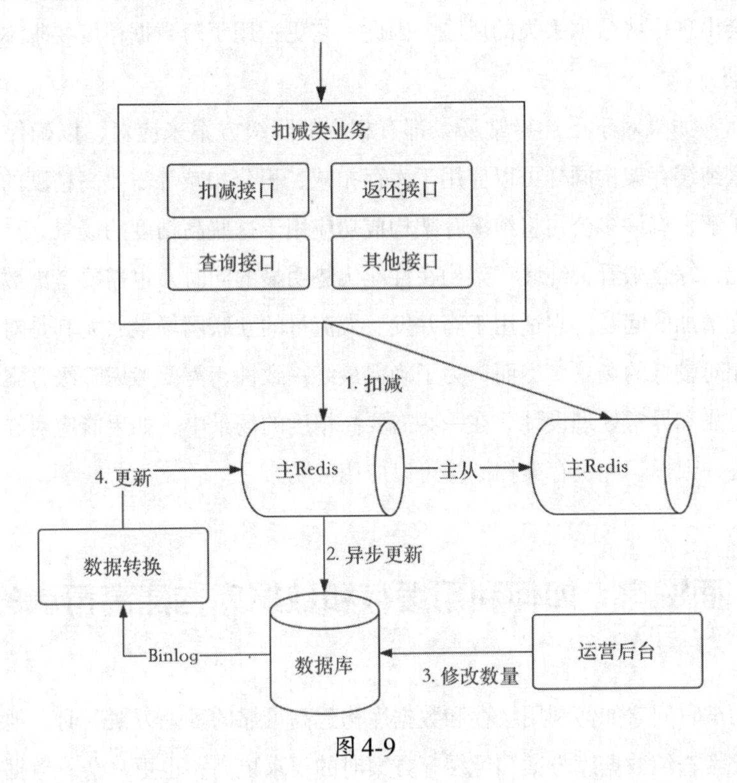

图4-9

4.3.3 纯缓存架构适用场景

相较于纯数据库扣减方案，纯缓存架构也具有一定的优缺点和适用性。

纯缓存架构的主要优点是显著的性能提升。采用缓存的扣减方案可以保证扣减操作的原子性和一致性等功能要求，并且相较于纯数据库方案，至少能提升10倍的性能。

然而，纯缓存架构也存在一些缺点。Redis和其他一些缓存实现为了追求高性能，并没有实现数据库的ACID特性。这可能导致在极端情况下出现数据丢失的情况，从而导致库存不足或销售量不准确的问题。此外，为了确保不会出现销售量不准确的情况，纯缓存架构需要进行对账、异常处理等设计，使系统的复杂度大幅增加。

了解了纯缓存架构的优缺点后，可以发现在面对高并发流量时，纯缓存架构的效果显著。因此，它特别适用于高并发、大流量的互联网场景。然而，在极端情况下可能会出现一些数据丢失的风险。因此，它更适用于对数据精度要求不是特别严苛的场景。

然而，如果对于上述异常场景都有相应的降级方案来应对，以确保最终一致性，那么纯缓存架构同样可以应用于库存扣减、积分扣减等需要高精度的场景。据编者的了解，有许多公司将纯缓存架构成功应用于这些高精度的场景。

因此，综合来看，纯缓存架构在性能优势明显的同时，也需要考虑数据一致性和复杂度增加的问题。它适用于高并发、大流量的互联网场景，尤其是对于数据精度要求相对较低的场景。然而，为了确保最终一致性，需要考虑降级方案，并进行合适的对账和异常处理设计。在一些需要高精度的场景中，如果能应对异常情况并保证最终一致性，纯缓存架构同样可以应用成功。

4.4 面试官：如何利用缓存和数据库构建高可靠的秒杀方案？

当面试官问“如何利用缓存和数据库构建高可靠的秒杀方案”时，他的考查要求可能比考查纯数据库方案和纯缓存方案时的要求更高，也更复杂。数据库方案的性能较差，而纯缓存方案虽然可以避免超卖问题，但由于缓存缺乏事务特性，极端情况下可能出现无法回滚的数据丢失，导致少卖的情况。

作为面试者要对上述两种方案的缺点非常熟悉，能够避免纯数据库方案和纯缓存方案的缺点，并且要有能力将其结合实现高性能、高可靠的秒杀方案。

基于以上分析，面试者在回答“如何利用缓存和数据库构建高可靠的秒杀方案”这个问题时就可以基于以下思路。

（1）顺序写与随机写的性能差异。

在秒杀场景中，顺序写的性能要远高于随机写。通过合理设计数据模型和存储结构，将写操作转换为顺序写，能够显著提升系统的性能和吞吐量。

（2）借力顺序写的架构。

利用数据库的顺序写性能，采用类似预扣减的方式，提前将商品库存和秒杀信息存储在数据库中，并通过缓存系统将数据加载到内存中，减少数据库的访问压力。

（3）基于任务的扣减流程分析。

引入任务表将秒杀操作转化为异步任务，提高系统的并发处理能力和稳定性，实现了请求的异步处理，将扣减操作解耦，减少了系统的响应时间和资源消耗，提高了系统的可靠性和性能表现。同时，任务表还提供了异常处理机制，确保任务的一致性和数据的完整性。

（4）补货或新增商品的数据同步架构设计。

作为技术研发人员，我们需要根据实际业务场景考虑秒杀中的另外两个场景：补货和新增商品。在设计中，我们将补货或新增商品操作通过Binlog同步到缓存，并在扣减操作中以缓存为准。同时，将任务库中的数据同步至正式业务库，作为准确数据的基准进行对比和修复。这样的架构设计保证了数据的准确性，并提供了修复机制来处理异常情况，确保系统的稳定性和数据的一致性。

（5）无状态存储的架构方案。

通过引入无状态存储的架构方案，我们可以进一步提升任务数据库的性能和吞吐量。可以将无状态存储的原理借鉴到任务数据库中。任务数据库主要提供事务支持和随机扣减流水任务的存取功能，这些功能不依赖具体的路由规则。借助无状态存储，我们可以实现任务库的水平扩展，提高性能和高可用性。具体的细节原理和实施步骤可根据实际需求进行进一步探讨和落地。通过这样的架构升级，我们可以进一步优化任务数据库的性能，提升系统的整体稳定性和可靠性。

（6）数据同步架构方案。

可以在此借鉴无状态存储的思想简化任务库和业务正式库之间的数据同步。由于扣减操作主要依赖缓存数据，正式库数据仅用作备用，所以只需使用一个工作器将任务库数据同步到正式库。这简单且有效，实现了更可靠的扣减。虽然性能稍有损耗，但对于精确扣减场景来说较为适用。

（7）实现无主架构的任务。

在实现无主架构的任务方案中，采用异步任务（Worker）设计实现数据同步方案。每个分库配置多个并发执行的Worker，通过哈希计算得到唯一的哈希值，并报告到存储集群。Worker基于哈希环将任务ID映射到相应区间，并负责处理，保持任务幂等性和状态一致性，确保任务正确执行。这样的设计实现高可用性、任务执行速度，并且避免任务积压。

接下来，将详细说明这些内容。

4.4.1 顺序写与随机写的性能差异

当面对高并发的秒杀场景时，可以利用顺序写操作来提升系统的性能和可靠性。顺序写相对于随机更新具有更好的性能，这是因为顺序写操作可以减少磁头寻址的次数，从而降低磁盘访问的开销。

对于传统的机械硬盘而言，随机更新操作需要频繁移动磁头进行寻址，而顺序写操作则可以将数据连续写入磁盘的末尾，减少磁头寻址的次数。这种连续写入的方式在磁盘上的物理布局更加友好，可以提高数据写入的效率。

即使在固态硬盘（Solid State Disk，SSD）中，虽然不存在机械磁头的移动，但仍然存在一定的寻址过程。对于随机更新操作，SSD需要在不同的块中进行擦除和写入操作，而对于顺序写操作来说，可以利用SSD的写入缓冲区（Write Buffer）将数据暂时存储起来，然后一次性写入存储介质中，提高写入性能。

在数据库中，更新操作通常需要加锁来保证并发更新的一致性。由于加锁会引入额外的开销，对于高并发的秒杀场景，随机更新操作的性能可能无法满足要求。相比之下，插入操作不需要加锁，并且可以利用顺序写入的特性，将数据追加写入数据库的末尾，从而提高性能。

综上所述，通过利用顺序写操作的性能优势，可以设计一种高可靠的秒杀方案。

4.4.2 借力顺序写的架构

有了上述的理论基础后，只要对上一讲的架构稍做变更，就可以得到兼具性能和高可靠性的扣减架构，整体架构如图4-10所示。

上述架构和纯缓存架构的区别在于，写入数据库不是异步写入，而是在扣减的时候同步写入。

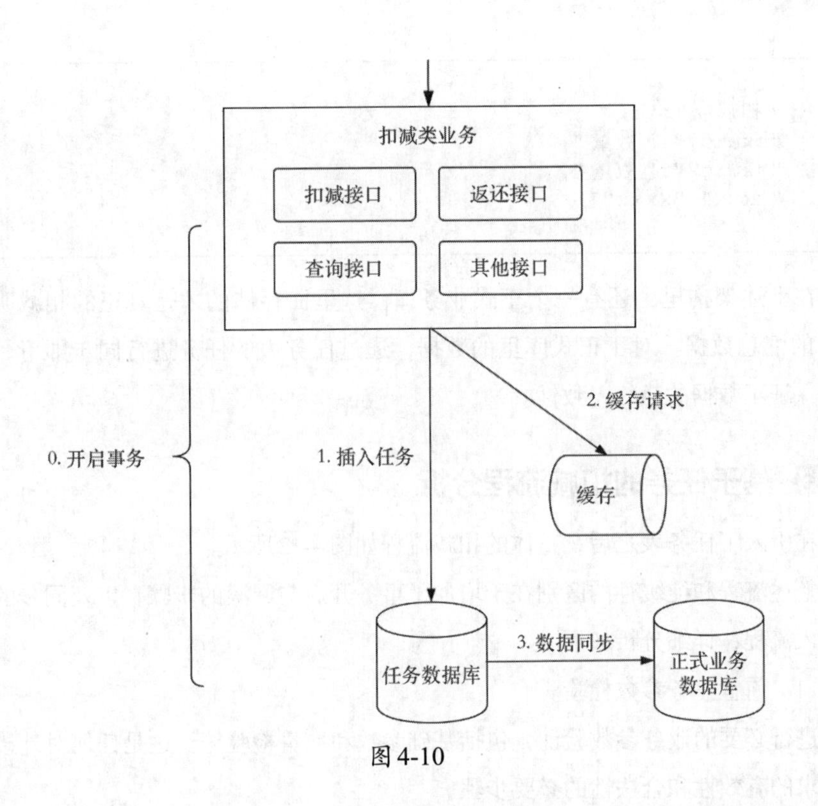

图 4-10

在这个方案中，也存在将秒杀请求同步写入数据库的操作，但这里的写入操作是指插入（insert）操作，而不是更新（update）操作。这意味着每次秒杀请求并不直接扣减数据库中的数量，而是将原始请求数据存储在一个名为“任务库”的数据库表中。

任务库只负责存储每次扣减的原始数据，而不进行实际的数量扣减。因此，这个插入操作是顺序写，相对而言性能较好，它的表结构大致如图 4-11 所示。

字段名	英文表示	含义
编号	ID	任务顺序编号
内容	CONTENT	任务内容

图 4-11

任务表里存储的内容格式可以为 JSON 或 XML 等。以 JSON 为例，数据内容大致如下。

```
{
  "扣减号":id,
  "skuid1":"数量",
  "skuid2":"数量",
  "xxxx":"xxxx"
}
```

在上述架构里，还有一个正式业务库，这里面存储的才是真正的扣减明细和SKU的汇总数据。对于正式库里的数据，通过任务表的任务进行同步即可，此种方式保证了数据的最终一致性。

4.4.3 基于任务的扣减流程分析

在引入了任务表之后，整体的扣减流程如图4-12所示。

上述流程和纯缓存的区别在于增加了事务开启与回滚的步骤，以及同步的数据库写入流程，详细分析如下。

（1）前置业务参数检验。

进行必要的业务参数验证，包括基础参数和数量检验等。这是任何对外接口确保请求的有效性和合法性的必要步骤。

（2）开启数据库事务。

在此步骤中，开始一个数据库事务，以确保数据的一致性和完整性。

（3）写入扣减明细到任务表。

将序列化后的扣减明细数据插入扣减数据库的任务表中。如果插入操作失败，则触发事务回滚，确保任务表中没有新增的数据。

（4）缓存扣减操作。

针对缓存进行扣减操作，还是使用Lua等功能进行扣减即可。

（5）缓存扣减失败处理。

- 如果扣减数量不足：当检测到缓存中的数量不足以满足当前请求时，可以调用缓存的归还操作，并进行数据库事务回滚，确保数据一致性。
- 如果出现缓存故障：当缓存出现故障导致扣减失败时，根据具体异常情况进行处理，如网络不通、调用缓存超时或缓存宕机等。根据异常情况，进行数据库事务回滚，以确保数据的完整性。

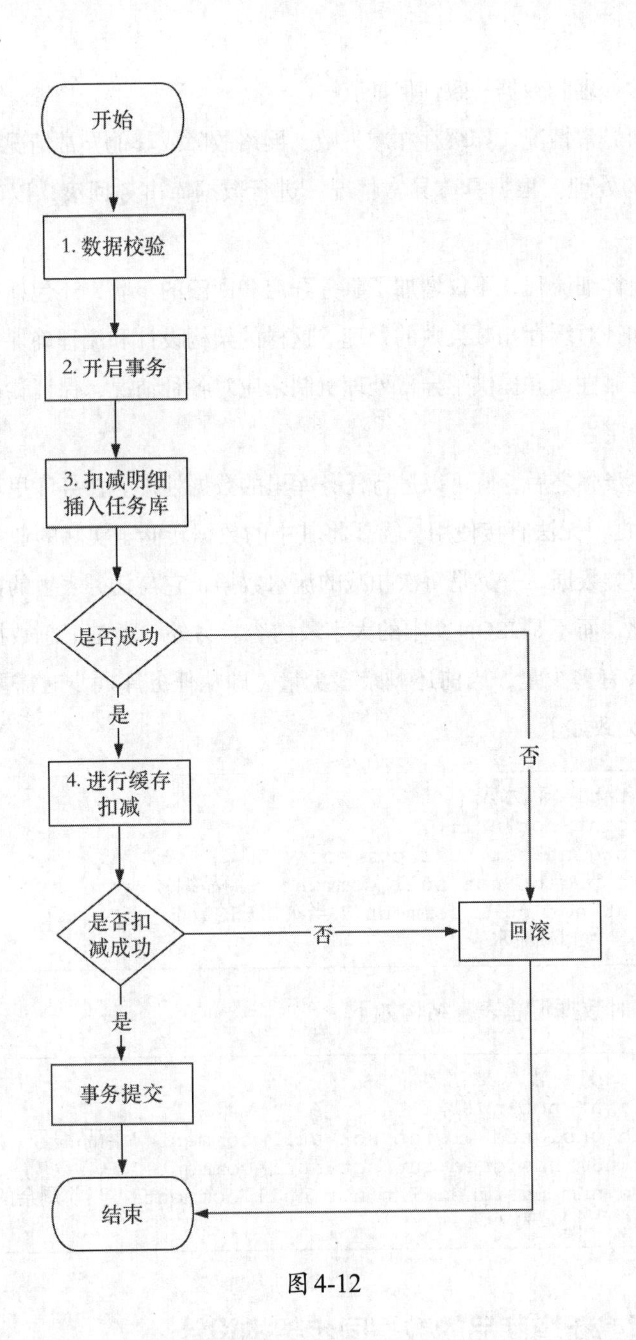

图 4-12

（6）提交数据库事务并返回结果。

如果缓存扣减成功，即扣减操作完成，可以提交数据库事务，并将扣减成功的结果返回给客户端。

（7）异常处理和数据一致性保证。

针对任何异常情况，如缓存扣减失败、网络故障或其他异常情况，根据异常类型进行适当的处理。根据具体异常情况，进行数据库事务回滚，以确保数据的一致性。

通过以上详细流程，不仅增加了事务开启和回滚的步骤，还包括了同步的数据库写入流程和针对缓存扣减失败的处理。这样的架构设计和流程确保了数据的完整性、系统的可靠性，并提供了异常处理机制来应对各种情况，保证秒杀扣减的准确性和系统的稳定性。

完成上述步骤之后，便可以进行任务库里的数据处理。任务库里存储的是纯文本的JSON数据，无法直接使用。需要将其中的数据转储至实际的业务库里。业务库里会存储两类数据，一类是每次扣减的流水数据，它与任务表里的数据的区别在于它是结构化，而不是JSON文本的大字段内容。另外一类是汇总数据，即每一个SKU当前总共有多少量，当前还剩余多少量（即从任务库同步时需要进行扣减的量），表结构大致如下。

```
create table 流水表{
  id bigint not null,
  uuid bigint not null comment '扣减编号',
  sku_id bigint not null comment '商品编号',
  num int not null comment '当次扣减的数量'
}comment '扣减流水表'
```

商品的实时数据汇总表，结构如下。

```
create table 汇总表{
  id bitint not null,
  sku_id unsigned bigint not null comment '商品编号',
  total_num unsigned int not null comment '总数量',
  leaved_num unsigned int not null comment '当前剩余的商品数量'
}comment '记录表'
```

4.4.4 补货或新增商品的数据同步架构设计

在数据库+缓存架构中，我们利用了数据库顺序写入较快的特性。此外，我们还利用了数据库的事务特性来确保数据的最终一致性。在出现异常情况时，通过事务回滚，确保数据库中的数据不会丢失。

整体流程上，我们仍然复用了纯缓存架构的流程。当对已有商品进行补货或新增一个商品时，相应的新增商品数量会通过Binlog同步到缓存中。在进行扣减操作时，仍然以缓存中的数量为准。补货或新增商品的数据同步架构如图4-13所示。

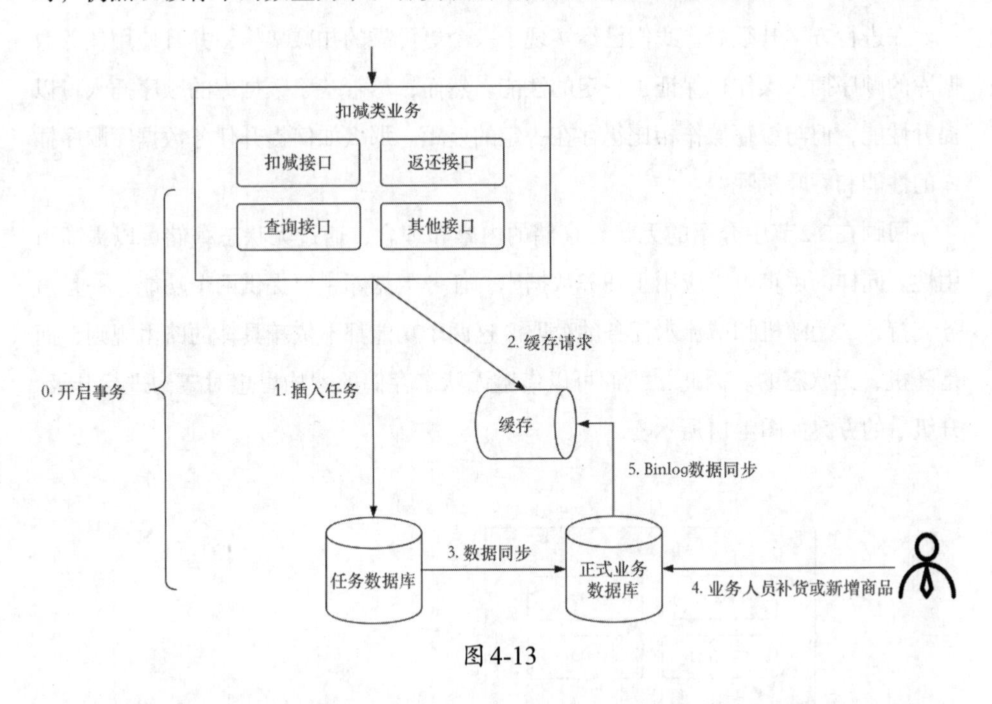

图4-13

在这种数据库+缓存的方案中，读者可能会问：将扣减明细同步到正式业务库是否会导致任务库中的数据变得无用？实际上并非如此。任务库同步至正式业务库的扣减明细数据以及SKU的实时剩余数量是最准确的数据，我们将其作为数据对比的基准。如果发现缓存中的数据不一致，我们可以及时进行修复。

举个例子，假设在缓存扣减完成后，我们的应用客户端突然重启，导致外部调用方的连接中断，外部调用方会判断此次调用失败。由于突然重启，缓存中的扣减返还操作并未完成。然而，由于数据库采用事务，当客户端重启时，事务会自动回滚。因此，数据库中的数据是正确的，但缓存中的数据是不准确的。

在纯缓存方案中，如果异步刷库操作也失败，那么缓存数据将一直是不准确的。然而，在数据库+缓存的方案中，数据的不准确性只会在一定时间内出现，最终数据将保持一致。该方案确保了任务数据库和正式业务数据库中的数据准确性。

在发生故障后，我们可以基于正式数据库进行异步对比和修复。这就是两种方案的差异所在。

4.4.5 无状态存储的架构方案

在进行方案升级后，我们已经实现了一个更可靠的扣减架构，并且使用任务数据库的顺序插入操作也保证了一定的性能。然而，尽管基于数据库的顺序插入可以提升性能，但与缓存操作相比仍存在一定的差距。那么如何提升任务数据库顺序插入的性能和吞吐量呢？

回顾在3.2节中介绍的无状态存储的内容和理念，通过无状态存储可以提高可用性。同样的逻辑可以应用于任务数据库。任务数据库主要提供两个功能，一是事务支持，二是随机扣减流水任务的存取。这两个功能都不依赖具体的路由规则，而是随机、无状态的。因此，我们可以借鉴无状态存储的架构思想对架构进行升级，升级后的方案如图4-14所示。

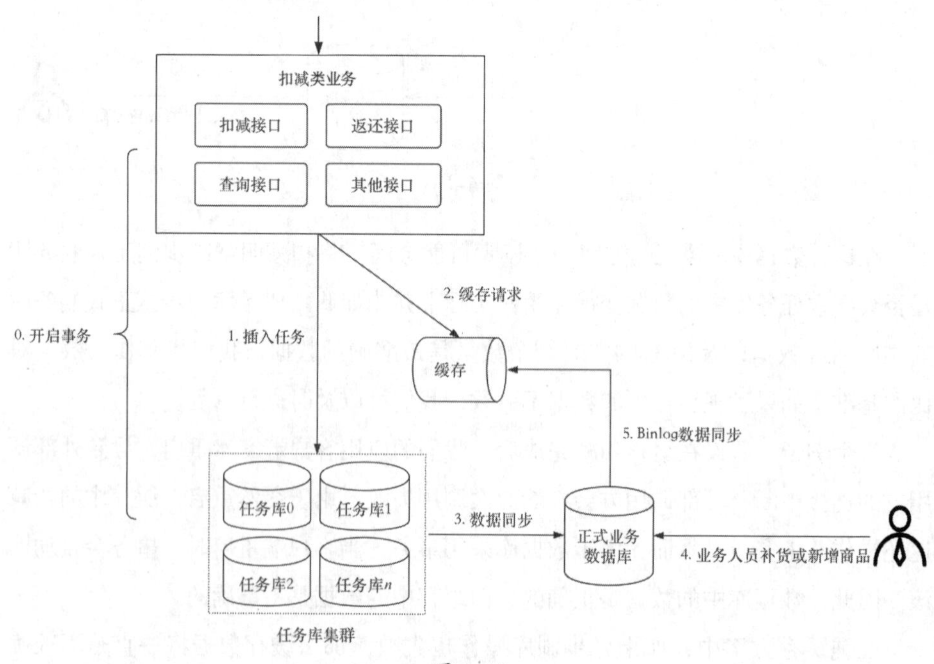

图4-14

采用无状态存储后，任务库便可以进行水平扩展，进一步加强了性能和高可用性。具体的细节原理和落地步骤，这里不再赘述。

4.4.6 数据同步架构方案

在任务库和业务正式库之间的数据同步方面，与3.2节中介绍的无状态存储类似，但在整体实现上更加简单。因为在业务逻辑上，扣减操作前的依赖主要是缓存中的数据，而业务正式库中的数据仅用于备用。因此，我们只需使用一个工作器（Worker）将数据从任务库同步到业务正式库即可，架构如图4-15所示。

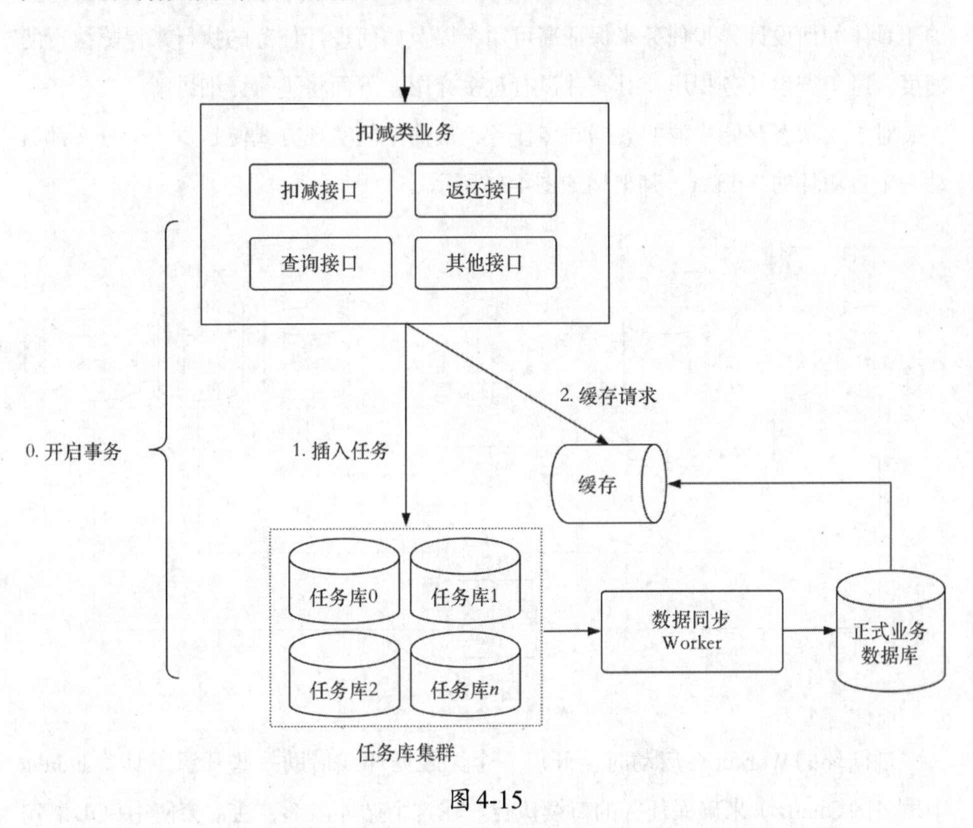

图4-15

我们介绍了通过数据库+缓存的方式实现了更可靠的扣减方案，尽管相比纯缓存方案来说，即使使用了无状态的分库存储，性能依然会有一定的损耗，但该方案的优势在于数据更精准、更可靠。对于需要精确扣减的场景，如额度扣减或实物库存扣减，这种方案非常适用。但对于一些虚拟次数有限制的场景，且业务上能够容忍一定概率下数据不准确的情况，纯缓存的扣减方案也是可选的。

此外，顺序追加写要比随机修改的性能好，这个技巧在许多场景中都有应用，并且是值得深入学习和理解的技能。例如，数据库的Redo log、Undo log以及ElasticSearch中的Translog都采用了先将数据顺序写入日志文件，然后进行正常变更的方式。当发生故障时，可以使用日志进行数据恢复。

4.4.7 实现无主架构的任务

在4.4.6小节中使用了异步任务来做无状态存储到正式业务库的数据同步，但关于具体如何设计异步任务来保证高可用，以及如何设计任务的执行来保障执行的速度，避免产生任务积压，其实并没有过多介绍，下面将进行详细讲解。

对于无状态存储集群的数据同步任务，最简单的实现方式便是每一个分库都启动一个自循环的Worker，其架构如图4-16所示。

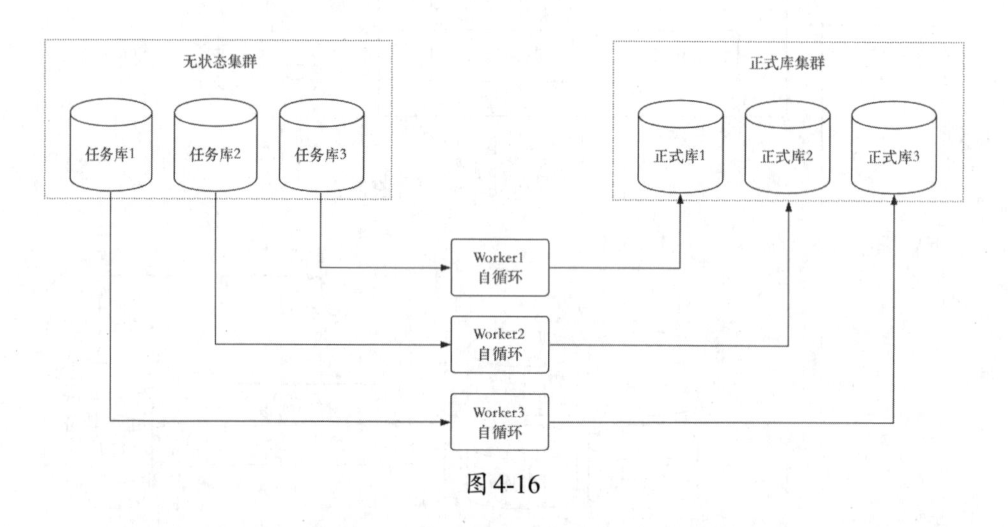

图4-16

自循环的Worker在启动时会开启一个无限循环或借助一些开源工具（如Java中著名的Quartz）来确保任务的持续执行。在这个循环内部，通常会使用SQL语句来批量获取未执行的任务或未同步的数据，并执行相应的同步操作。在任务成功执行后，会修改任务的状态为“完成”。

上述流程在功能上能够满足需求，但在高可用性和性能方面仍存在一些不足。

（1）如果任务库中的任务数量非常多，单个Worker和单个数据库的方式缺乏可扩展性。随着任务数量的增加，会出现任务积压的瓶颈，而无法通过简单的扩容解决。

（2）单个Worker和单个数据库的方式存在单点故障的问题。如果Worker发生故障并宕机，而没有监控机制来及时发现故障，任务将一直积压等待执行。

为了解决上述问题，下面将介绍一种任务架构模式，它可以提高任务执行速度并具备可扩展性和高可用性，架构如图4-17所示。

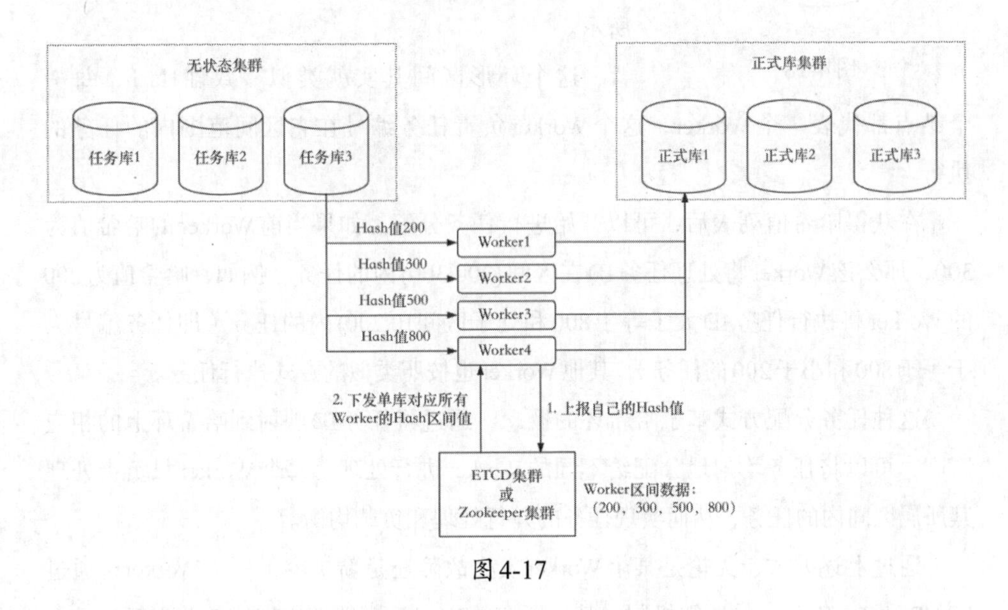

图4-17

在上述整体架构中，每个分库对应的Worker的执行流程类似，因此这里将对单个分库的执行Worker进行分析，并以此类推来理解其他分库的执行Worker。

首先，为了提升性能和高可用性，单个分库配置了多个并发执行的Worker。

每个Worker在启动时，根据机器的IP、随机数、当前时间戳等信息进行组合拼接，计算生成一个唯一串。然后，使用各种哈希工具对该唯一串进行哈希计算，得到一个无符号整数哈希值。

所有的Worker会将自己的无符号整数哈希值报告到一个强一致的ETCD或ZooKeeper存储集群中。

ETCD或ZooKeeper存储集群具备通知功能（Watch）。通过这个通知功能，所有的Worker都会订阅某个分库下其他Worker的哈希值。这意味着，当一个新的Worker启动或者扩容新增一个Worker时，其他Worker都能够得到通知。

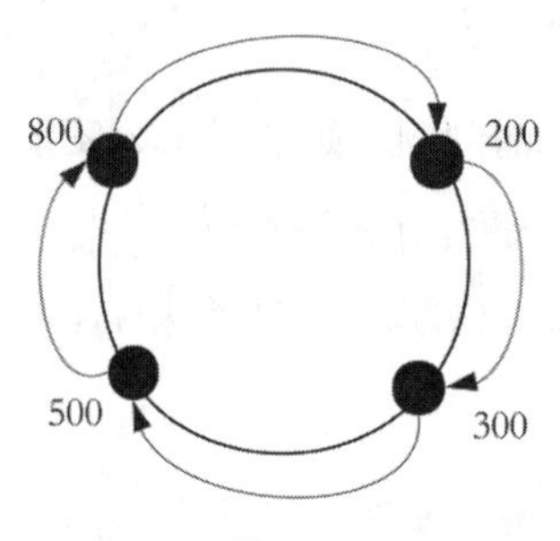

图4-18

每个Worker会获取当前分库下所有其他Worker的哈希值。例如，假设一个分库配置了4个Worker，其中一个Worker会获取到自己以及其他3个Worker的哈希值，假设为{200，300，500，800}。这4个Worker的哈希值构成一个环形区间，如图4-18所示。

这个环形区间其实就类似一致性Hash，每一个结点都代表一个Worker，这个Worker负责任务编号在它区间范围内的任务的执行。

在获得哈希值列表后，可以开始进行任务分配。如果当前Worker的哈希值为300，那么该Worker将处理任务ID在区间[200,300)内的任务。例如，哈希值为200的Worker将执行任务ID大于等于800和处于区间[0,200)内的任务（即任务编号大于等于800和小于200的任务），其他Worker也按照类似的方式执行任务。

这种任务分配方式基于哈希环的概念，通过将任务ID映射到哈希环上的相应区间，可以将任务均匀地分配给不同的Worker进行处理。每个Worker只负责处理其所属区间内的任务，从而实现任务的并行处理和负载均衡。

通过上述方式，无论是某个Worker发生故障还是新扩容了一个Worker，通过ETCD和ZooKeeper的通知机制，其他所有的Worker都能够立即感知并更新自己负责的任务区间。

举例来说，假设在之前的哈希值列表{200，300，500，800}中，负责哈希值300的Worker发生了故障。那么整个哈希值列表将从{200，300，500，800}变为{200，500，800}。此时负责500的Worker将负责执行区间[200，500)内的所有任务。扩容Worker的流程与之类似。

最后，在Worker扩缩容的过程中，可能会出现临界并发情况，即两个Worker可能同时获取到同一条任务。为解决这个问题，可以从以下两个方面入手。

（1）任务的执行需要保持幂等性，即任务可以重复执行。这可以从业务层面进行实现，确保任务的重复执行不会产生副作用。

（2）可以给任务增加状态。当一个Worker开始处理某个任务时，可以将该任务的状态设置为“处理中”。而其他Worker在获取任务时，可以显式指定只获取状态为“待执行”的任务，从而避免重复处理同一任务。

通过以上方式，可以有效解决Worker扩缩容过程中的并发问题，保证任务的正确执行和状态的一致性。

4.5 面试官：如何设计和实现秒杀业务中的扣减返还？

本节将探讨如何设计和实现秒杀业务中的扣减返还功能。这是一个常见的问题，旨在考查面试者在扣减返还系统设计和业务逻辑处理方面的能力。面试者在回答“如何设计和实现秒杀业务中的扣减返还”这个问题时可以基于以下思路。

（1）如何理解扣减返还需求。

首先，面试者需要充分理解扣减返还的需求。在回答这个问题时，面试者应该清晰地解释扣减返还的含义，并深入分析其在秒杀业务中的具体应用场景。这样的理解将为面试者设计和实现扣减返还功能提供坚实的基础。

（2）返还实现原则。

接下来，需要向面试官阐述返还的实现原则。这些原则将指导面试者在系统设计和代码编写过程中的思考方向，确保扣减返还功能的正确性和稳定性。

下面将详细说明这些内容。

4.5.1 如何理解扣减返还需求

一、扣减返还需求

扣减的返还是指在完成扣减操作后，由于业务上发生了一些逆向行为，导致之前已经扣减的数据需要进行恢复，以供后续的扣减请求使用。这种场景在购买商品时的库存扣减中很常见。

下面我们看一下两种常见的逆向行为以及相应的库存返还情况。

首先，当客户下单后发现购买的某个商品有误，比如购买了错误的商品品类或填写了错误的数量，客户会选择取消订单。在这种情况下，与该订单相关的所有商品的库存数量都需要进行返还。也就是说，之前扣减的库存数量需要恢复到原始状态，以便其他用户能够购买这些商品。

其次，假设客户在收到订单后发现其中某个商品的质量存在问题，或者商品的功能与预期有差异，客户会发起订单售后流程，如退货或换货。在这种情况下，被退货或换货的商品需要单独进行库存返还。原先扣减的库存数量需要相应地增加，以确保这些商品能够再次被销售。

二、扣减返还和秒杀的技术差异

秒杀场景通常涉及大量用户同时抢购商品，因此高并发处理是其重点关注的技术问题。需要采用限流、缓存、并发控制和优化响应速度的手段，以确保系统的稳定性和高性能。

但是在扣减返还场景中，并发量比较低，关注点更多地集中在数据一致性和业务逻辑的复杂性上。需要考虑事务处理、并发冲突解决和异常情况处理，以保证扣减和返还操作的正确性。

总而言之，扣减返还需求主要关注数据一致性和业务逻辑的复杂性，而秒杀需求则更注重高并发处理和用户体验的优化。

4.5.2 返还实现原则

从4.5.1小节的业务场景可以看出，相比于扣减操作，返还操作的并发量通常较低。在热门商品或爆款被抢购的情况下，扣减操作的并发量非常大，但是取消订单或进行商品售后的概率相对较低。因此，扣减和返还之间的并发量差异非常大。

针对返还操作的实现，可以参考商家对已有商品补货的方式，直接在数据库中进行记录。但是在返还操作的实现中，还有一些需要注意的原则。

（1）必须在完成扣减操作后才能进行返还。

返还接口的设计中，必须包含扣减号字段。因为所有的返还都是基于扣减操作的，如果某个商品的返还没有关联到当时的扣减记录，很难准确判断当时的情况。

- 需要通过扣减号来判断商品是否能够进行返还，因为没有扣减号无法找到当时的扣减明细，也就无法判断该商品是否进行了扣减操作。
- 需要通过扣减号来判断返还的商品数量是否超过扣减值。如果外部系统因为异常传入超过扣减值的数量，没有扣减号获取当时的扣减明细，就无法判断这类异常情况。

（2）一次扣减可以进行多次返还。

例如，一个订单中包含商品A和商品B，每种商品各被购买了5件，在生成购买订单时进行一次扣减，后续可能会发生多次退货行为。例如，先退2件A，再退3件B，最后一次退货将剩余的3件A和2件B一起退回。

这个案例表明，一次扣减（即一个订单）在业务上可以对应多次返还。因此，在实现时需要考虑支持多次返还的场景。

下面介绍支持多次返还的数据库表的设计。

```
create table t_return{
  id bigint not null comment '自增主健'AUTO_INCREMENT,
  occupy_uuid bigint not null comment '扣减的 ID',
  return_uuid bigint not null comment '返还的唯一 ID',
  unique idx_return_uuid (occupy_uuid,return_uuid) comment '返
还标识唯一索引'
}comment '返还记录表';
create table t_return_detail{
  id bigint not null comment '自增主健'AUTO_INCREMENT,
  return_uuid bigint not null comment '返还标识',
  sku_id bigint not null comment '返还的商品 ID',
  num bigint not null comment '返还的商品数量',
  unique idx_return_sku  (return_uuid,sku_id) comment '返还商品
唯一标识'
}comment '返还商品记录表';
```

上述设计实现了一次扣减多次返还的数据记录，返还商品记录表实现了一次返还里有多种商品的场景，也就是上述案例里的最后一次一起退了A和B两种商品的场景。

（3）返还的总数量要小于等于原始扣减的数量。

可能有的读者觉得这个原则很容易理解，不需要单独讲解，因为从业务上来看，这是一个必要条件。但在真正实现时，却很容易出现处理遗漏。依然以第二个原则的案例来讲解，在并发返还时，即同一时刻有两个返还请求，一个请求返还2件A，另一个请求返还4件A。如果技术上没有并发的时序控制，在处理两个请求时，有可能都判断为可返还并实际进行返还，最终就会出现返还6件A（实际当时只扣减了5件）的超返还的场景，具体如图4-19所示。

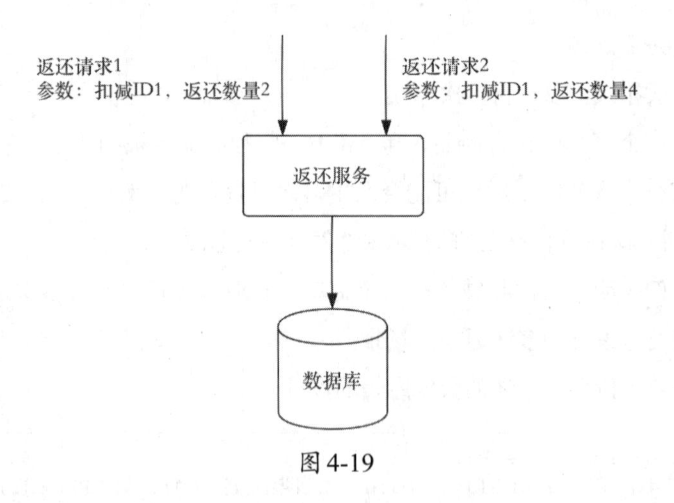

图4-19

对于上述潜在的风险，可以在返还前，对返还所属的扣减ID进行加锁来保证串行化操作，规避超卖的风险，架构如图4-20所示。

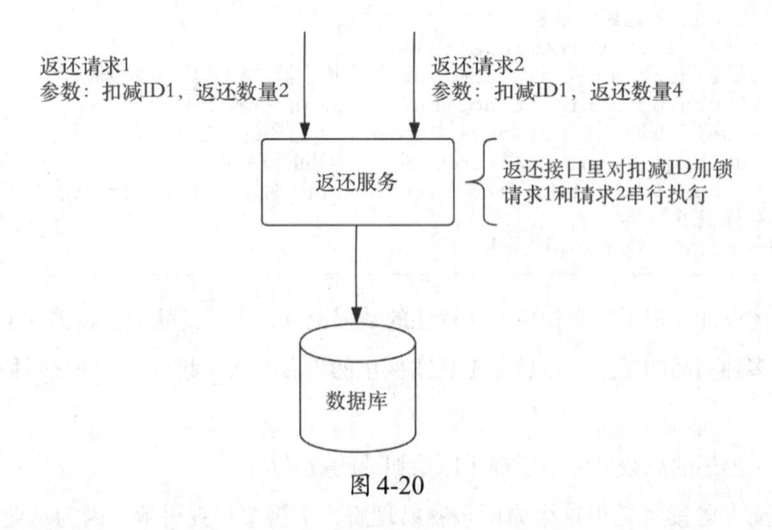

图4-20

在扣减ID上加锁，会导致该扣减ID下的所有返还都串行执行，有一定的性能损耗。但从业务上看，同一个扣减ID并发产生返还的场景极低且返还的调用次数也相对较少，从"架构是技术与业务场景的取舍"这个角度来看，暂不需要花费太多的人力去构建一个更加复杂的加锁架构。

（4）返还操作需要保证幂等性。

在设计返还接口时，需要保证幂等性。幂等性是指对同一操作的多次执行所产生的效果与一次执行的效果相同。在外部系统调用返还接口时，如果由于超时等原因，外部系统无法获取接口调用的结果，它可能会发起重试操作。如果返还接口不满足幂等性要求，并且上一次调用实际上已经成功执行了，那么重试操作就会导致相同的返还号产生多次数据返还的问题。

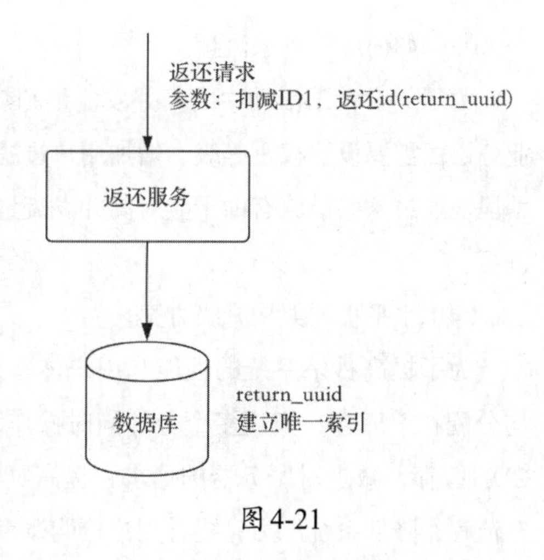

图4-21

为了解决这个问题，可以在返还接口中增加一个返还编号字段（如图4-21中的return_uuid），并由外部系统传入。通过数据库的唯一索引来防止重复返还操作，从而实现幂等性。图4-21展示了大致的架构。

4.6 面试官：热点扣减如何保证命中的存储分片不挂？

热点扣减是指在特定业务场景下，某个商品或资源的扣减操作非常频繁，导致存储分片容易成为性能瓶颈甚至挂掉。面试官可能会关注如何应对这种热点扣减场景，以确保系统的可用性和性能。

在面试中，如果面试官问“热点扣减如何保证命中的存储分片不挂”，面试者可以基于以下思路回答。

（1）热点扣减的典型业务场景。

首先，面试者需要理解热点扣减的典型业务场景。热点扣减指的是在秒杀活动中，某些商品的库存需求非常高，导致这些商品所在的存储分片承受了巨大的访问压力。这种情况下，如果不进行特殊处理，存储分片可能会因为负载过高而挂掉，导致系统不可用。

（2）技术挑战。

接下来，需要向面试官说明热点扣减带来的技术挑战。热点扣减会导致存储分片的不均衡负载，容易引发性能瓶颈和单点故障。同时，由于热点扣减的集中性，会导致大量的请求集中在少数的存储节点上，进一步加剧了负载压力。

（3）如何应对秒杀流量。

为了应对秒杀活动中的高并发流量和热点扣减问题，可以采取恶意用户拦截、业务层面需要设置权重等级、增加用户过滤比例、兜底降级、售罄商品前置拦截等手段。通过这些措施有助于应对高并发流量和热点扣减问题，确保秒杀活动的顺利进行。

（4）水平扩展架构升级方案。

为了提高秒杀系统的性能和用户体验，可以采取升级方案：通过缓存分片平均分配秒杀库存，实现多个分片同时操作，提高系统吞吐量；前端静态资源采用CDN缓存，减少对服务器的请求，提高页面加载速度；定制秒杀页面，跳过购物车流程，降低系统压力，提升用户抢购概率；在部署层面进行隔离，独立部署秒杀相关模块，灵活分配资源并提高并发处理能力。这些措施能够优化秒杀系统并保护整体稳定性。

接下来，将详细说明这些内容。

4.6.1 热点扣减的典型业务场景

热点扣减有一个被广泛熟知的称呼，即秒杀。尽管秒杀并不是热点扣减的唯一形式，但由于它是热点扣减中最具代表性且最能体现其特点的场景，因此我们常常使用秒杀一词来代指热点扣减。秒杀具有以下两个主要特点。

第一，秒杀带来的热点流量非常庞大，很少有其他热点场景可以与之媲美。例如，在2020年的某些电商平台上，数百万用户同时在线抢购同一商品，这就带来了极高的并发量。

第二，秒杀对于扣减操作的准确性要求极高。在大多数情况下，秒杀是一种营销手段，比如以极低价格销售有限数量的商品，以吸引用户下载或注册应用，从而实现拉新和提高知名度等目标。由于这种营销手段通常是亏本的，因此出现大规模超卖是绝对不允许的。

除了秒杀之外，其他扣减场景，如账户金额的扣减、付费文章的免费试读次数扣减等，很难同时满足上述两个要求，因此它们并不是热点扣减的典型场景。

在解决不超卖的问题上，可以直接借鉴编者之前讨论的纯缓存架构方案和缓存加数据库架构方案。接下来，将详细讨论如何应对热点扣减的典型场景——秒杀所带来的百万级热点流量挑战。

4.6.2 技术挑战

因为需要保障高可靠的扣减，因此在应对秒杀时，可以在4.5节中形成方案的基础上进行升级改造。结合2.3节中介绍的关于热点查询的分析内容，在面对热点扣减时，整个架构如图4-22所示。

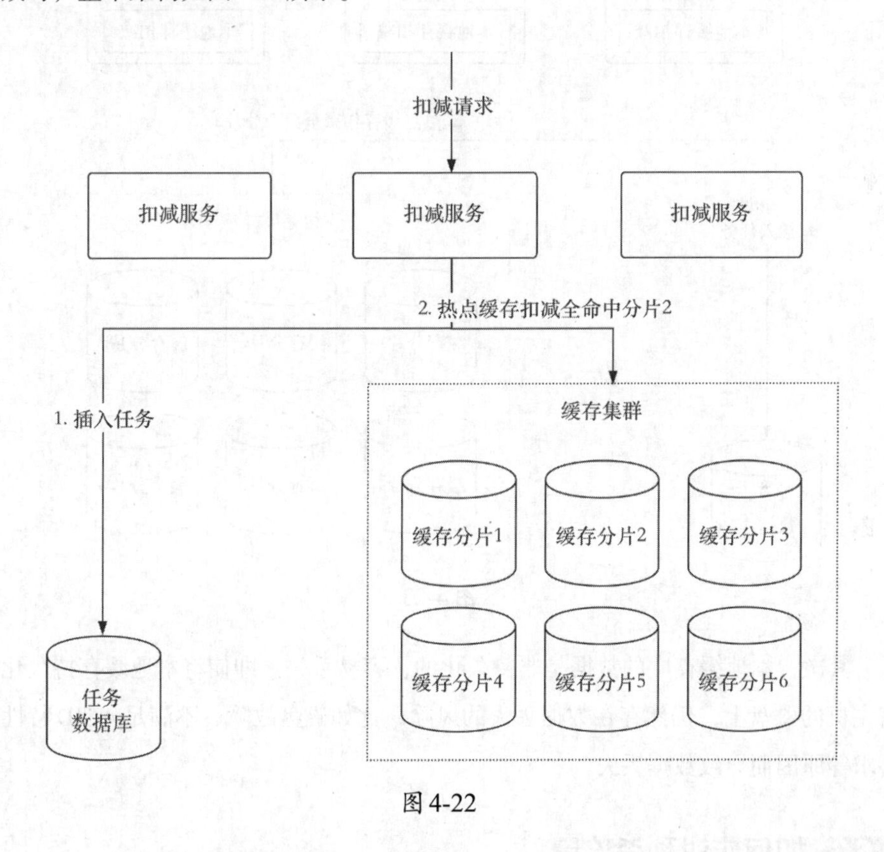

图4-22

秒杀和热点扣减所带来的技术问题是相似的，即所有的热点请求都会命中同一个存储分片。然而，直接复用增加缓存副本和使用本地缓存的方式来解决热点扣减问题是不合适的。

下面我们来具体分析一下其中的原因。

首先，热点扣减是一种写请求，每次请求都会修改商品的总数量。当商品数量减至0或当前剩余商品数量小于本次要扣减的数量时，请求会失败。然而，热点查询中的缓存副本或本地缓存只是原始分片数据的镜像，不能直接用于扣减操作。如果直接对缓存副本或本地缓存进行扣减操作，就会导致数据混乱甚至出现超卖的问题。图4-23展示了相应的架构示意图。

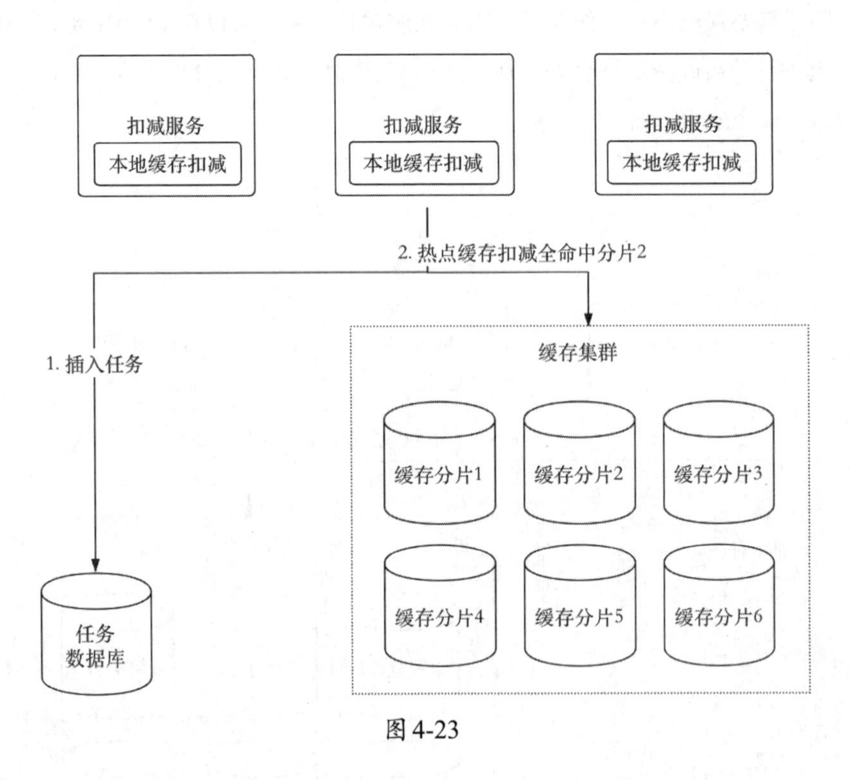

图4-23

其次，本地缓存中的数据是非持久化的，容易丢失。即使将本地缓存持久化到宿主机的磁盘上，仍然存在数据丢失的风险，比如磁盘故障、不满足ACID特性的要求等原因而导致数据丢失。

4.6.3 如何应对秒杀流量

在处理超过单分片流量上限的情况时，可以采取“流量削峰”的方式来应对。

通过对秒杀业务进行分析，可以发现虽然热点扣减带来的请求数量非常大，但每次参与秒杀的商品数量都是有限的，可能只有几百个或上千个，而热点扣减的流量可能达到上百万。

根据计算，如果秒杀到商品的概率仅为0.1%，那么其中99.9%的扣减请求都是"陪跑"请求。这些"陪跑"请求可能对用户来说只是一次简单的点击，但对正在运行的扣减服务来说却可能造成巨大冲击，导致系统崩溃。因此，我们可以通过一些预处理措施来降低"陪跑"请求的瞬时请求量，或降低其对系统的冲击，这就是流量削峰。

一、第一步进行的削峰：先做恶意用户拦截

秒杀通常是基于低价商品的营销活动，抢到商品后转售会有很大的盈利空间。因此，秒杀会吸引来大批的黄牛和黑产用户，对于这些恶意用户可以基于以下几种方式进行拦截。

（1）基于用户维度设置限制。

针对同一个账号，在一定时间窗口内限制其请求扣减的次数。超过设定的次数限制，即进行拦截并直接返回失败信息，提示商品暂时无货。这种方式可以防止恶意用户直接调用扣减接口产生的瞬间爆点流量。

（2）基于来源IP设置限制。

某些黄牛用户可能会提前预申请大量账号，因此仅依靠账号限制可能无法完全拦截。在账号限制的基础上，可以设置对于同一个IP在一定时间窗口内的扣减请求次数限制。超过该限制的请求将被拦截。

（3）增加其他用户识别维度。

除了账号和IP限制外，还可以使用其他维度来识别用户，如设备标识（如手机的IMEI、电脑的网卡地址）等。通过在限制账号和IP的基础上增加对其他维度的限制，可以更全面地拦截恶意用户。

在实现上，可以选择成熟的漏桶算法或令牌桶算法来进行限制和拦截操作。这些算法在网络上有很多介绍和开源实现，如Java中Google开源的Guava库就提供了方便实用的实现。

采用限流算法的架构如图4-24所示。

在实现限流时，通常有以下两种方式可供选择。

（1）集中式限流。

这种方式下，会设置一个总的限流阈值，并将该阈值存储在一个独立的限流应用中。当扣减应用接收到请求后，会通过远程请求限流应用来判断当前是否达到限

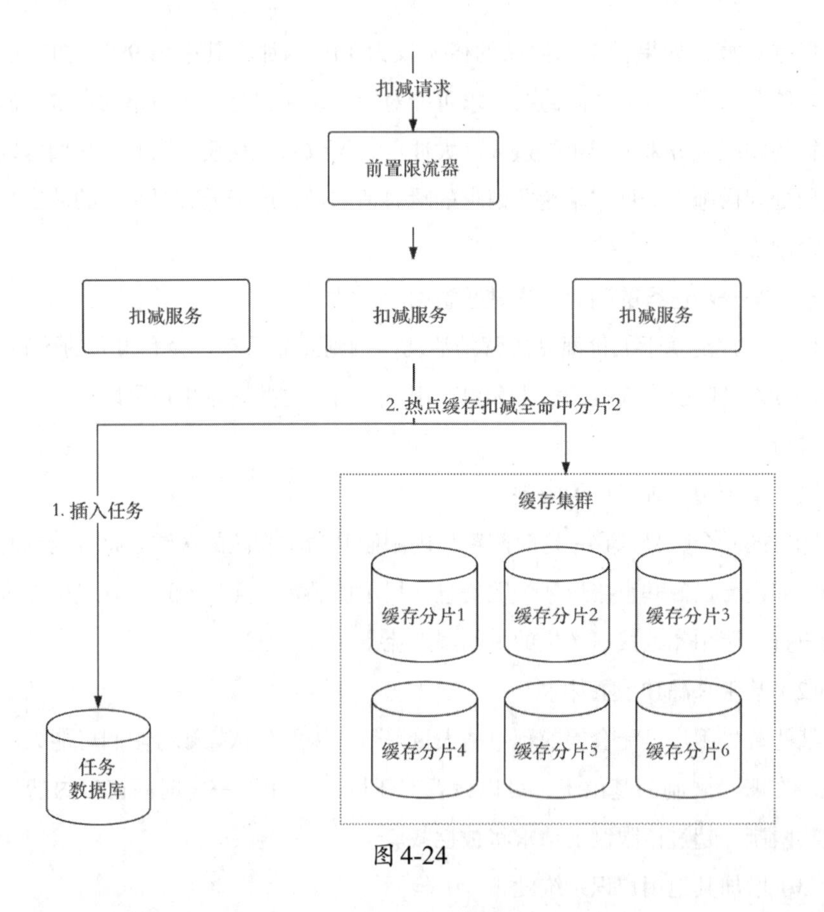

图 4-24

流值。如果达到限流值，请求将被拦截或返回失败信息。这种方式可以集中管理限流策略，并确保各个扣减应用共享相同的限流规则。

（2）单机式限流。

这种方式下，每个扣减应用都独立地设置和维护自己的限流阈值。扣减应用在接收到请求后，根据自己的限流阈值判断是否需要进行限流。这种方式下，每个应用都有自己的独立限流策略，不需要依赖于远程请求或共享的限流应用。

如果所有的扣减应用在接收到请求后，均采用远程请求限流应用的方式，来判断当前是否达到限流值，那么它的架构如图 4-25 所示。

集中式限流的最大好处是设置简单，当对整个扣减应用的集群进行极限压测后，得到了极限值，便可以基于该值，设置集群的限流阈值。但这种限流方式也带来了一些问题。

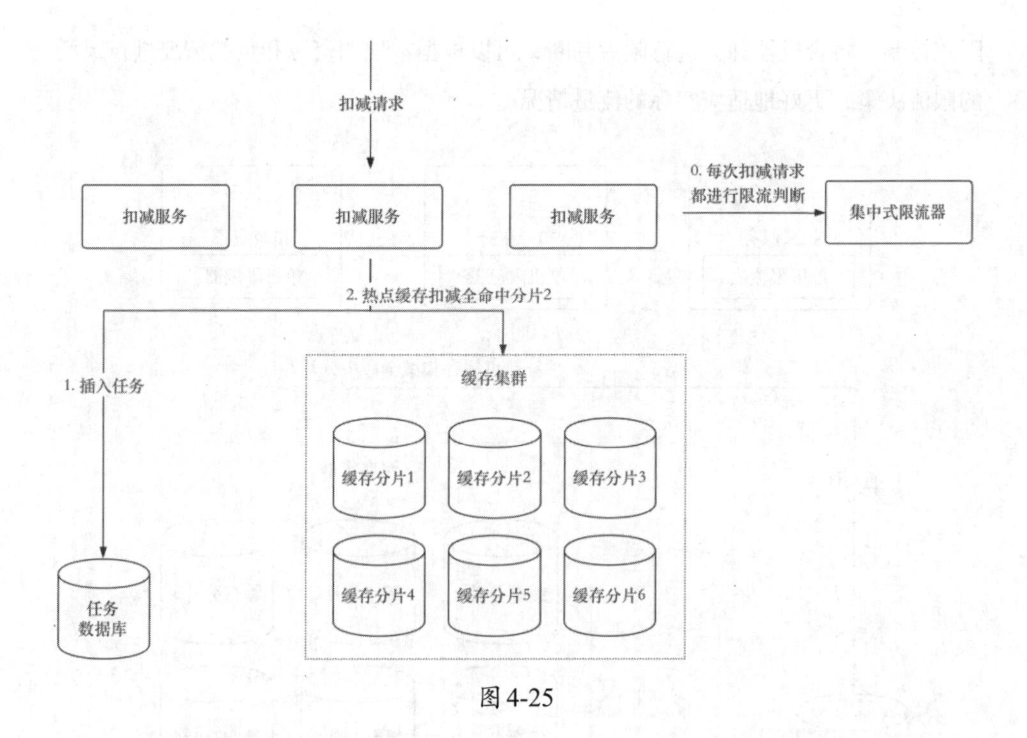

图 4-25

（1）调用远程限流服务会增加一次网络消耗，这也降低了扣减服务的性能。

（2）远程限流服务提供的限流功能并不精确，因为调用远程的扣减服务会消耗一定的时间，在这个时间区间里，可能会有大批量的热点并发涌入扣减应用，瞬间就会击垮扣减服务。

（3）如果所有的请求都要经过限流服务，如何保障限流服务高可用以及能够高效应对热点也是一个难点。

单机式限流是指将上述提到的限流阈值在管理端配置后，主动下发到每一台扣减应用中，其架构如图4-26所示。

单机式限流将限流器内置到扣减应用中，可以避免集中式限流出现的问题。然而，它也会引入其他问题。

第一，每台机器的限流值需要根据机器数量进行实时计算，并将计算后的限流值下发到每台应用机器上，同时更新扣减应用内的限流器。

第二，对于扩容的机器，需要初始化相应的单机限流器。

在实际应用中，推荐采用单机维度的限流器，因为它可以提供更精确和实时的限流控制。每台机器独立进行限流判断，可以根据本地的资源和负载情况进行灵活的限流决策，更好地适应实际的流量情况。

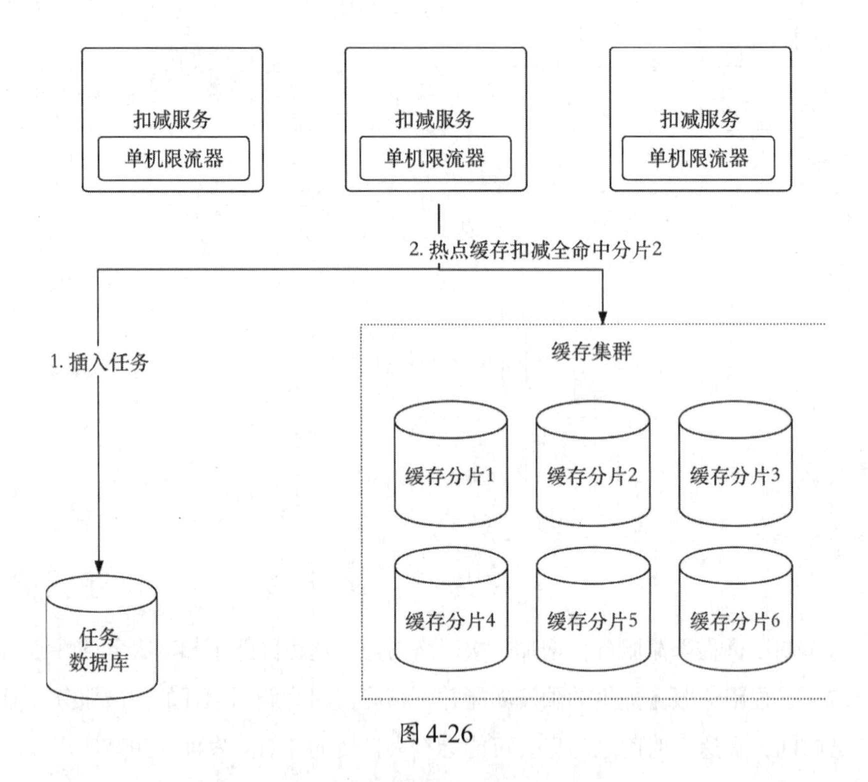

图4-26

二、第二步进行的削峰：业务层面需要设置权重等级

在实现秒杀接口时，可以根据业务规则配置相应的优先级，并设置权重等级来进行削峰。秒杀作为一种营销活动，通常具有特定的目的，比如激活长时间未下单的用户、优先让会员抢购商品、增加会员的续费意愿等。

为了实现这一目的，可以根据业务需求配置不同用户等级的优先级。例如，可以设置高优先级和低优先级的比例为10 ： 5，表示在一个时间段内（如5秒），处理10个高优先级请求（如会员用户），最多只处理5个低优先级请求。在实现上，可以使用令牌桶算法来实现。

具体而言，可以为高优先级和低优先级分别配置一个令牌桶。高优先级的令牌桶设置为10个令牌，低优先级的令牌桶设置为5个令牌。当请求到达时，首先检查对应优先级的令牌桶是否有足够的令牌可用。如果有足够的令牌，则进行扣减操作，并处理该请求；如果没有足够的令牌，则该请求被拒绝或等待下一个时间段再进行处理。

通过使用令牌桶算法和权重等级配置，可以实现对不同优先级请求的灵活控制和削峰处理，确保高优先级请求得到更快的响应和处理。这样可以满足营销活动的目标，提升用户体验，激活用户或增加会员参与的意愿。

三、第三步进行的削峰：增加一定的过滤比例

前面两种方式过滤后，热点扣减的并发量仍然非常高时，可以设置一个固定的比例来进行进一步的过滤。例如，可以设置10%的请求被前置过滤并直接返回失败消息，告知用户“抢购火爆，请稍后再试”，或者降低一部分无效请求。

过滤比例的设置可以根据预估的流量和秒杀商品的库存进行调整。例如，假设预估的流量为50万次每秒，而实际商品库存只有10个，那么抢到商品的概率只有0.002%，而抢不到的概率为99.998%。在这种情况下，只需设置过滤比例小于抢不到的概率即可。

通过增加一定的过滤比例，可以进一步降低热点请求对系统的冲击，并减少无效请求的处理。这样可以保护系统的稳定性和可用性，同时提高实际参与秒杀的用户的抢购成功率。需要根据具体的业务情况和系统负载来合理设置过滤比例，确保在保证系统正常运行的前提下，尽可能满足用户的需求。

四、第四步进行的削峰：兜底降级不可少

第四步进行的削峰是兜底降级，这是非常必要的。即使已经采取了上述的限流措施，流量仍然有可能超过单分片的承载最大值。在这种情况下，可以从技术层面上增加限流阈值。

首先，对缓存的单分片进行压力测试，以确定单分片能够承载的最大值。然后，将这个最大值乘以50%或60%，以获取缓存单分片在线上实际能够承受的最大流量值。之所以要乘以一定比例来获得实际承载最大值，是因为在压力测试时，被测试的缓存单分片的各项指标（如CPU、网络等）已经达到了极限，系统处于崩溃的边缘。为了确保系统的稳定性，线上环境的限流值不能设置为这个极限值，必须进行一定的折扣。

通过确定单分片的最大承载值，才能进行最后一步的兜底措施。兜底措施可以是降级策略。例如当流量超过单分片的最大承载值时，暂时关闭某些非核心功能或

服务，以保护系统的稳定性和可用性。这样可以防止系统过载崩溃，并确保核心功能的正常运行。

兜底降级是在其他限流措施无法满足需求时的最后手段。它是为了保护系统免受过载的影响，并确保系统在承受极端流量情况下仍能提供基本的核心功能。兜底架构如图4-27所示。

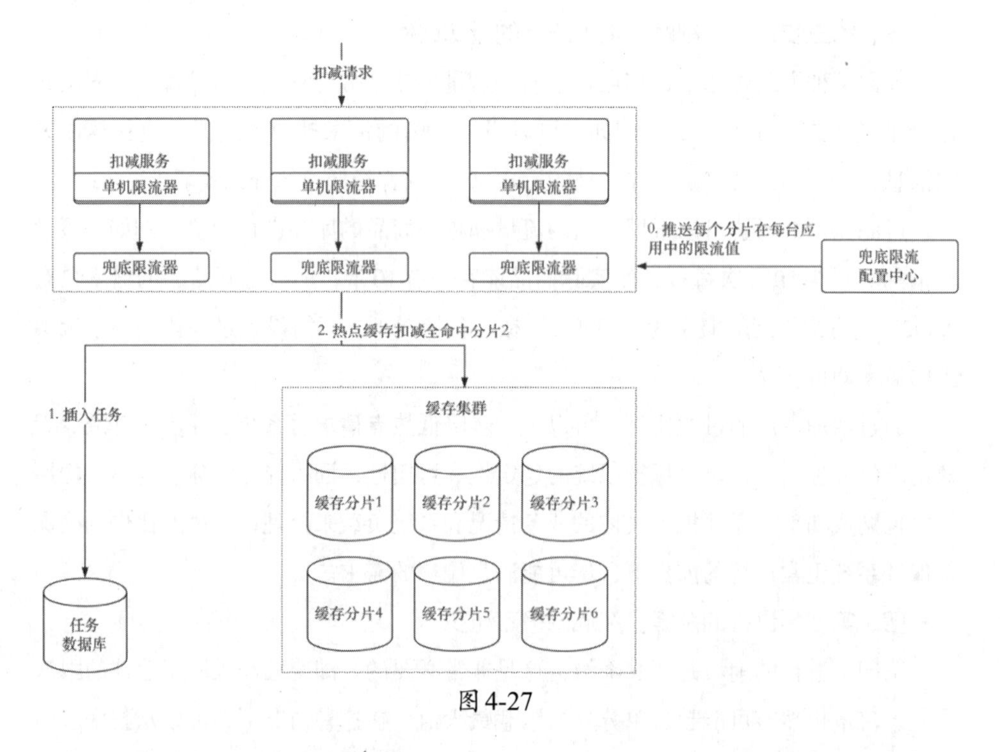

图4-27

在部署的所有扣减应用中，可以通过一个编号为0的配置中心推送每台机器需要负责的每个缓存分片的限流值（即单个缓存分片的最大承载值除以扣减应用机器数）。扣减应用可以根据上述推送的值，为每个缓存分片设置一个限流器。

这种方案需要扣减应用和缓存中间件之间有一定的耦合性，即扣减应用需要确定当前请求属于哪个缓存分片。在实现上，可以利用缓存中间件提供的路由算法工具来计算请求所属的分片标识号。一旦获取到分片标识号，就可以获取对应的限流器，并对请求进行限流处理。

通过上述方式，即使出现流量超出预期的情况，兜底策略也能够保证秒杀业务能够正常运行，并确保系统不会因为过载而崩溃。

这种方式的好处是能够根据实际情况动态调整每个扣减应用的负载，使得系统在承受高并发的情况下能够更加均衡地处理请求。同时，通过限流器的设置，可以保护每个缓存分片不会被过多的请求压垮，从而维持整个系统的稳定性。

五、最后一步进行的削峰：售完的商品需前置拦截

对于秒杀商品在瞬间售完后的情况，可以将商品的无货状态记录在本地缓存中。在进行秒杀扣减之前，可以先在本地缓存中进行判断，如果商品已经无货，直接返回无货的响应即可，无须进行后续的扣减操作。

但是为了确保无货状态的准确性，当商品售罄时，需要及时更新本地缓存中的无货标记。这可以通过与后端系统进行及时通信或者定时更新的方式来实现。并且，在进行秒杀扣减时，仍然需要考虑并发请求的情况，确保本地缓存的无货标记在并发环境下的一致性和正确性。

通过将无货标记记录在本地缓存中，并在秒杀扣减前进行判断和处理，可以有效优化系统的性能和资源利用，并提供更好的用户体验。这种方案适用于秒杀商品售罄后的场景，并能够快速响应用户请求，减轻后端系统的负担。

4.6.4 水平扩展架构升级方案

通过上述几种限流的组合，可以有效应对秒杀的热点流量，但这些方式可能会牺牲一定的用户体验，比如按比例过滤用户请求或按缓存分片过滤用户请求等。

为了减少这种有损体验，可以在上述方案的基础上进行一些升级和优化，如图4-28所示。

在上述架构中，可以按照缓存分片的数量平均分配秒杀库存，每个缓存分片存储一份库存。例如，假设某个商品（记为SKU1）的秒杀库存为10，而当前部署的缓存分片数量为10个，那么每个分片中存储该SKU1的库存数量可以为1，并分别使用类似于“SKU1_1”、“SKU1_2”、…、“SKU1_10”的键来存储。

在处理秒杀请求时，不再固定命中某个特定的缓存分片，而是每次请求时轮询命中缓存集群中的每个缓存分片。

通过将秒杀商品的库存前置散列到各个缓存分片中，可以将原本只能使用一个缓存分片的热点扣减操作升级为多个分片同时操作，从而提高系统的吞吐量。

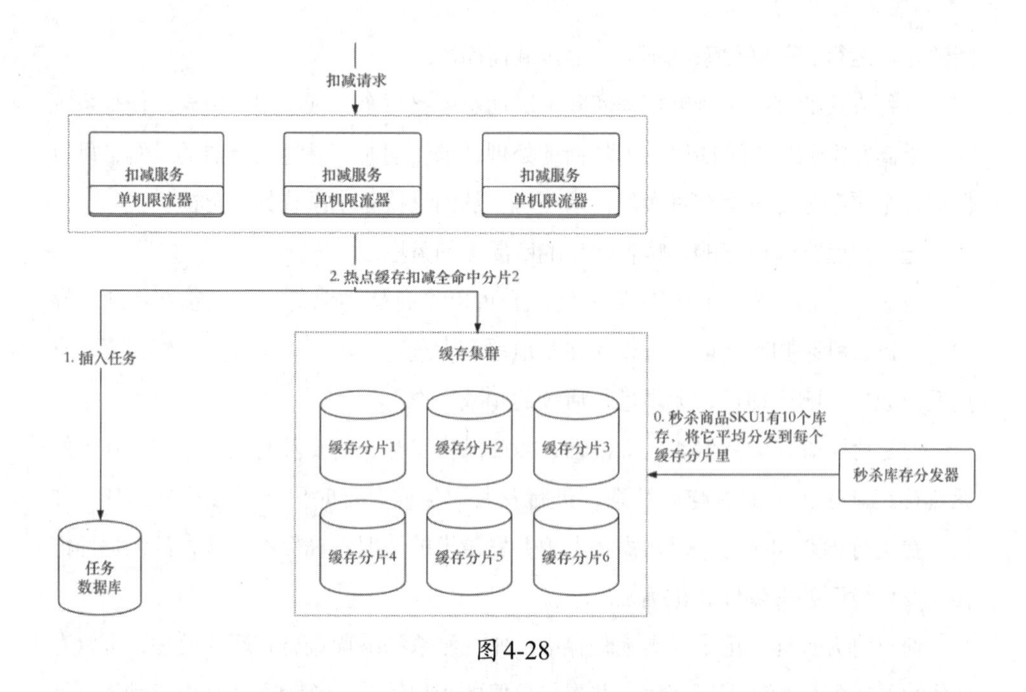

图4-28

除了之前介绍的方式，还有几个方式可以在秒杀场景中应用。

首先，是前端静态资源的前置缓存。在秒杀开始之前，焦急的用户会频繁刷新页面，以确定秒杀是否已经开始，以免错过秒杀的时间。这样的页面刷新实际上是热点查询的行为，可以借鉴应用内的前置缓存方法来解决。对于前端页面所涉及的静态数据，如JavaScript脚本、CSS样式、图片等，可以利用CDN来提升性能和缓解服务器压力。将这些静态资源缓存在CDN上，可以使用户从离自己较近的CDN节点获取这些资源，减少对后端服务器的请求，提高页面加载速度，并提升用户体验。

其次，业务上隔离。秒杀与正常的购物是有区别的，它是在短时间内抢购某一商品。在应对策略上，可以根据其业务特点进行定制，降低系统的压力。正常的网上购物流程是用户先选购多个商品，加入购物车后再提交订单并进行库存扣减。对于秒杀，可以定制它的前台页面，开发单独的秒杀页面。秒杀开始后，跳过添加购物车的过程，直接提交订单。这样设计，有以下几个好处。

（1）跳过购物车直接提交订单，增加了用户抢购到商品的概率，提升了用户体验。

（2）业务流程跳过购物车，也降低了热点并发对于购物车后台系统的压力，提升了整体后台系统的稳定性。

（3）秒杀商品直接提交订单时，就只会秒杀这一个商品，这对于扣减应用的稳定性有极大的保障。一次扣减只有一个商品相比一次扣减有十几个商品，在性能、网络带宽的消耗、对于扣减服务的资源占用（如CPU、内存）等方面都有更大的节约。

最后，可以在部署层面进行隔离。在完成前面提到的业务隔离后，可以进一步在机器部署上采取措施，即针对秒杀涉及的后端应用模块和存储，进行单独的部署隔离。通过这种方式，可以更好地应对秒杀活动，并减少秒杀的热点并发流量对原有扣减模块的影响。通过独立部署秒杀相关的模块，可以更灵活地进行资源分配和扩展。例如，根据秒杀活动的特点，针对性地调整和优化后端应用和存储的配置，以提高并发处理能力和响应速度，确保秒杀活动的顺利进行。再者，由于秒杀活动通常会引发高并发访问，瞬时流量会有很大的波动。通过将秒杀活动与其他业务隔离，可以降低对整个系统的风险。即使秒杀活动出现异常或崩溃，也不会对其他业务产生连锁反应，保护了整个系统的稳定性和可用性。

第5章 分布式原理

5.1 面试官：请阐述你如何理解与CAP有关的分布式理论？

CAP（Consistency、Availability、Partition Tolerance）理论是分布式系统设计中的重要理论之一，与CAP相关的问题也是面试中的常见考点。

对于回答此类理论问题，只是简单说明CAP的三要素是远远不够的，面试者可以从以下思路去分析和回答。

（1）问题分析。

为了在面试中更好地回答与CAP理论相关的问题，首先，要对CAP的原理、实践经验和技术认知有较为熟练的掌握。然后，结合具体的面试问题进行深入分析和回答。这样的回答能够展示面试者对分布式系统的深入理解和相关的技术能力，给面试官留下一个好的印象。

（2）打动面试官的回答方式。

根据CAP理论，在网络分区时无法同时满足一致性、可用性和分区容错性。在无网络分区时，CAP理论没有明确的权衡因素。实际分布式系统设计中需根据业务场景和需求权衡CAP三因素，并可参考PACELC模型。BASE理论基于CAP理论，指导设计实践，包括基本可用、软状态和最终一致性。在面试中展示对CAP和BASE理论的深入理解、实践经验以及综合能力和解决问题的思考逻辑，能给面试官留下深刻印象。

（3）如何通过BASE理论来指导设计实践。

BASE理论指导设计实践时，关键在于权衡数据的一致性和系统可用性。基本可用确保核心功能始终可用，软状态允许数据处于中间状态，最终一致性通过异步或延迟实现。在面试中，通过实际案例展示对BASE理论的理解和应用，说明如何在设计中权衡可用性和一致性，优化系统性能和用户体验，展示解决问题的思考逻辑和实践经验。

下面将展开讨论上述内容。

5.1.1 问题分析

CAP理论是分布式系统中最核心的基础理论，虽然在面试中，面试官不会直白地问CAP理论的原理，但是在面试中遇到的分布式系统的设计问题，都绕不开面试者对CAP的理解和思考。

另外在面试中，针对面试不同岗位的面试者，面试官的要求也会不一样，要求回答的深度也不一样。所以接下来一起来分析面对此问题时的回答思路。

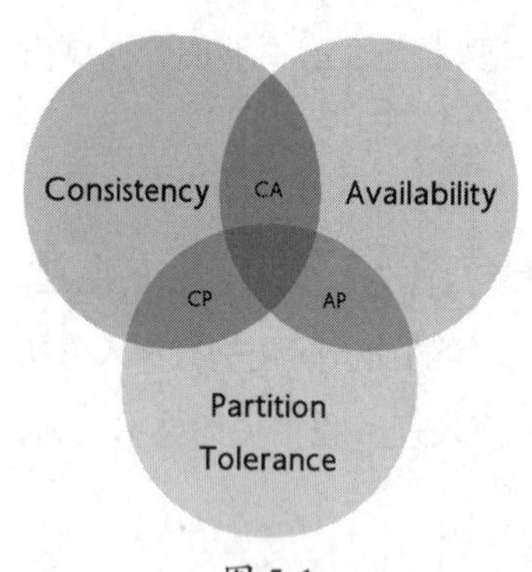

图 5-1

CAP理论是一个重要的理论，在分布式系统中起着关键作用。C代表一致性，A代表可用性，P代表分区容错性。根据CAP理论，在分布式系统中，C、A、P三者不能同时得到满足，因此需要在C和A之间做出取舍，三者的组合关系如图5-1所示。

如果要保证服务的可用性，就选择AP模型，即在分区发生时，系统仍然可以继续提供服务，但数据可能不一致。如果要保证一致性，就选择CP模型，即在分区发生时，系统会停止服务以保证数据一致性。

然而，仅仅对CAP理论有表面的概念性阐述并不能证明面试者的能力。在面试中遇到CAP理论相关的问题时，面试官更希望看到面试者对CAP原理的深入理解、实践经验和技术认知，并能结合具体的面试题进行具体分析。

因此，为了在面试中更好地回答与CAP理论相关的问题，面试者需要先掌握CAP的原理、实践经验和技术认知，然后结合具体的面试题进行深入分析和回答。这样的回答能够展示面试者对分布式系统的深入理解和相关的技术能力，给面试官留下一个好的印象。

5.1.2 打动面试官的回答方式

在分布式系统中，网络分区是常见但并非绝对存在的情况。尽管大多数时候网络是正常的，但在某些情况下，由于网络故障或其他原因，分布式系统中的节点无法互相通信，因此导致网络分区的出现。

CAP理论被广泛应用于这种网络分区存在的情况下，用于权衡数据一致性（C）和可用性（A）之间的关系。然而，在没有网络分区的情况下，CAP理论并没有明确的权衡因素。

在实际的分布式系统设计中，我们需要根据具体的业务场景和需求来权衡CAP的3个因素。CAP理论提供了指导，但并不意味着我们必须在A、C和P之间做出绝对选择。当网络没有分区时，数据同步的延迟成为衡量可用性和一致性最重要的因素之一。在这种情况下，我们需要综合考虑实际业务需求，并根据数据同步的延迟来做出权衡决策，而不是简单地选择AP模型或CP模型。

为了更好地应对网络分区的情况，并在没有网络分区时进行权衡，出现了一种新的模型，即PACELC模型。PACELC模型在CAP理论的基础上进行了优化。根据PACELC模型的定义，在网络分区发生时，系统必须在可用性（A）和一致性（C）之间取得平衡；而在无网络分区的情况下，系统需要在延迟（L）和一致性（C）之间取得平衡，模型原理如图5-2所示。这种模型考虑了网络分区和无网络分区情况下的权衡需求，为分布式系统的设计和实践提供了更加全面的指导。

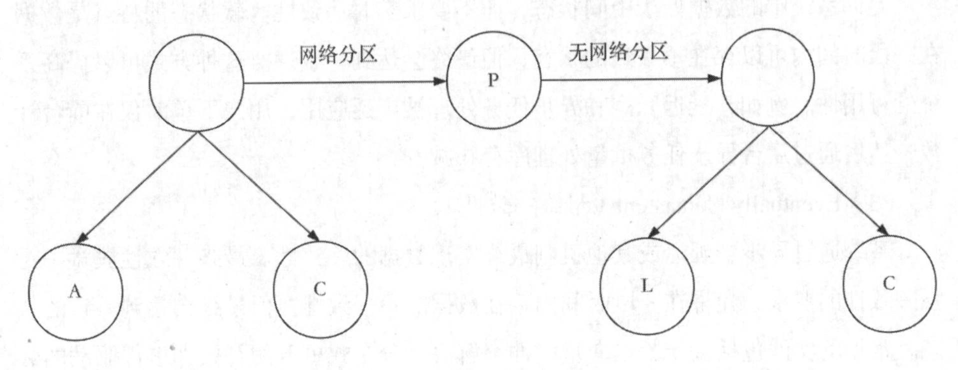

图5-2

所以，CAP理论在实际应用中需要根据具体情况进行权衡，并且PACELC模型提供了更加细致的指导，使得系统设计更加符合实际需求。在面试中，对CAP理论的理解和能够提供实际案例的讨论将有助于展示面试者对分布式系统设计的深入认识和技术能力。但理解到这个程度还不够，还需要结合落地经验进行证明。

5.1.3 如何通过BASE理论来指导设计实践

当设计互联网分布式系统时，需要权衡数据一致性和系统可用性，并意识到它们不是完全对立的关系。即使无法实现强一致性（即所有用户在任何时刻都查询到最新数据），我们也可以根据业务特点采用适当的方式来实现最终一致性。

在这种情况下，我们可以借助BASE理论来指导设计实践。BASE是Basically Available（基本可用）、Soft State（软状态）和Eventually Consistent（最终一致性）的缩写，它是对CAP理论的延伸，对分布式系统设计具有指导作用。

在实际项目中，通过BASE理论指导设计实践的关键在于理解并应用以下原则。

（1）Basically Available（基本可用）。

确保系统的核心功能基本可用。这意味着在面对高负载或异常情况时，系统可以通过关闭次要功能或进行服务降级等方式来保证核心功能的可用性。例如，电商网站在双十一等高访问压力时关闭商品排行榜等次要功能，以确保交易主流程的可用性。

（2）Soft State（软状态）。

允许系统中的数据处于中间状态，而不要求实时一致性。软状态的特点是数据在一段时间内可以存在不一致的状态，但最终会达到一致性。这种方式可以提高系统的可用性。例如，延迟队列和异步任务处理被广泛应用，用户下单时仅在前台计数，然后通过后台异步任务批量处理库存扣减。

（3）Eventually Consistent（最终一致性）。

系统通过异步、延迟或其他机制最终实现数据的一致性。最终一致性放宽了对强一致性的要求，允许在一段时间内存在数据的不一致性，但最终会达到一致的状态。常见的实践包括基于版本向量的冲突解决、分布式事务的补偿和事件驱动的数据同步。

在回答面试问题时，可以结合具体的实际项目经验，展示对CAP和BASE理论的深入理解和应用能力，强调如何在设计中权衡可用性和一致性，并采取相应的策略来优化系统性能和用户体验。此外，还可以展示自己的思考和解决问题的逻辑，以及将理论应用于实践的能力。这样的回答将体现出面试者的综合能力和实践经验，给面试官留下深刻的印象。

5.2 面试官：如何设计支持海量商品存储的高扩展性架构

在面试过程中，面试官提出"如何设计支持海量商品存储的高扩展性架构"的问题，旨在考查面试者对分布式系统设计和扩展性方面的理解。这类问题需要面试者能够展示对分布式存储、分片和分布式索引等关键概念的掌握，并能结合实际经验提供合理的设计思路。

面试者在回答海量商品存储下分布式系统的原理性问题时，可以基于以下思路。

（1）如何设计一个支持海量商品存储的高扩展性架构。

为了设计一个支持海量商品存储的高扩展性架构，可以采用数据分片和数据复制的方法。数据分片将商品数据按照一定规则分散存储到多个存储节点上，以降低单节点的负载压力。同时，为了确保高可用性，需要对数据进行复制，创建数据的副本。在面试中，面试者可以解释哈希分片和范围分片的概念，并提及一致性协议的重要性，以保证数据的一致性和系统的正确运行。

（2）分库分表时，基于Hash取模和Range分片如何实现。

向面试官详细阐述基于两种方式的实现方案和适用场景。

Hash分片方案通过使用Hash函数将数据按照关键字进行分片，并将其分布到多个存储节点上，实现数据的水平扩展和负载均衡。Range分片方案则根据某个字段的范围将数据分配到不同的分片中，提供更灵活的节点扩展和收缩。在设计分片策略时，需要考虑扩展性、数据迁移和数据均衡等因素，选择适合具体场景的方案。

（3）在电商大促时期，如何对热点商品数据做存储策略。

在电商大促期间，处理和存储热点商品数据的高并发访问是关键挑战。为此，可以向面试官详细说明采用缓存热点数据、分片热点数据、数据预热和预加载、异步处理和批量操作、动态调整分片等策略，提高系统性能和可扩展性。

（4）强一致性和最终一致性的数据共识算法是如何实现的。

强一致性和最终一致性是处理分布式系统数据一致性的两种不同模型。强一致性追求严格的数据一致性，常用的算法包括Paxos和Raft，通过协商和复制机制实现节点间的数据一致性。最终一致性则允许在一段时间内存在数据的不一致性，最终一致性的实现方式可以包括Gossip协议和基于版本向量或向量时钟的冲突解决机制，通过消息传播和合并策略最终达到一致状态。选择哪个模型取决于系统需求和性能要求，强一致性适用于分布式事务和数据库复制，而最终一致性适用于大规模分布式系统和内容分发网络。

下面将展开讨论上述内容。

5.2.1 如何设计一个支持海量商品存储的高扩展性架构

一、案例分析

在互联网业务场景下，为了解决单台存储设备的局限性，数据通常会被分布到多个存储节点上，实现数据的水平扩展。这就引入了数据分片的问题，即按照一定规则将数据路由到相应的存储节点中，以降低单节点的读写压力。常见的实现方案有Hash（哈希）分片和Range（范围）分片。

数据分片后，为了保证高可用性，通常需要对数据进行复制，即创建数据的副本。副本是分布式存储系统解决高可用的关键手段，常用的方式是主从模式，也称为master-slave。在主从模式中，设置主节点和从节点，当主节点发生故障时，从节点可以替代主节点提供服务，确保业务的正常运行。

然而，当从节点替代主节点时，涉及数据一致性的问题，即只有在主从节点的数据达到一致的情况下，才能进行主从替换。

为了解决数据一致性的问题，需要采用一致性协议，其中包括两阶段提交协议（Two-Phase Commit，2PC）、Paxos协议、Raft协议和Gossip协议等。这些协议能够确保数据在分布式系统中的一致性，从而保证系统的正确运行。

因此，分布式数据存储涉及数据分片、数据复制及数据一致性等问题。在面试中，这些问题经常作为高频的考查点，面试者需要对这些问题有清晰的理解，并能够展示对相关概念和协议的掌握。

二、案例解答

面试官往往会将很多技术方案的问题串联到具体的场景中，以具体的场景设问，比如“假设你是一家电商网站的架构师，现在需要对原有单点存储上的百GB商品数据进行重构，将其存储到多个节点上，你会如何设计存储策略？”

针对商品存储的扩容设计问题，一种常见的方案是进行数据的分库分表，即重新设计数据的分片规则。在这种情况下，常用的分片策略有Hash分片和Range分片。

5.2.2 分库分表时，如何基于Hash取模和Range分片实现

一、Hash分片方案

下面以Hash分片为例来探讨其具体实现原理。

假设商品表包括主键、商品ID、商品名称、所属品类和上架时间等字段。我们可以以商品ID作为关键字进行分片，系统通过一个Hash函数计算商品ID的Hash值，然后取模，得到对应的分片。假设我们有4个存储节点，可以使用模4的Hash函数（即商品ID % 节点个数）来计算每个数据应该存入的节点。

举个例子，假设有一个商品ID为123456的数据需要存储。通过计算“123456 % 4”的结果，可以得到2，表示该数据应该存入节点C。同样地，对于其他商品ID的数据，根据Hash计算结果来确定对应的存储节点，比如计算结果为0的数据存入节点A，计算结果为1的数据存入节点B，计算结果为3的数据存入节点D。

通过这种Hash分片的设计，可以将商品数据均匀地分布到多个存储节点上，实现数据的水平扩展和负载均衡。然而该方案存在扩展性方面的限制。当节点数量发生变动时，需要重新计算Hash值并进行大规模的数据迁移，这可能会导致数据迁移的复杂性和性能开销。

二、Range分片方案

为了解决Hash分片的扩展性问题，可以考虑引入一种更灵活的分片策略，如Range分片。Range分片允许根据某个字段的范围将数据分配到不同的分片中，而不是简单地通过Hash函数计算。这种方式使得节点的扩展和收缩更加灵活，不会

导致大规模数据迁移的问题。具体实现时，可以根据商品ID的范围将数据划分到不同的节点上，比如将商品ID从1到10000的数据存储在节点A上，将商品ID从10001到20000的数据存储在节点B上，以此类推。

Range分片的优势在于节点的扩展和收缩更加方便，不需要重新计算Hash值，只需调整范围即可。然而，Range分片也可能带来一些挑战，如数据不均匀分布和范围调整时的数据迁移问题。因此，在设计分片策略时需要综合考虑系统的需求和实际情况，权衡各种方案的优缺点。

在面试中，当面试官问存储策略的扩展性问题时，面试者可以提及Range分片作为一种可行的方案，并解释其优点和注意事项。这样能够展示面试者对分布式系统设计的深入思考和对不同分片策略的理解。

5.2.3 在电商大促时期，如何对热点商品数据做存储策略

在电商大促期间，热点商品数据的高并发访问是一项关键挑战。为了有效处理和存储热点商品数据，可以采用以下存储策略。

（1）缓存热点数据。

使用缓存层作为一个中间存储，可以显著提高热点商品数据的读取性能和响应速度。缓存层通常采用内存存储，如Redis，它能够提供快速的读取和写入操作。在电商大促期间，可以通过监控工具或日志分析来识别热点商品数据，如浏览次数、销售量或用户行为等指标。一旦识别出热点商品，就可以将其数据加载到缓存中，以便快速访问。

（2）分片热点数据。

对于热点商品数据，可以采用Range分片策略来集中存储和处理。首先，根据热点数据的特征（如商品ID范围），将热点商品数据划分到较少的存储节点上，如可以将热点商品数据划分到具有更高性能和更大存储容量的节点上。系统可以更集中地处理热点数据的读写请求，提高性能。

（3）数据预热和预加载。

在电商大促前，可以通过预测和分析历史数据，预先加载热点商品数据到缓存中，避免在高并发期间由于热点数据的突发访问而导致的性能问题。预热可以通过后台任务或定时作业来完成。在预热过程中，可以使用批量读取和写入的方式，以

提高预热操作的效率。

（4）异步处理和批量操作。

在处理热点商品数据的写入操作时，采用异步处理和批量操作的方式提高写入性能。将多个写入请求合并为批量操作，并通过异步任务或消息队列进行处理，减少频繁的数据库写入操作，提高系统的并发处理能力。在异步任务或消息队列中，按照一定的规则进行数据的合并和排序，确保数据的一致性和正确性。

（5）动态调整分片策略。

为了适应热点商品数据的变化和访问模式，可以动态调整分片策略。通过实时监控热点数据的访问情况和负载情况，进行动态的分片调整，使其均匀地分布热点数据到多个存储节点上，避免某个节点成为瓶颈。动态调整分片策略可以使用自动化脚本或监控系统来实现，根据实时数据和负载情况进行分片的重新平衡和迁移。

这些策略涉及缓存层、分片策略、预加载、异步处理和动态调整等技术概念，可以帮助大家在实际项目中应用这些概念，以提高系统的性能和可扩展性。

5.2.4 强一致性和最终一致性的数据共识算法是如何实现的

一、实现原理

强一致性和最终一致性是两种不同的数据共识算法，用于处理分布式系统中的数据一致性问题。这两种算法的实现原理如下。

（1）强一致性算法。

强一致性算法旨在确保系统中的所有节点在任何时刻都具有相同的数据视图，具备严格的数据一致性。

- Paxos算法：Paxos是一种经典的强一致性算法，通过多个阶段的协商来达成一致。在Paxos算法中，有提议者和接受者两种角色。提议者负责提出新的数据更新请求，而接受者负责接受或拒绝提议，并将结果通知给提议者和其他参与者。Paxos算法的核心是达成多数派的共识，即大多数节点必须同意才能接受提议。通过多轮的准备和接受阶段，Paxos算法最终达成一致的结果。
- Raft算法：Raft算法是一种相对于Paxos算法更易理解和实现的强一致性算法。Raft算法将系统中的节点分为领导者、跟随者和候选者3种角色。Raft

算法通过选举机制选出一个领导者，领导者负责接收客户端的请求，并复制日志到其他节点。当领导者失效时，会通过选举重新选择新的领导者。Raft算法通过心跳机制和日志复制来保证数据一致性，领导者会定期发送心跳信号和日志条目给跟随者，跟随者则进行相应的确认和复制。

（2）最终一致性算法。

最终一致性算法关注的是系统在一段时间后达到一致的状态，即允许在一定时间内存在数据的不一致性，但最终会收敛到一致的状态。

- Gossip协议：Gossip协议是一种用于最终一致性的分布式协议。在Gossip协议中，每个节点通过随机选择其他节点进行信息传播。节点之间通过交换消息来传递自己的状态和更新，这些消息会在网络中扩散。当节点收到来自其他节点的消息时，会将其应用于本地状态，并继续将消息传播给其他节点。通过多次的消息交换和传播，系统中的节点逐渐收敛到一致的状态。Gossip协议具有去中心化、高度可扩展和容错性强的特点。
- 基于版本向量或向量时钟的冲突解决：最终一致性算法中常使用基于版本向量或向量时钟的冲突解决机制。这些机制用于跟踪数据的更新历史和解决并发冲突。版本向量用于记录每个节点的数据版本信息，节点之间通过比较版本向量来确定最新的数据版本，并进行合并。向量时钟是一种用于记录事件先后顺序的数据结构，节点之间通过比较向量时钟来解决并发冲突。

通过以上算法，强一致性和最终一致性可以在分布式系统中实现数据一致性。强一致性算法，如Paxos和Raft通过多轮的协商和复制机制来保证节点之间的数据一致性。最终一致性算法，如Gossip协议和基于版本向量或向量时钟的冲突解决机制则通过消息传播、合并和冲突解决策略来实现最终一致性。这些算法都具备不同的特点和适用场景，选择什么算法取决于系统的需求和性能要求。

二、适用场景

强一致性算法和最终一致性算法在分布式系统中的适用场景有所不同。下面是它们的一些典型应用场景。

强一致性算法的适用场景。

（1）分布式事务。

当需要保证多个节点之间的数据一致性时，强一致性算法非常适用。例如，金融系统中的转账操作，需要确保转账前后的账户余额是一致的。

（2）数据库复制。

在数据库复制场景中，强一致性算法可以确保主数据库和备份数据库之间的数据一致性。这对于关键业务数据的高可用性和持久性是至关重要的。

（3）分布式锁和协调。

当多个节点需要协调执行某个操作或访问共享资源时，强一致性算法可以用于实现分布式锁和协调服务。这种场景下需要确保只有一个节点能够获取到锁或访问资源。

最终一致性算法的适用场景。

（1）大规模分布式系统。

在大规模分布式系统中，强一致性算法可能会带来较高的延迟和复杂性。而最终一致性算法可以提供更好的可扩展性和性能，适用于互联网规模的应用。例如，社交网络中的消息传递和动态更新，可以容忍短暂的数据不一致性。

（2）CDN。

CDN系统中涉及大量的缓存节点，最终一致性算法可以用来确保不同节点之间的缓存内容的一致性。节点之间通过异步的方式进行数据同步，以提供更好的性能和可用性。

（3）基于事件驱动的系统。

在事件驱动的系统中，最终一致性算法可以用于处理事件流和状态变更。系统通过异步的方式处理事件，最终达到一致的状态。这种场景下，数据的实时性要求相对较低，而系统的可扩展性和容错性更为重要。

强一致性算法和最终一致性算法并非对立的选择，而是根据具体的应用场景来选择合适的一致性算法。在实际系统中，通常需要综合考虑性能、可用性、延迟等方面的需求来做出决策。

5.3 面试官：海量并发场景下，如何实现分布式事务的一致性？

在互联网分布式场景中，原本一个系统被拆分成多个子系统，要想完成一次写入操作，需要同时协调多个系统，这就带来了分布式事务的问题。

面试者在回答海量并发场景下的分布式事务一致性问题时，可以基于以下思路。

（1）分布式事务产生的原因。

水有源、树有根，分布式事务也有原因。首先，可以向面试官阐述分布式事务产生的原因。

在分布式系统中，为了提高系统的性能、扩展性和容错性，常常会对存储层和服务层进行拆分。这样一来，多个服务之间就需要进行数据交互和操作，可能涉及多个数据库或者分布式存储系统。在这种情况下，分布式事务的一致性就成为一个重要的挑战。接下来，可以继续介绍解决方案。

（2）基于两阶段提交的解决方案。

两阶段提交是经典的分布式事务协议，面试者可以对其工作原理和存在的问题进行详细阐述。例如，它存在阻塞等待和单点故障的缺陷，导致在高并发场景下性能下降，并出现可用性问题。

（3）基于三阶段提交的解决方案。

为了解决两阶段提交的问题，出现了三阶段提交。三阶段提交在两阶段提交的基础上引入了超时机制，减少阻塞等待的时间，提高系统的可用性。可以通过对比二阶段提交和三阶段提交的异同点，重点说明三阶段提交的改进措施。

（4）基于MQ的最终一致性方案。

说明二阶段提交和三阶段提交的低效，强调在海量并发场景下，可以采用基于消息队列的最终一致性方案。该方案将分布式事务拆分为多个子事务，并使用消息队列作为中间件，将事务操作请求转化为消息发送到消息队列中，各个服务根据消息队列中的消息进行异步处理，遵循最终一致性原则。通过合理的设计和配置，基于消息队列的最终一致性方案可以在高并发场景下实现分布式事务的一致性，并提高系统的性能和可伸缩性。

下面将展开讨论上述内容。

5.3.1 分布式事务产生的原因

- 在实际开发中，分布式事务产生的原因主要来源于存储层和服务层的拆分。

一、存储层拆分

存储层拆分，最典型的就是数据库分库分表，一般来说，当单表容量达到千万级时，就要考虑数据库拆分，从单一数据库变成多个分库和多个分表，效果如图5-3所示。在业务中如果需要进行跨库或者跨表更新，同时要保证数据的一致性，就产生了分布式事务问题。

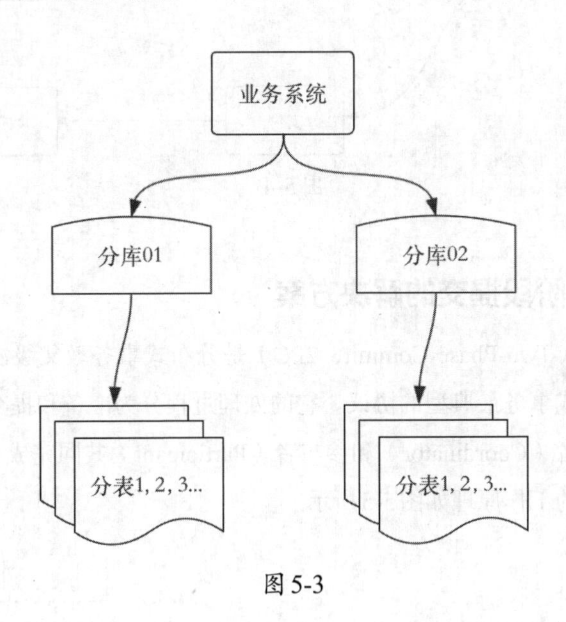

图5-3

二、服务层拆分

服务层拆分也就是业务的服务化，系统架构的演进是从集中式到分布式，业务功能之间越来越解耦合。例如，电商网站系统，业务初期可能是一个单体工程支撑整套服务，但随着系统规模进一步变大，大多数公司都会将核心业务抽取出来，作为独立的服务。商品、订单、库存、账号信息都提供了各自领域的服务，业务逻辑的执行散落在不同的服务器上。

用户如果在某网站上进行一个下单操作，那么会同时依赖订单服务、库存服务、支付服务，依赖关系如图5-4所示。这几个操作如果有一个失败，那下单操作也就完不成，这就需要分布式事务来保证了。

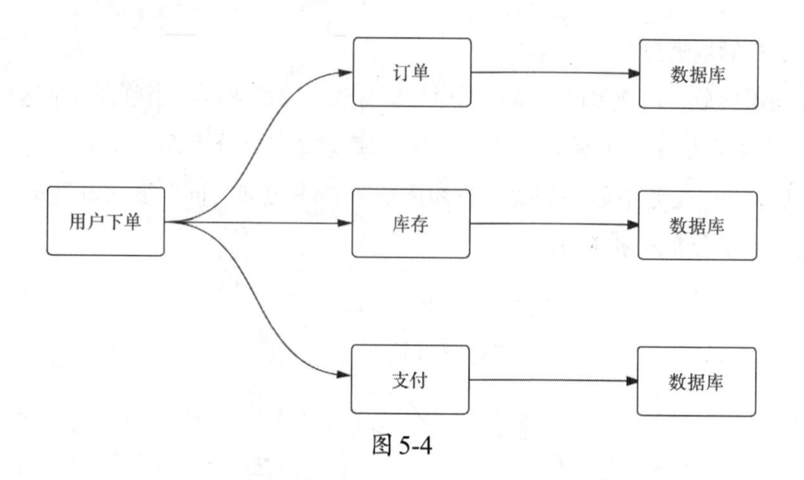

图 5-4

5.3.2 基于两阶段提交的解决方案

两阶段提交（Two-Phase Commit，2PC）是分布式事务教父级协议，它是数据库领域解决分布式事务最典型的协议。它的处理过程分为准备和提交两个阶段，每个阶段都由协调者（Coordinator）和参与者（Participant）共同完成。

两阶段提交的工作原理如图 5-5 所示。

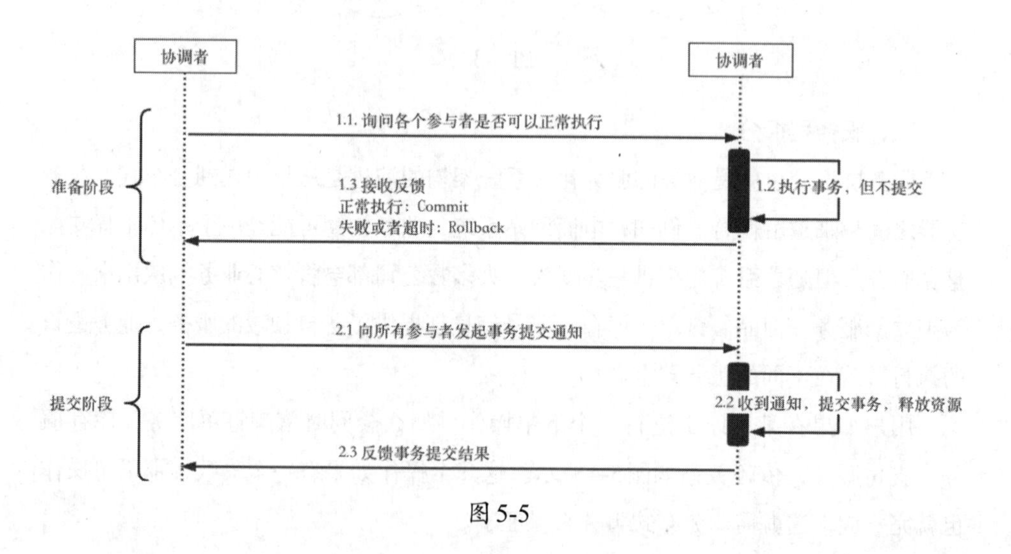

图 5-5

（1）准备阶段。

在准备阶段，协调者将通知事务参与者准备提交事务，然后进入表决过程。在表决过程中，参与者将告知协调者自己的决策：同意（事务参与者本地事务执行成功）或取消（本地事务执行故障），在第一阶段，参与节点并没有进行Commit操作。

（2）提交阶段。

在提交阶段，协调者将基于第一个阶段的投票结果进行决策：提交或取消这个事务。这个结果的处理和基于半数以上投票的一致性算法不同，必须当且仅当所有的参与者都同意提交，协调者才会通知各个参与者提交事务，否则协调者将通知各个参与者取消事务。

参与者在接收到协调者发来的消息后将执行对应的操作，也就是本地Commit或者Rollback。

两阶段提交存在的问题如下。

- 资源被同步阻塞：在执行过程中，所有参与节点都呈事务独占状态，当参与者占有公共资源时，那么第三方节点访问公共资源会被阻塞。
- 协调者可能出现单点故障：一旦协调者发生故障，参与者会一直阻塞下去。
- 在Commit阶段出现数据不一致：在第二阶段中，假设协调者发出了事务Commit的通知，但是由于网络问题该通知仅被一部分参与者所收到并执行Commit，其余的参与者没有收到通知，一直处于阻塞状态，那么，这段时间就产生了数据的不一致性。

5.3.3 基于三阶段提交的解决方案

三阶段提交（Three-Phase Commit，3PC）是对两阶段提交的改进，旨在解决2PC中的一些问题，如协调者单点故障和长时间阻塞等待问题。3PC引入了一个预提交阶段（Pre-commit Phase），将原来的两个阶段（准备阶段和提交阶段）拆分为3个阶段，具体如下。

（1）准备阶段。

协调者向所有参与者发送预提交请求；参与者接收到预提交请求后，执行准备操作，并将准备就绪的消息发送回协调者。

（2）预提交阶段。

协调者等待所有参与者的准备就绪消息。如果所有参与者都准备就绪，协调者向所有参与者发送预提交命令；参与者接收到预提交命令后，执行事务的最终操作，并将完成消息发送回协调者。

（3）提交阶段。

协调者等待所有参与者的完成消息。如果所有参与者都发送了完成消息，协调者向所有参与者发送确认消息；参与者接收到确认消息后，完成提交操作；协调者等待所有参与者的确认消息；如果所有参与者都发送了确认消息，协调者完成整个事务，并向应用程序返回提交成功的响应；如果有任何一个参与者节点出现了问题，协调者节点会向应用程序返回提交失败的响应，并触发回滚操作以撤销之前的准备操作。

通过引入预提交阶段，3PC可以在协调者单点故障时做出更好的决策，并且可以避免长时间阻塞等待问题。然而，3PC仍然存在一些问题，如网络分区导致协调者与参与者无法通信等情况。

5.3.4 基于MQ的最终一致性方案

在互联网产品中，实现分布式事务更多是采用基于消息队列（Message Queue，MQ）的最终一致性方案，而不是传统的两阶段提交（2PC）或三阶段提交（3PC）。这是因为2PC和3PC在互联网系统中的时间开销和可扩展性方面的挑战，无法满足互联网产品的需求。

2PC和3PC在执行过程中需要进行多次的同步通信和协调，这会增加请求的延迟和系统的复杂性，特别是在协调者节点单点故障的情况下，整个协议可能会陷入长时间的阻塞，导致系统的可用性下降。在互联网产品中，高可用性和低延迟是至关重要的。

相比之下，基于MQ的最终一致性方案更加适合互联网产品。在这种方案中，分布式事务的各个参与者将事务操作作为消息发送到MQ中，而不是直接进行同步通信。MQ作为可靠的中间件，确保了消息的可靠传递和顺序性。参与者在接收到消息后执行本地事务，并将执行结果发送到回调队列中。协调者从回调队列中收集参与者的执行结果，并根据一定的业务逻辑来最终决定事务的提交或回滚。

基于MQ的最终一致性方案具有以下优势。

（1）异步通信。

MQ允许参与者通过将事务操作作为消息发送到队列中进行异步通信，降低了请求的延迟，发送方无须等待接收方的响应即可继续执行其他操作。

（2）高可用性。

MQ通常具有高可用性和冗余机制，即使某个节点出现故障，消息仍然可以可靠地传递到目标节点，确保了系统在节点故障时的可靠性，保证消息的可靠传递和处理。

（3）可扩展性。

MQ具备良好的可扩展性，能够处理高并发的事务请求。通过将MQ设置为多个节点的集群，在需要处理大量事务请求时，可以通过添加更多的节点来水平扩展系统的处理能力，提高系统的可扩展性和性能。

基于MQ的最终一致性方案通过将分布式事务操作转化为消息的发送和处理来实现最终一致性。以下是这种方案的基本原理和流程。

（1）发送事务消息。

客户端或应用程序将分布式事务操作封装成消息，并发送到MQ中。消息中包含有关该事务的关键信息，如事务ID、操作类型和相关数据。

（2）MQ的处理。

MQ接收到事务消息后，将消息存储在队列中，并确保消息的可靠传递。MQ通常具有高可用性和冗余机制，确保消息不会丢失。

（3）参与者的事务处理。

MQ中的消息被参与者消费，每个参与者根据接收到的事务消息执行本地事务操作。参与者可以是分布式系统中的不同节点或服务。

（4）执行结果回调。

参与者完成本地事务操作后，将执行结果发送到回调队列中。回调消息中包含有关事务的执行状态，如成功或失败，以及相关数据。

（5）协调者的处理。

协调者从回调队列中获取参与者的执行结果，根据一定的业务逻辑，协调者决定事务的最终状态，即提交或回滚。

（6）最终状态的处理。

如果协调者决定提交事务，则将提交消息发送到MQ中。参与者接收到提交消息后，根据消息执行最终提交操作，并将提交结果发送到回调队列中。

（7）最终一致性的达成。

协调者从回调队列中获取参与者的提交结果。如果所有参与者都成功提交，那么整个分布式事务达到最终一致性。如果有任何一个参与者失败或回滚，协调者可以触发回滚操作，撤销之前的事务操作。

基于MQ的最终一致性方案的关键点是通过异步消息传递和回调机制来实现事务的协调和最终状态的确定。参与者通过MQ接收和处理事务消息，并将执行结果发送到回调队列中，协调者根据回调消息来决定最终状态。这种方案具有高可用性、低延迟和可扩展性的优势，更加适用于互联网产品中的分布式事务处理。

5.4 面试官：分布式系统中，锁的实现原理是什么？

分布式锁是协调分布式系统之间，同步访问共享资源的一种方式。详细来讲，在分布式环境下，多个系统在同时操作共享资源（如写数据）时，发起操作的系统通常会通过一种方式去协调其他系统，然后获取访问权限，得到访问权限后才可以写入数据，其他系统必须等待权限释放。

很多面试官都会问面试者与分布式锁相关的问题，在一些细节上挖得还比较细，比如在分布式系统中涉及共享资源的访问，一些面试官会深挖如何控制并发访问共享资源，以及如何解决资源争抢等技术细节。

在回答分布式系统中锁的实现原理时，可以基于以下思路。

（1）分布式锁的使用场景有哪些。

分布式锁在分布式系统中应用非常广泛，可以向面试官说明：常见的使用场景包括缓存同步、数据库操作、分布式任务调度、分布式事务管理、分布式资源分配和分布式并发控制等。它用于协调多个系统之间的并发访问共享资源，保证数据一致性、避免并发冲突，并确保系统的可靠性和稳定性。

（2）基于ZooKeeper实现分布式锁。

在说明基于ZooKeeper实现分布式锁的方案时，可以先向面试官阐述生产环境对分布式锁的要求，然后详细阐述基于ZooKeeper实现分布式锁的原理和实现流程等。

（3）基于分布式缓存实现分布式锁。

在使用分布式缓存实现分布式锁时，可以利用缓存系统的原子操作来实现。通过设置锁的过期时间，确保即使节点宕机或发生故障，锁也会在一定时间后自动释放，避免死锁的发生。基于分布式缓存的实现方式相对简单，但需要注意处理并发竞争和锁过期等情况，以确保分布式锁的正确性和可靠性。

下面将展开说明上述内容。

5.4.1 分布式锁的使用场景有哪些

分布式锁在分布式系统中的应用场景是非常多的，以下是一些常见示例。

（1）缓存同步。

当多个系统共享同一个缓存时，为了避免缓存击穿或雪崩等问题，可以使用分布式锁来保证只有一个系统可以重新生成缓存数据，其他系统需要等待获取锁后才能读取缓存或重新生成缓存数据。

（2）数据库操作。

在数据库中执行敏感操作（如数据更新、删除等）时，可以使用分布式锁来确保只有一个系统可以执行该操作，以避免并发冲突和数据不一致。

（3）分布式任务调度。

在分布式任务调度系统中，多个系统可能同时竞争执行同一个任务。为了避免重复执行或并发冲突，可以使用分布式锁来确保只有一个系统获得执行权限，其他系统需要等待。

（4）分布式事务管理。

在分布式事务管理中，需要协调多个系统的事务操作。分布式锁可以用于保证在某个时间点只有一个系统能够执行事务提交操作，以确保事务的一致性和可靠性。

（5）分布式资源分配。

当多个系统需要同时访问有限的资源（如独占设备、文件系统等）时，可以使用分布式锁来协调资源的分配和释放，以避免冲突和资源竞争问题。

（6）分布式并发控制。

在需要限制系统的并发请求量或控制系统的并发程度时，可以使用分布式锁来对请求进行限制，以保持系统的稳定性和可靠性。

实际上分布式锁可以应用于任何需要协调多个系统之间的并发访问共享资源的场景。它提供了一种机制来保证数据一致性、避免并发冲突，并确保系统的可靠性和稳定性。

5.4.2 基于ZooKeeper实现分布式锁

一、生产环境对分布式锁的要求

一个完备的分布式锁通常需要有以下特性。

- 互斥性：分布式锁要能够确保在任意时刻只有一个客户端能够持有锁，以避免资源竞争和数据不一致的问题。
- 可重入性：允许同一个客户端多次获取同一个锁，避免死锁和资源浪费的情况发生。
- 容错性：在分布式环境中，应该能够处理网络故障、节点故障和其他异常情况，确保锁的可用性和一致性。
- 高性能：分布式锁应该具备高性能，以减少对系统性能的影响，并能够处理高并发的请求。
- 有效期限：锁应该具备一定的有效期限，避免因为客户端异常或故障而永久持有锁，导致资源无法释放。
- 阻塞与非阻塞：分布式锁应该支持阻塞和非阻塞两种模式，以满足不同场景下的需求。
- 可扩展性：应该能够方便地扩展锁的容量和支持更多的客户端，以适应系统的增长和负载的变化。
- 容易使用：分布式锁的接口应该简单易用，方便开发人员使用，并提供清晰的错误处理和异常情况的反馈。

以上是一个完备的分布式锁通常需要具备的特性。根据具体的使用场景和要求，可能还会有其他特定的需求，如可重入锁、公平性等。在设计和选择分布式锁时，需要综合考虑这些特性，并根据具体情况做出合适的选择。

二、ZooKeeper实现分布式锁的原理

ZooKeeper是一个分布式协调服务，可以用于实现分布式锁，实现原理如下。

- 有序临时节点：使用ZooKeeper的有序临时节点特性来实现分布式锁，每个客户端在指定的锁路径下创建临时有序子节点。创建节点时，ZooKeeper会为每个节点分配一个唯一的序号，序号的大小是基于节点创建的顺序。
- 节点比较：客户端获取锁时，需要比较自己创建的节点是否是当前锁路径下序号最小的节点。如果是最小节点，则客户端认为获取到了锁，可以执行临界区代码。
- 监听节点变化：如果客户端创建的节点不是最小节点，客户端需要通过监听机制监听锁路径下节点的变化。当最小节点的持有者释放锁时，ZooKeeper会触发节点变化事件，通知其他客户端。
- 重新尝试获取锁：收到节点变化通知后，客户端重新尝试比较自己创建的节点是否是当前锁路径下序号最小的节点。如果是最小节点，则认为重新获取到了锁，可以执行临界区代码。如果不是最小节点，客户端继续监听节点变化，直到获取到锁为止。
- 释放锁：当客户端完成临界区代码的执行后，需要删除自己创建的节点来释放锁。删除节点会触发节点变化事件，通知其他客户端。

通过上述原理，ZooKeeper实现了分布式锁的互斥性和顺序性。客户端通过创建有序临时节点并监听节点变化，实现了获取锁和释放锁的过程，并且能够避免锁的死锁问题。

三、实现流程

当客户端对某个方法加锁时，在ZooKeeper中该方法对应的指定节点目录下，生成一个唯一的临时有序节点，生成后的节点效果如图5-6所示。

判断是否获取锁，只需要判断持有的节点是否是有序节点中序号最小的一个，当释放锁的时候，将这个临时节点删除即可，这种方式可以避免服务宕机导致的锁无法释放而产生的死锁问题。

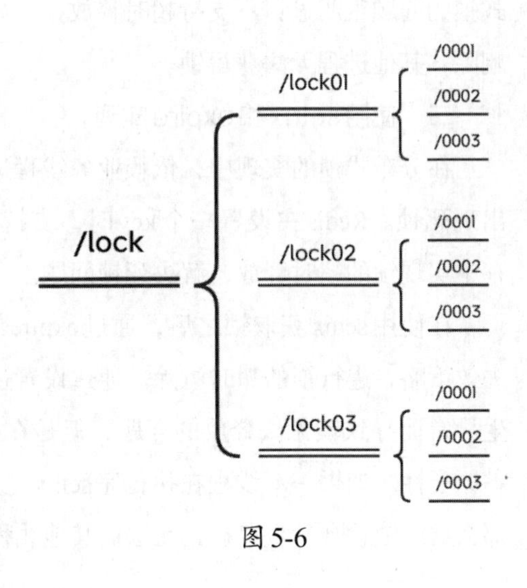

图5-6

下面描述使用ZooKeeper实现分布

式锁的算法流程，根节点为/lock。

（1）客户端连接ZooKeeper，并在/lock下创建有序临时节点，第一个客户端对应的子节点为/lock/lock01/00000001，第二个为/lock/lock01/00000002，以此类推。

（2）其他客户端获取/lock01下的子节点列表，判断自己创建的子节点是否为当前列表中序号最小的子节点。

（3）如果是则认为获得锁，执行业务代码，否则通过watch事件监听/lock01的子节点变更消息，获得变更通知后重复此步骤直至获得锁。

（4）完成业务流程后，删除对应的子节点，释放分布式锁。

5.4.3 基于分布式缓存实现分布式锁

一、使用setnx实现分布式锁

Redis支持setnx命令，只在key不存在的情况下，将key的值设置为value，若key已经存在，则setnx命令不做任何动作。使用setnx实现分布式锁的方案，获取锁的方法很简单，只要以该锁为key，设置一个随机的值即可。如果setnx返回1，则说明该进程获得锁；如果setnx返回0，则说明其他进程已经获得了锁，进程不能进入临界区；如果需要阻塞当前进程，可以在一个循环中不断尝试setnx操作。

释放锁时只要删除对应的key就可以，为了防止系统业务进程出现异常导致锁无法释放，使用Java中的try-catch-finally来完成锁的释放。使用这种方式实现分布式锁的问题很明显：不支持超时释放锁，如果进程在加锁后宕机，则会导致锁无法删除，其他进程无法获得锁。

二、使用setnx和expire实现

在分布式锁的实现中，依赖业务线程进行锁的释放，如果进程宕机，那么就会出现死锁。Redis在设置一个key时，支持设置过期时间，利用这一点，可以在缓存中实现锁的超时释放，解决死锁问题。

在使用setnx获取锁之后，通过expire给锁加一个过期时间，利用Redis的缓存失效策略，进行锁的超时清除。通过设置过期时间，避免了占锁到释放锁的过程发生异常而导致锁无法释放的问题，但是在Redis中，setnx和expire这两条命令不具备原子性。如果一个线程在执行完setnx之后突然崩溃，导致锁没有设置过期时间，那么这个锁就会一直存在，无法被其他线程获取。

三、使用set扩展命令实现

为了解决这个问题，在Redis 2.8版本中，扩展了set命令，支持set和expire命令组合的原子操作，解决了加锁过程中失败的问题。这样可以在同一时间内完成设置值和设置过期时间这两个操作，防止设置过期时间异常导致的死锁。那么这种方式还存在问题吗？

使用setex方式看起来解决了锁超时的问题，但在实际业务中，如果对超时时间设置不合理，也存在这样一种可能：在加锁和释放锁之间的业务逻辑执行得太长，以至于超出了锁的超时限制，缓存将对应key删除，其他线程可以获取锁，出现对加锁资源的并发操作。

我们来模拟下这种情况。

（1）客户端A获取锁的时候设置了key的过期时间为2秒，客户端A在获取到锁之后，业务逻辑方法执行了3秒。

（2）客户端A获取的锁被Redis过期机制自动释放，客户端B请求锁成功，出现并发执行。

（3）客户端A执行完业务逻辑后，释放锁，删除对应的key。

（4）对应锁已经被客户端B获取到了，客户端A释放的锁实际是客户端B持有的锁。

可以看到，第一个线程的逻辑还没执行完，第二个线程也成功获得了锁，加锁的代码或者资源并没有得到严格的串行操作，同时由于叠加了删除和释放锁操作，导致了加锁的混乱。

如何避免这个问题呢？首先，基于Redis的分布式锁一般是用于耗时比较短的瞬时性任务，业务上超时的可能性较小；其次，在获取锁时，可以设置value为一个随机数，在释放锁时进行读取和对比，确保释放的是当前线程持有的锁，一般是通过Redis结合Lua脚本的方案实现；最后，需要添加完备的日志，记录上下游数据链路，当出现超时时，则需要检查对应的问题数据，并且进行人工修复。

四、集群下分布式锁存在的问题

上面分布式锁的实现方案中，都是针对单节点Redis而言的，在生产环境中，为了保证高可用，避免单点故障，通常会使用Redis集群。集群环境下，Redis通过主从复制来实现数据同步，Redis的主从复制（Replication）是异步的，所以单节点下可用的方案在集群的环境中可能会出现问题，在故障转移（Failover）过程中丧失锁的安全性。

由于Redis集群数据同步是异步的，假设Master节点获取到锁后在未完成数据同步的情况下，发生节点崩溃，此时在其他节点依然可以获取到锁，出现多个客户端同时获取到锁的情况。

我们模拟下这个场景，按照下面的顺序执行。

（1）客户端A从Master节点获取锁。

（2）Master节点宕机，主从复制过程中，对应锁的key还没有同步到Slave节点上。

（3）Slave升级为Master节点，于是集群丢失了锁数据。

（4）其他客户端请求新的Master节点，获取到了对应同一个资源的锁。

（5）出现多个客户端同时持有同一个资源的锁，不满足锁的互斥性。

单实例场景和集群环境实现分布式锁是不同的，关于集群下如何实现分布式锁，Redis的作者Antirez（Salvatore Sanfilippo）提出了Redlock算法，我们一起看一下。

五、Redlock算法的流程

Redlock算法是在单Redis节点基础上引入的高可用模式，Redlock基于N个完全独立的Redis节点，一般是大于3的奇数个节点（通常情况下N可以设置为5），可以基本保证集群内各个节点不会同时宕机。

假设当前集群有5个节点，运行Redlock算法的客户端依次执行下面各个步骤，来完成获取锁的操作。

（1）客户端记录当前系统时间，以毫秒为单位。

（2）依次尝试从5个Redis实例中，使用相同的key获取锁，当向Redis请求获取锁时，客户端应该设置一个网络连接和响应超时时间，超时时间应该小于锁的失效时间，避免因为网络故障出现问题。

（3）客户端使用当前时间减去开始获取锁的时间就得到了获取锁使用的时间，当且仅当从半数以上的Redis节点获取到锁，并且当使用的时间小于锁失效时间时，锁才算获取成功。

（4）如果获取到了锁，key的真正有效时间等于有效时间减去获取锁所使用的时间，减少超时的几率。

（5）如果获取锁失败，客户端应该在所有的Redis实例上进行解锁，即使是上一步操作请求失败的节点。防止因为服务端响应消息丢失，但是实际数据添加成功而导致的不一致。

在Redis官方推荐的Java客户端Redisson中，内置了对Redlock算法的实现。

分布式系统设计是实现复杂性和收益的平衡，考虑到集群环境下的一致性问题，也要避免过度设计。在实际业务中，一般使用基于单点的Redis实现分布式锁就可以，出现数据不一致，通过人工手段去回补。

第6章 分布式缓存

6.1 面试官：如何解决业务数据访问性能太低的问题？

当面试官提出“如何解决业务数据访问性能太低”的问题时，面试者可以从存储介质的角度进行思考。通常情况下，业务数据存储在关系型数据库中，如MySQL、Oracle、DB2等，而这些数据库的存储本质仍然是基于磁盘的。

磁盘访问速度较慢，主要受限于磁头寻道时间、旋转延迟和数据传输速率等因素。这些限制导致了较高的读写延迟，从而影响了业务数据的访问性能。所以要回答这个问题，可以考虑引入缓存机制来提升数据访问的效率。缓存将热门的数据存储在高速的内存中，以减少对磁盘的频繁访问。通过缓存，将常用的数据近乎实时地提供给应用程序，从而大幅度降低了访问延迟，提高了系统的响应速度。

面试者在回答这个问题时可以基于以下思路。

（1）缓存的概述。

可以用一句话向面试官说透缓存的本质，即以空间换时间。缓存是一种将经常访问的数据存储在快速访问介质（如内存）中的技术。它的基本思想是将计算结果或数据库查询结果等频繁访问的数据缓存在接近应用程序的位置，以提高数据的访问速度和响应性能。

（2）缓存的优势。

介绍完缓存的基本思想之后，可以接着阐述引入缓存的优势，如提升访问性能、降低网络拥堵、减轻服务负载、增强可扩展性等。

（3）缓存的代价。

可以向面试官介绍使用缓存的代价，如缓存对系统复杂度的影响、高成本、数据一致性、缓存容量限制等问题。

接下来将对缓存的概述、优势和代价展开说明。

6.1.1 缓存的概述

一、缓存的定义

缓存最初的含义，是指用于加速CPU数据交换的RAM，即随机存取存储器，通常这种存储器使用更昂贵但快速的静态RAM（SRAM）技术，用以对DRAM进行加速。这是一个狭义缓存的定义。而广义缓存的定义则更宽泛，任何可以用于数据高速交换的存储介质都是缓存，可以是硬件也可以是软件。

缓存存在的意义就是通过开辟一个新的数据交换缓冲区，来解决原始数据获取代价太大的问题，让数据得到更快的访问。本小节主要聚焦于广义缓存，特别是互联网产品大量使用的各种缓存组件和技术。

二、缓存的基本思想

缓存构建的基本思想是利用时间局限性原理，通过空间换时间来达到加速数据获取的目的，同时由于缓存空间的成本较高，在实际设计架构中还要考虑访问延迟和成本的权衡问题。这里面有3个关键点。

一是时间局限性原理，即被获取过一次的数据在未来会被多次引用，比如一条微博被一个人感兴趣并阅读后，它大概率还会被更多人阅读，当然如果变成热门微博后，会被数以百万或千万的用户查看。

二是以空间换时间，因为原始数据获取太慢，所以开辟一块高速独立空间，提供高效访问，来达到加速获取数据的目的。

三是性能成本Tradeoff，构建系统时希望系统的访问性能越高越好，访问延迟越小越好，但维持相同数据规模的存储及访问，性能越高延迟越小，成本也会越高，所以在系统架构设计时，需要在系统性能和开发运行成本之间做取舍。

6.1.2 缓存的优势

缓存的优势主要有以下几点。

（1）提升访问性能。

缓存存储了经常被访问的数据，这些数据称为热点数据，这些数据可以快速从高速内存中获取，大幅提升了数据的访问速度。相比于直接从数据库中读取数据，缓存可以减少磁盘IO操作和复杂的查询计算成本，缩短数据访问的延迟。

（2）降低网络拥堵。

在实际业务场景中，缓存中存储的往往是需要频繁访问的中间数据甚至最终结果，而这些数据相比于数据库中的原始数据要小得多。通过使用缓存，可以减少从数据库到应用程序之间的网络流量，降低网络的拥堵程度，提高整体系统的响应速度。

（3）减轻服务负载。

由于缓存中存储了热点数据，应用程序可以直接从缓存中获取数据，而无须频繁地访问后端数据库。这样一来，缓存可以有效减少对数据库的读取和查询请求，从而降低了后端服务的负载。通过减少对数据库的访问压力，可以提高数据库的吞吐量和稳定性，确保系统的正常运行。

（4）增强可扩展性。

缓存具有良好的可扩展性。当系统面临性能瓶颈或突发流量时，缓存可以快速部署上线，通过提供高速的数据访问能力来应对需求的增加。同时，当系统流量稳定或需求下降时，可以随时下线缓存，以降低成本和资源消耗。这种灵活性和可伸缩性使得系统能够根据实际需求进行动态调整，提高了系统的可扩展性和适应性。

综上所述，缓存的优势包括提升访问性能、降低网络拥堵、减轻服务负载和增强可扩展性。通过合理利用缓存机制，可以显著改善系统的性能和可用性，提供更好的用户体验，并为业务的发展提供支持。

6.1.3 缓存的代价

任何事情都有两面性，缓存也不例外，在享受缓存带来一系列好处的同时，也注定需要付出一定的代价。以下是引入缓存的代价。

（1）增加系统复杂度。

引入缓存机制会增加系统的复杂度。缓存需要与数据库进行同步和协调，涉及数据的一致性、过期策略、缓存更新等方面的处理。设计和维护一个高效可靠的缓存系统需要对缓存原理和组件有深入的了解，并进行针对性的优化和调整。

（2）高额成本。

缓存相比原始数据库存储的成本更高。缓存需要占用额外的内存资源，需要使用专用的缓存服务器或服务，会增加系统部署和运行的费用，包括硬件成本、维护成本和运营成本等，除此之外还有对缓存技术的学习成本。

（3）数据一致性和可用性问题。

由于数据同时存在于缓存和数据库中，以及缓存内部可能存在多个数据副本，数据一致性成为一个挑战，需要考虑缓存和数据库之间的同步机制，确保数据的一致性和正确性。同时，缓存本身也可能面临可用性问题，如缓存服务器的故障或网络问题，这可能导致部分或全部缓存数据不可访问。

（4）缓存容量限制。

缓存基于内存存储，而内存的容量相比于磁盘是非常有限的，无法存储所有的数据。所以需要合理选择缓存策略和数据淘汰算法，以确保缓存中存储的是最有价值的数据，提高缓存的命中率和数据的有效性。

综上所述，引入缓存机制虽然可以带来许多好处，但也需要权衡其代价。增加系统复杂度、高额成本、数据一致性和可用性问题及缓存容量限制都是需要考虑和解决的问题。通过深入理解缓存原理、增加缓存体系实践，再辅以良好的系统设计经验，可以降低缓存引入的副作用，使缓存成为服务系统高效稳定运行的强力基石。

6.2 面试官：如何根据业务来选择缓存模式和组件？

这个问题考查的是缓存常用的读写模式和缓存组件的技术选型，面试者在回答时可以基于以下思路。

（1）缓存读写模式分析。

详细介绍业务系统中常见的3种缓存读写模式：旁路缓存模式、读写穿透模式和异步缓存写入模式。对于每种模式，解释其工作流程、原理以及适用的具体业务场景。

（2）缓存分类及常用缓存介绍。

向面试官阐述常见的缓存分类，包括按宿主层次分类的本地缓存、进程间缓存和远程缓存，以及按存储介质分类的内存型缓存和持久化型缓存。对每种缓存分类进行详细说明，并分析它们的适用场景、优缺点等。

下面将展开说明上述内容。

6.2.1 缓存读写模式分析

业务系统中有以下3种常见的缓存读写模式。

- Cache Aside模式（旁路缓存模式）。
- Read/Write Through模式（读写穿透模式）。
- Write Behind Caching模式（异步缓存写入模式）。

下面一个个来详细讨论。

一、Cache Aside模式

如图6-1所示，在Cache Aside模式中，业务应用负责处理所有的数据访问细节，并利用“Lazy”计算的思想来确保数据的一致性。

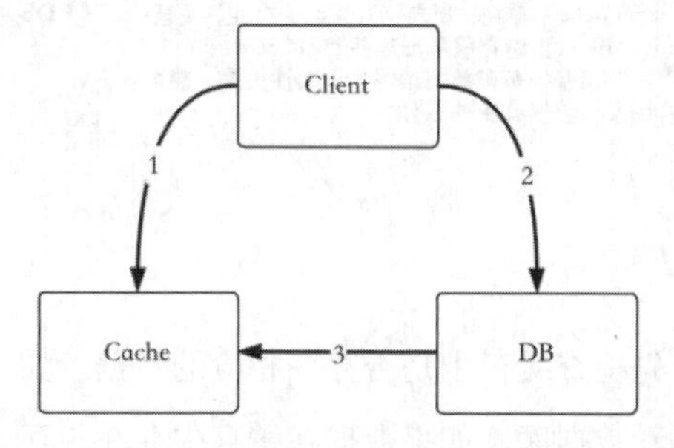

1. Write：更新DB，删除Cache，DB驱动Cache更新
2. Read：Miss后读 DB + 回写
3. 特点：Lazy计算，以DB数据为准
4. 适合场景：更强一致性数据、数据更新复杂

图 6-1

对于写操作，业务应用首先更新数据库，然后直接从缓存中删除相应的键（key），这样下一次读取该数据时，会从数据库中获取最新的数据并将其重新缓存。通过这种方式，可以保证缓存中的数据与数据库中的数据保持一致。

对于读操作，业务应用首先尝试从缓存中读取数据，如果缓存中不存在相应的数据，则从数据库中加载数据，并将加载的数据写入缓存，以便下次读取时可以直接从缓存中获取数据。这样可以提高读取性能，并减轻数据库的负载。

Cache Aside模式的特点是业务应用方处理所有的数据访问逻辑，同时利用Lazy计算的思想来保持数据的一致性。它适用于对数据一致性要求较高，或者缓存数据更新较为复杂的业务场景。例如，在微博初期的发展阶段，一些业务场景需要通过多个原始数据进行计算，并将计算结果设置到缓存中。当部分数据发生变更时，直接删除缓存。同时，使用一个触发器（Trigger）组件实时读取数据库的变更日志，重新计算并更新缓存。如果在读取缓存时触发器尚未写入缓存，业务应用会自行从数据库加载计算并写入缓存。

Cache Aside模式在没有专门的存储服务的情况下，通过业务应用自身处理数据访问细节，同时利用缓存和数据库的协同更新，可以提供较高的数据一致性和性能。

二、Read/Write Through模式

如图6-2所示，在Read/Write Through模式中，业务应用只需要与存储服务进行交互，而无须直接处理缓存和数据库的读写操作。存储服务充当了缓存和数据库之间的代理，负责处理读写请求的逻辑。

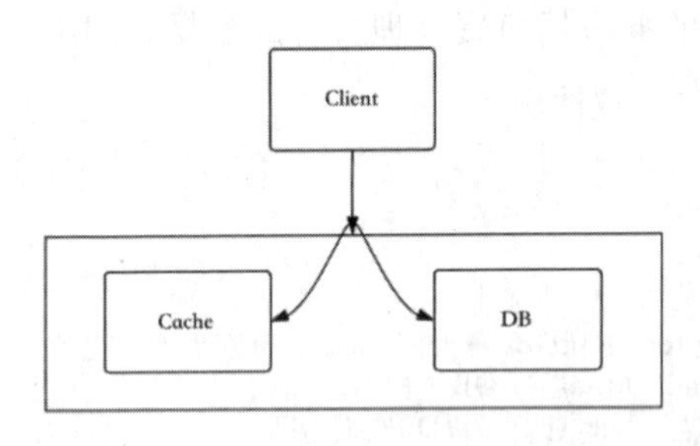

1. Write：Cache不存在，更新DB；Cache存在，更新Cache + DB
2. Read：Miss后由缓存服务加载并回写Cache
3. 特点：存储服务负责数据读写，隔离性更强，热数据友好
4. 适合场景：数据有冷热区分

图6-2

当存储服务接收到写入请求时，它会首先检查缓存中是否存在相应的数据。如果数据在缓存中不存在，存储服务会直接更新数据库。如果数据在缓存中存在，存储服务会先更新缓存，然后再更新数据库，以保持数据的一致性。

对于读取请求，存储服务会先查找缓存，如果数据在缓存中命中，则直接返回结果。如果数据在缓存中未命中，则存储服务会从数据库中加载数据，并将数据回写到缓存中，然后再返回响应给业务应用。

这种模式的优点是，存储服务封装了所有数据处理的细节，业务应用只需关注业务逻辑本身，实现了系统的隔离性。此外，对于写操作，只有在缓存中存在数据时才进行更新，这提高了内存效率，避免了无效的更新操作。

Read/Write Through模式对于业务应用来说更加简化了数据存储的操作，减少了代码的复杂性，并提供了更好的性能和更高的内存效率。

三、Write Behind Caching模式

如图6-3所示，Write Behind Caching模式与Read/Write Through模式类似，都是由数据存储服务来管理缓存和数据库的读写操作。它们的不同之处在于数据更新时的处理方式。

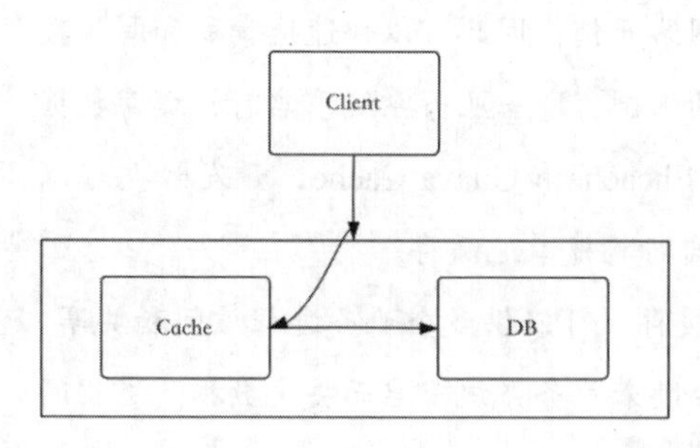

1. Write：只更新缓存，缓存服务异步更新DB
2. Read：Miss后由缓存服务加载并回写Cache
3. 特点：写性能最高，定期异步刷新，存储数据丢失概率
4. 适合场景：写频率高，需要合并

图6-3

在Read/Write Through模式中，数据更新操作是同步进行的，即在更新缓存的同时直接更新数据库。这确保了数据的一致性，但可能对写入性能产生负面影响。

而在Write Behind Caching模式中，只有缓存被更新，而数据库的更新则延迟到后续的异步批量操作中进行。这种延迟写入数据库的方式可以提高写入性能，特别适合处理变更频率特别高的业务场景。例如，针对Feed点赞次数的场景，可以将多次点赞操作合并成一次更新请求，从而减小数据库的负载。然而，这种模式可能会导致数据一致性降低，并在极端情况下，如系统崩溃或机器宕机时可能会导致数据丢失。

因此，Write Behind Caching模式适用于对一致性要求不高的业务，其中数据的变更频率非常高，并且可以容忍一定程度的数据丢失。通过异步批量写入数据库，可以减轻数据库的负载，并提高写入性能。

使用时，需要根据具体的业务需求和对数据一致性的要求，综合考虑选择合适的缓存读写模式。当然，没有一个绝对的最佳模式，需要在性能和一致性之间进行权衡和取舍，并根据实际情况做出合理的决策。

6.2.2 缓存分类及常用缓存介绍

前面介绍了缓存的概述、优势、代价以及读写模式，接下来一起看下互联网企

业常用的缓存有哪些分类。

一、按宿主层次分类

按宿主层次，缓存一般可以分为本地缓存、进程间缓存和远程缓存。

- 本地缓存是指在业务进程内部的缓存，数据存储在进程的内存中。本地缓存具有极高的读写性能，由于不涉及网络开销，因此可以快速地读取和写入数据。然而，本地缓存存在一个重要的限制，即当业务系统重启时，缓存数据会丢失。常见的本地缓存组件包括Ehcache和Guava Cache，开发者也可以使用内存数据结构（如Map、Set）自行构建本地缓存。
- 进程间缓存是指在本机独立运行的缓存，可以供多个业务进程访问和共享。这类缓存具有较高的读写性能，不会随着业务系统重启而丢失数据。进程间缓存可以减少网络开销，因为业务系统和缓存运行在相同的宿主机上。常见的进程间缓存组件与远程缓存组件相同，包括Memcached、Redis和Pika等。
- 远程缓存是指在不同机器上部署的缓存，通过网络进行访问和通信。远程缓存具有较大的容量和可扩展性，适用于互联网企业等需要跨机器部署的场景。然而，由于跨机器访问，远程缓存可能受限于带宽，特别是在高读写压力下。常见的远程缓存组件包括Memcached、Redis和Pika等。

实际情况下需要根据不同的需求和场景，选择适合的缓存类型。本地缓存适用于对性能要求极高且对数据丢失有一定容忍度的场景。进程间缓存适用于多个业务系统进程共享缓存的情况，可以减少网络开销。远程缓存适用于分布式部署的场景，提供大容量和可扩展性。

二、按存储介质分类

还有一种常见的分类方式是按存储介质来分，这样可以分为内存型缓存和持久化型缓存。

- 内存型缓存将数据存储在内存中，读写性能非常高。数据可以快速地从内存中读取，因此对于读密集型的应用场景非常适用。然而，内存型缓存存在一个重要的限制，即当缓存系统重启或发生崩溃时，内存中的数据会丢失，需要从其他数据源（如数据库）重新加载数据到缓存中。典型的内存型缓存系统包括Memcached和Redis（可以配置为内存存储模式）。
- 持久化型缓存将数据存储到持久化介质（如SSD、Fusion-IO硬盘）中，数据在缓存系统重启后依然保持不变，不会丢失。相比于内存型缓存，持久化型缓存的容量通常更大，可以存储更多的数据。然而，由于数据存储在硬盘上，读写性能相对较低，通常比内存型缓存慢1到2个数量级。为了提高持久化型缓存的读写性能，可以采用一些优化策略，如使用高性能的硬盘驱动器、缓存预热和数据分片等。一些持久化型缓存的实现包括Pika（基于RocksDB开发的Redis协议兼容缓存）和其他基于RocksDB等技术的缓存组件。

实际情况下可以根据应用的特点和要求，选择合适的缓存类型来平衡性能、数据一致性和可靠性。内存型缓存适用于需要快速读取和高性能的场景，但对数据丢失风险有一定容忍度。持久化型缓存适用于需要大容量存储和数据持久化的场景，对读写性能要求相对较低。

6.3 面试官：设计缓存架构时需要考量哪些因素?

良好的缓存架构设计是缓存高效应用的基础，缓存设计时的考量因素是面试高级开发工程师等岗位的常见问题。

面试者在回答“设计缓存架构时需要考量哪些因素”这个问题时可以基于以下思路。

（1）缓存的引入及架构设计。

首先，需要考虑选择适合的缓存组件，这涉及一些考量因素，如业务缓存需求、性能和扩展性、数据持久化需求、高可用性和容错性、社区支持和生态系统、定制开发和二次开发等。一旦确定了缓存组件，就需要根据业务访问的特点设计缓存数据结构。在缓存数据结构的设计中，常见的考虑因素包括数据结构优化、冗余数据存储、数据关联等。

其次，缓存的分布式设计也是需要考虑的因素，包括分布式算法、路由策略、分片、异构等。

（2）缓存设计架构的常见考量点。

在缓存设计架构的过程中，还需要考虑一些常见的因素，如读写方式、KV size（键值大小）、键数量、读写峰值、命中率等。这些因素会直接影响缓存的性能和效果。

接下来就缓存的引入及架构设计、缓存设计架构的常见考量点展开说明。

6.3.1 缓存的引入及架构设计

一、缓存组件的选择

在设计缓存架构时，缓存组件的选择是一个关键因素，需要考虑当前可用的开源缓存组件，如Local-Cache、Redis、Memcached、Pika等，以及是否需要定制开发一个新的缓存组件，又或者在开源的基础上进行自研。

缓存组件的选择可以考虑以下几点。

（1）业务缓存需求分析。

分析业务的缓存需求。了解数据的读写频率、访问模式以及对缓存的一致性和性能要求。

（2）性能和扩展性。

评估不同缓存组件的性能和扩展性。考虑组件的读写吞吐量、响应时间、集群模式支持、数据分片能力以及水平扩展性等因素，确保所选择的组件能够满足业务的高性能和可扩展性需求。

（3）数据持久化需求。

如果业务需要持久化缓存数据，如需要在系统重启后能够从缓存中恢复数据，则需要考虑缓存组件是否支持数据持久化功能，并选择合适的持久化方案，如快照或日志持久化。

（4）高可用性和容错性。

考虑缓存组件的高可用性和容错性。了解组件是否支持主从复制、数据备份和故障转移等机制，确保系统在节点故障或网络分区等情况下始终可用。

（5）社区支持和生态系统。

这是很多人容易忽略的一点，组件有活跃的社区支持和广泛的使用案例，有丰富的工具和库可以与其集成，这将有助于开发和维护缓存系统。毕竟很多好的组件在被实际使用的时候也会出现各种千奇百怪的问题，最快的方案就是去社区看一下是否别人经历和解决过这个问题。

（6）定制开发和二次开发。

如果业务缓存需求比较特殊，无法满足现有缓存组件的功能，那就得考虑定制开发一个新的缓存组件或对开源缓存进行二次开发。当然了，这需要先评估开发成本、维护成本和可扩展性等因素，确保定制开发能够有效地满足业务需求。

通过综合考虑以上因素，选择最适合的缓存组件来设计架构缓存，满足业务的特殊需求。

二、缓存数据结构设计

确定好缓存组件后，还需要根据业务访问的特点，进行缓存数据结构的设计。当涉及缓存数据结构的设计时，以下是一些常见的考虑因素。

（1）数据拆分。

如果业务数据量庞大，可以考虑将数据进行拆分存储。例如，将大型数据对象拆分为多个较小的子对象，每个子对象都可以作为一个独立的缓存项，进而提高缓存的并发读写能力，减少对整个数据对象的锁竞争。

（2）缓存关联。

如果业务需要在缓存中存储多个相关的数据，可以考虑使用关联数据结构。例如，使用哈希表或关联列表来存储多个相关的键值对。提高数据的访问效率，减少对多个独立缓存项的读写操作。

（3）数据预加载。

对于预知访问模式的业务，可以在系统启动或业务低峰期预先加载缓存数据。这样可以避免实时访问时的缓存冷启动问题，提高访问速度和用户体验。

（4）数据结构优化。

根据具体业务需求，选择合适的数据结构进行优化。例如，如果需要频繁添加和删除元素，则选择基于链表的数据结构；如果需要快速查找和在一定范围内查询，则选择基于树的数据结构。根据数据的特点和操作需求，选择适合的数据结构可以提高缓存的效率和性能。

（5）冗余数据存储。

对于需要频繁访问的数据，可以考虑将其冗余存储在不同的数据结构中。例如，将热门数据同时存储在哈希表和有序集合中，以满足不同的查询需求，避免频繁的数据转换和计算，提高访问速度。

（6）去规范化存储。

在某些情况下，可以考虑在缓存中采用去规范化的存储方式。通过将相关数据冗余存储在一个缓存项中，可以避免多个缓存项之间的关联查询，提高数据的读取速度。

通过考虑以上因素并结合实际情况，设计出更高效和适应业务需求的缓存数据结构，提升缓存系统的性能和功能。

三、缓存分布设计

在进行缓存分布设计时，可以考虑以下方面。

（1）选择分布算法。

根据业务需求和系统特点，选择合适的分布算法。取模分布算法简单直观，每个键值对都被映射到一个确定的缓存节点，适用于简单的缓存场景。一致性哈希分布算法在节点变更时具有较好的容错性，能够将数据均匀地分散到其他存活节点上，提高系统的稳定性和可伸缩性。

（2）读写访问路由。

根据业务需求选择合适的读写访问路由方式，直接在客户端进行哈希分布定位读写可以获得最佳的读写性能，但需要客户端感知分布策略和处理节点变更通知。使用代理进行读写路由可以减轻客户端的负担，由代理来处理分布逻辑和节点变更通知，对业务应用开发更友好，但可能会有一定的性能损失。

（3）数据分片和迁移。

如果缓存数据量增长迅速，导致缓存命中率下降，可以考虑进行数据分片和迁移。数据分片将数据分散存储在多个缓存节点上，提高并发读写能力和处理能力。当数据量过大或节点负载不均时，可以进行数据迁移，将部分数据从原始节点迁移到其他节点上，保持数据的均衡分布。在进行数据迁移时，可以根据具体系统情况选择由代理还是由缓存服务器自身来执行迁移操作。

（4）负载均衡和故障转移。

在缓存分布设计中，需要考虑负载均衡和故障转移机制。负载均衡可以根据节点的负载情况，将请求均匀地分发到各个缓存节点上，提高系统整体性能。故障转移可以在节点异常或宕机时，将其上的数据迁移到其他正常节点上，保证系统的高可用性和稳定性。

（5）异构存储支持。

如果业务需要同时使用多种类型的缓存存储，可以考虑支持异构存储。例如，结合使用内存型缓存和持久化型缓存，将热数据存储在内存型缓存中以提高读写性能，将冷数据存储在持久化型缓存中以节省内存空间。根据数据的访问频率和重要性，将数据存储在不同的存储介质中，以获得最优的性能和成本效益。

（6）监控和管理。

设计缓存分布时，需要考虑相应的监控和管理机制。监控可以实时监测缓存节点的健康状态、负载情况和命中率等指标，及时发现和处理异常情况。管理可以提供管理界面或命令行工具，方便进行节点的添加、删除、扩容等操作，保证缓存系统的可维护性和可管理性。

谋定而后动，经过充分考量的设计可以提高缓存系统的性能、可扩展性和稳定性，更好地满足业务需求。

四、缓存架构部署及运维管理

在缓存架构部署和运维管理方面，可以考虑以下几个关键点。

（1）缓存分池、分层和混存。

根据数据的特性和访问模式，将核心的、高并发访问的不同数据分别分拆到独立的缓存池中，以避免相互影响。对于海量数据和高访问量的业务数据，可以考虑进行分层访问，将访问量分摊到不同层级的缓存中，以避免缓存过载。同时，对于访问量较小且非核心的业务数据，可以考虑混存，将其存储在一起进行管理。

（2）多IDC部署和异地多活。

如果业务系统需要在多个IDC部署甚至实现异地多活，需要对缓存体系进行多IDC部署。在此情况下，需要考虑如何跨IDC进行缓存数据的更新和同步。可以选择直接跨IDC进行读写操作，或者采用DataBus配合队列机制进行不同IDC之间的消息同步，然后由消息处理机进行缓存更新。另外，还可以利用各个IDC的数据库触发器（DB Trigger）来触发缓存更新。

（3）缓存异构处理。

在某些极端场景下，可能需要组合使用多种缓存组件，并通过缓存异构来达到最佳的读写性能。异构处理可以根据数据的特性和访问模式，选择合适的缓存组件进行存储和访问，以满足不同需求。

（4）缓存服务化和集群管理。

为了更好地管理缓存系统，可以考虑将缓存服务化，提供集群管理、监控和运维功能。缓存服务化可以包括集中管理缓存节点的配置、部署和扩容，监控缓存节点的健康状态、负载情况和性能指标，以及提供运维工具和接口进行故障处理和性能优化。

通过合理的架构部署和运维管理，可以提高缓存系统的性能、可用性和可扩展性，以满足业务需求并保证系统的稳定运行。介绍完了缓存的引入及架构设计，接下来我们一起探讨一下缓存架构设计的常见考量点。

6.3.2 缓存设计架构的常见考量点

在缓存设计架构的过程中，以下几条是非常重要的考量点。

（1）读写方式。

根据业务需求和数据访问模式选择适当的读写方式。例如，如果读多写少，可以采用写回策略，将写操作缓存在内存中，并定期异步写入后端存储，以提高写入性能。

（2）KV size。

考虑缓存中每个键值对的大小对系统性能和资源消耗的影响。大的KV size可能导致内存占用过多，降低缓存容量和命中率。需要根据内存资源和性能需求合理设置KV size的上限，并进行容量规划和监控。所以如果单个业务的KV size过大，可以考虑分拆成多个KV size来缓存。不同缓存数据的KV size如果差异过大，也不建议缓存在一起，避免缓存效率的低下和相互影响。

（3）key的数量。

评估和管理系统中的key数量对于缓存的性能和维护至关重要。大量的key可能导致元数据管理开销增加，影响缓存的查找和操作效率。但是如果key数量不大，可以在缓存中存下全量数据，把缓存当数据库存储来用，如果缓存读取失败，则表明数据不存在，根本不需要再去数据库查询。如果数据量巨大，则在缓存中尽可能只保留频繁访问的热数据，对于冷数据直接访问数据库即可。

（4）读写峰值。

系统的读写峰值是决定缓存节点配置和网络带宽需求的重要指标。通过监测业务负载和流量模式，预测和调整缓存节点的数量、规格和网络连接，以确保系统能够处理高峰期的数据访问需求。对缓存数据的读写峰值，如果小于10万级别，简单分拆到独立Cache池即可。而一旦数据的读写峰值超过10万甚至到达100万级的QPS，则需要对Cache进行分层处理，可以同时使用本地缓存配合分布式缓存，以此构建多级缓存，甚至远程缓存内部继续分层叠加分池进行处理。

（5）命中率。

缓存命中率是评估缓存系统效能的关键指标之一。通过合理的缓存策略、数据预热和缓存更新机制，提高命中率可以显著减少对后端存储的访问，提升系统性能。使用LRU、LFU或基于时间的过期策略来管理缓存中的数据，对于核心高并发访问的业务，需要预留足够的容量，确保核心业务缓存维持较高的命中率，比如电商系统中的秒杀场景，热点数据库的命中率高达99.5%以上。为了持续保持缓存的命中率，缓存体系需要持续监控，及时进行故障处理或故障转移。同时在部分缓存节点异常、命中率下降时，故障转移方案需要考虑是采用一致性Hash分布的访问漂移策略，还是采用数据多层备份策略。

（6）过期策略。

选择适当的过期策略可以平衡缓存数据的新鲜度和缓存系统的性能。根据业务需求，使用基于时间、LRU或LFU等算法来决定缓存数据的有效期和淘汰机制，以防止过期数据的积累和缓存空间的浪费。

（7）平均缓存穿透加载时间。

缓存穿透是一种性能问题，需要采取措施减少对后端存储的无效请求。根据编者的经验，一般可以通过设置空值缓存或使用布隆过滤器等技术，快速判断请求是否有效，并避免缓存穿透问题。

（8）缓存可运维性。

考虑缓存系统的可运维性是确保系统稳定运行和方便管理的重要方面。使用监控和日志记录工具来实时监测缓存节点的状态和性能指标。采用自动化运维工具，如自动扩展、故障转移和配置管理，可以简化运维任务，提高系统的可维护性。

这些考量点综合考虑了缓存设计架构的各个方面，从读写方式、KV size、key的数量、读写峰值、命中率、过期策略、平均缓存穿透加载时间和缓存可运维性等角度确保系统的高效性、可靠性和安全性。根据特定的业务需求和环境，还可以进一步定制化或扩展更多考量点。

6.4 面试官：七大缓存经典问题的解决方案是什么？

在缓存系统的设计架构中，还有很多坑，很多的明枪暗箭，如果设计不当会导致很多严重的后果，轻则请求变慢、性能降低，重则数据不一致、系统可用性降低，甚至会导致缓存雪崩，整个系统无法对外提供服务。

与缓存相关的问题通常也是面试官在面试中重点考查的内容。他们可能会直接询问如何解决缓存导致的数据不一致问题，或者询问在使用缓存时你是否遇到过哪些问题以及你是如何解决的等。

因此，在准备面试时，建议对缓存系统设计中的常见问题和最佳实践进行充分了解，并能够清楚地描述如何避免和解决这些问题，以展示自己在这一领域的知识和经验。有能力解决缓存相关问题将有助于展示面试者的技术能力和全面性。

面试官可能会询问以下关于缓存使用的相关问题。

（1）如何解决缓存失效问题。

（2）如何解决缓存穿透问题。

（3）如何解决缓存雪崩问题。

（4）如何解决缓存数据不一致问题。

（5）如何解决数据并发竞争问题。

（6）如何解决缓存Hot Key问题。

（7）如何解决缓存Big Key问题。

在回答这些问题时，不能仅仅机械地给出解决方案，而应该能够描述问题的背景和业务场景，并提供可行的解决方案。对于每个问题，可能存在多种解决方案，所以应尽可能详细地描述每种方案的原理和适用范围。

在接下来的内容中，我们将逐一探讨每个问题，并为每个问题提供相应的解决方案。这些解决方案将帮助面试者学习如何在面试中回答问题，并通过深入理解这些问题的原因和解决方案，为设计和实现稳定、高效的缓存系统做好准备，以应对实际生产环境中的挑战。

6.4.1 如何解决缓存失效问题

缓存的第一个经典问题是缓存失效。

一、问题描述

服务系统查热点数据，首先会查缓存，如果缓存数据不存在，就进一步查数据库，最后查到数据后回种到缓存并返回。缓存的性能比数据库高50 ~ 100倍，所以我们希望数据查询尽可能命中缓存，这样系统负荷最小，性能最佳。

缓存里的数据存储基本上都是以key为索引进行存储和获取的。业务访问时，如果大量的key同时过期，很多缓存数据访问都会失败，进而穿透到数据库，数据库的压力就会明显上升，由于数据库的性能较差，这样请求的查询速度会明显降低。

这就是缓存失效的问题。

二、原因分析

导致缓存失效，特别是批量key一起失效的原因，跟我们日常写缓存的过期时间息息相关。

在写缓存时，我们一般会根据业务的访问特点，给每种业务数据预置一个过期时间，在写缓存时把这个过期时间带上，让缓存数据在这个固定的过期时间后被淘汰。一般情况下，因为缓存数据是逐步写入的，所以也是逐步过期被淘汰的。

特定场景：一大批数据从数据库批量加载，由于设置了固定的过期时间，过期时间一到，这批数据就会一起过期，针对这批数据的所有请求都不会命中缓存，穿透到数据库，数据库效率远远低于缓存系统，导致压力大增。

三、业务场景

在电商系统中，存在许多业务场景，稍不注意就会出现大量的缓存失效，进而出现系统的数据库压力增大和请求变慢等情况。

以一个在线服装零售平台的场景为例来说明。

- 新品上架：当新款服装上架时，系统需要将新品信息批量加载到缓存中，以便用户能够快速浏览和购买。如果新品信息批量过期，用户在浏览时可能无法看到最新的款式和库存信息，从而导致缓存失效和数据库压力增大。
- 促销活动更新：当平台进行促销活动时，如打折、满减等，相关商品的价格和优惠信息需要在缓存中进行更新。如果促销活动信息批量过期，用户可能无法享受到正确的优惠，从而引发缓存失效和数据库压力的问题。
- 热门商品查询：某些服装款式可能非常热门，频繁地被用户查询和浏览。为了提高系统性能，可以将热门商品的信息预先加载到缓存中，以便快速响应用户的请求。如果缓存容量不足以容纳所有热门商品，可能导致缓存失效和数据库请求变慢的问题。

四、解决方案

对于缓存过期时间的优化，可以使用过期时间等于基础时间加上随机时间的公式，即过期时间=基础时间+随机时间。这个公式可以帮助解决批量key缓存失效的问题，避免瞬时全部过期，减轻对数据库的压力。

具体来说，基础时间是一个固定值，可以根据业务需求设置，表示数据的默认过期时间。随机时间是一个随机生成的值，用于在基础时间之上增加一定的随机性，使得缓存的失效时间分散开来，避免同时失效。

还可以进一步优化方案。

（1）合理设置基础时间。

基础时间应根据业务需求和数据更新频率进行设置。对于频繁更新的数据，可以设置较短的基础时间，以确保缓存及时更新；而对于较为稳定的数据，可以设置较长的基础时间，减少缓存失效频率。

（2）控制随机时间范围。

随机时间的范围需要根据具体情况进行调整。过小的随机时间范围可能导致缓存失效时间过于集中，而过大的范围可能导致缓存过长时间不会失效。需要根据业务特点和系统负载情况，选择一个合适的随机时间范围。

（3）考虑数据访问模式。

根据数据的访问模式，可以对不同类型的数据设置不同的基础时间和随机时间。对于热门数据，可以采用较短的基础时间和较小的随机时间，以便更频繁地更新缓存。对于冷门数据，可以采用较长的基础时间和较大的随机时间，降低缓存失效的频率。

（4）动态调整过期时间。

可以通过监控缓存的命中率和失效率，动态调整过期时间的设置。如果缓存的命中率较高，可以适当延长过期时间，减少缓存的更新频率。如果命中率较低，可以缩短过期时间，以提高缓存的有效性。

（5）结合缓存预热。

在系统启动或业务高峰期之前，可以预先加载热门数据到缓存中，进行缓存预热。这样可以避免大量请求同时导致缓存失效，提前准备好热门数据，减少缓存的冷启动问题。

通过合理设置基础时间、控制随机时间范围、考虑数据访问模式、动态调整过期时间以及结合缓存预热，可以进一步优化缓存过期时间方案，减轻对数据库的压力，提高系统性能，并提升用户体验。

6.4.2 如何解决缓存穿透问题

一、问题描述

第二个经典问题是缓存穿透。缓存穿透是一个严重的问题，它可能会导致数据库遭受巨大的压力，从而影响系统的正常运行。

在正常的情况下，数据访问可以通过缓存来提供快速响应，即使数据不在缓存中，也可以通过从数据库加载并将其存入缓存来解决。然而，当存在特殊的访问情况时，如查询一个不存在的键（key），就会发生缓存穿透。这意味着每次查询都会直接访问数据库，而不经过缓存，从而导致大量无效的数据库查询。

缓存穿透的危害在于，如果有恶意访客能够持续查询系统中不存在的键，它们可能会对数据库造成严重的负载，甚至导致数据库崩溃。这样会对系统的可用性和性能产生负面影响，并可能导致服务中断或延迟。

二、原因分析

缓存穿透是指在缓存系统中，大量查询或请求访问不存在的数据，导致缓存无法命中，每次请求都需要访问数据库，从而对系统性能和资源造成严重影响。

缓存穿透问题的主要原因是系统设计时没有充分考虑到异常情况或非法访问的处理。通常的缓存访问流程是先检查缓存，如果缓存未命中再查询数据库，然后将查询结果写入缓存。然而，当查询的数据不存在时，数据库返回空值，这个空值并不会被写入缓存。

如果有恶意用户或者系统错误导致大量查询不存在的数据，就会导致缓存不断未命中，频繁触发数据库查询，从而降低系统性能和稳定性。

三、业务场景

缓存穿透的业务场景很多，以下是常见的一些案例。

（1）商品/库存查询。

在电商系统中，商品信息和库存通常在缓存以提高查询性能。然而，如果有大量查询针对不存在的商品或者已下架的商品，就会引发缓存穿透问题。每次查询都会未命中缓存，导致频繁访问数据库，影响系统的响应时间和吞吐量。

（2）数据缓存与查询。

在数据密集型应用中，缓存通常用于存储频繁查询的结果，以提高响应速度。然而，如果某些查询请求的数据在缓存中不存在，就会触发缓存穿透。特别是在复杂查询条件、大数据量或者低频查询的情况下，缓存穿透问题更容易发生。

（3）API调用。

当系统提供API接口供外部服务调用时，如果没有对输入参数进行有效的校验和处理，就可能面临缓存穿透问题。恶意用户或者异常情况下的请求可能会导致大量针对无效参数的查询，进而影响缓存的命中率和数据库的负载。

四、解决方案

那么如何解决这个问题呢？以下两种方案都是有效的解决缓存穿透问题的方法。

（1）特殊值缓存方案。

当查询不存在的数据时，可以将这个查询的键存储在缓存中，但对应的值是一个特殊设置的值，表示该数据不存在。这样，在下一次查询相同的键时，可以直接从缓存中获取结果，而无须访问数据库。这种方案可以避免频繁查询数据库，减少对系统性能的影响。

（2）布隆（Bloom Filter）缓存过滤器方案。

布隆缓存过滤器本质上是一种高效的数据结构，主要作用是判断某个元素是否存在于一个集合中。在解决缓存穿透问题时，可以使用布隆缓存过滤器将全量数据的键存储在其中。当查询数据时，先通过布隆缓存过滤器判断该键是否存在于缓存中。如果布隆缓存过滤器判断不存在，就可以直接返回，无须进一步查询缓存和数据库。这种方案可以在查询之前快速过滤掉不存在的数据，提高系统的响应速度和吞吐量。

不过这两种方案在设计时仍然有一些要注意事项。

对于方案一中的特殊值缓存方案，有可能会存在特殊访客持续访问大量不存在的键的情况。即使这些键只存储一个简单的默认值，也会占用大量的缓存空间，从而降低正常键的命中率。可以针对不存在的键，将其缓存的过期时间设置得较短，让它们尽快过期并释放缓存空间。这样可以确保缓存空间更多地被用于存储正常的键和值。另一种改进方案是将不存在的键存储在一个独立的公共缓存中。在进行缓存查找时，首先查询正常的缓存组件，如果未命中，则查询公共的非法键缓存。如果在公共缓存中命中了该键，可以直接返回表示不存在的结果，避免进一步查询数据库。如果在公共缓存中也未命中，那么才执行数据库查询操作。如果查询结果为空，则将该键存储到非法键缓存中，否则将其存储到正常缓存中。

对于方案二中的布隆缓存过滤器方案，需要考虑全量键的数量和布隆的内存占用。通常情况下，布隆适用于处理数量不大的全量键，最佳范围在10亿条数据以内，因为10亿条数据大约需要占用1.2GB的内存。因此，在设计时需要评估系统的内存限制和性能需求，确保布隆能够有效地存储全量键。如果将非法键存储在布隆中。每当发现一个键是不存在的非法键时，将其记录到布隆中。然而，这种方案会导致布隆中存储的键持续高速增长。为了避免键的过多记录导致误判率增大，需要定期清零处理，即定期重置布隆，清除之前记录的键，重新开始记录新的非法键。

6.4.3 如何解决缓存“雪崩”问题

一、问题描述

缓存雪崩是一个非常严重的问题，它指的是当部分缓存节点不可用时，导致整个缓存体系甚至服务系统都无法正常工作的情况。根据缓存是否支持rehash（即数据漂移），缓存雪崩可以分为两种情况。

- 缓存不支持rehash导致的系统雪崩不可用。
- 缓存支持rehash导致的缓存雪崩不可用。

二、原因分析

当缓存不支持rehash时产生的雪崩通常是由于较多缓存节点不可用，导致请求穿透缓存访问到数据库，使得数据库过载不可用，最终导致整个系统发生雪崩，无法提供服务。具体而言，当缓存节点不支持rehash时，如果有大量的缓存节点不可用，那么这些节点上的缓存访问请求将无法被处理，进而绕过缓存直接访问数据库。由于数据库的承载能力通常远低于缓存，当大量的请求同时涌入数据库时，数据库可能会因为负载过重而出现性能下降、慢查询甚至崩溃的情况，导致整个系统无法正常运行。

当缓存支持rehash时，雪崩的发生通常与流量洪峰有关。在流量洪峰到来时，部分缓存节点可能无法处理大量的请求而过载崩溃。为了保证系统的可用性，使用

rehash策略将这些异常节点上的请求重新分配到其他缓存节点上。然而，在某些情况下，如果大量请求的关键词（Key）集中在某个缓存节点上，这些节点的内存和网络资源可能会超负荷，导致它们崩溃。随后，这个异常节点会被下线，导致大量请求被重新分配到其他缓存节点上，进而使其他缓存节点也面临过载崩溃的风险。这种异常情况会持续扩散，最终导致整个缓存体系出现异常，无法提供服务。

因此，缓存支持rehash和缓存支持rehash时产生雪崩的原因和影响有所不同。

三、业务场景

缓存雪崩的业务场景非常多，目前知名的互联网产品在高速发展时期很多都遇到过缓存雪崩问题，编者在这给大家举一个国外的案例。

Prime Day是亚马逊每年的一项促销活动，每次都会吸引大量用户涌入网站进行购物。2016年的Prime Day活动中，亚马逊的缓存系统遭遇了严重的缓存雪崩问题。在该事件中，由于活动期间的极高流量，部分缓存节点承受不住压力，导致崩溃。这些异常节点上的请求被转发到其他缓存节点，但由于大量请求的集中性，导致这些缓存节点也超负荷而崩溃。随后，请求绕过缓存直接访问后端数据库，导致数据库过载，无法及时响应请求。这一连锁反应导致亚马逊的整个系统陷入了严重的故障状态，用户无法正常访问网站，购物和交易受到严重影响。

四、解决方案

预防缓存雪崩，这里列出一些业界常用解决方案。

解决方案一：限流与降级策略。

通过实施限流和降级策略，可以有效预防缓存雪崩。限流可以控制系统的并发请求量，避免过多的请求同时涌入缓存层。具体而言，可以采用如令牌桶或漏桶等的算法来限制请求的速率。同时，可以通过降级策略将某些非核心功能暂时关闭或切换到备用实现，以减轻缓存层的压力。

解决方案二：缓存预热与数据过期策略。

缓存预热是指在系统上线或高峰期之前，提前加载热门数据到缓存中，避免冷启动时大量请求直接访问数据库。此外，合理设置缓存数据的过期时间，避免过多的数据同时失效，导致大量请求直接访问数据库。可以采用随机过期时间或设置带有过期时间范围的策略，使缓存数据的过期时间分散开，并逐渐更新。

解决方案三：多级缓存与故障隔离。

采用多级缓存架构，如本地缓存、分布式缓存和CDN等，可以将缓存层次化，从而提高系统的可用性和容错性。本地缓存可快速响应热点数据的读取请求，分布式缓存则处理更大规模的数据缓存需求，而CDN则能够在全球范围内分发静态资源。同时，通过对缓存节点进行故障隔离和自动剔除，能够防止单一节点的故障影响整个缓存系统，保障系统的稳定性。

6.4.4 如何解决缓存数据不一致问题

一、问题描述

数据不一致是引入缓存系统之后一个常见且经典的问题，引起的原因有多种。

（1）缓存更新异常。

当需要更新数据库中的数据时，如果在更新数据库后写缓存操作失败，就会导致缓存中存储的是旧数据，从而引发数据不一致问题。可能是由于网络故障、写入并发冲突、缓存服务故障等原因导致的。

（2）一致性Hash分布与自动漂移策略。

一致性Hash分布是常用的缓存数据分片策略，用于将数据在多个缓存节点中进行分布存储。然而，当节点频繁上下线时，会引发数据不一致的问题。特别是在采用rehash自动漂移策略时，当节点发生变动时，数据可能会被重新映射到不同的节点上，从而导致缓存数据的失效或丢失。

（3）多副本的数据不一致。

当缓存系统采用多副本架构时，每个副本可能会独立地更新缓存数据，从而导致数据不一致的问题。例如，更新某个副本失败或由于网络延迟导致副本之间的同步延迟等。

二、解决方案

要尽量保证数据的一致性。这里也给出了3个方案，可以根据实际情况进行选择。

（1）重试和队列机制。

当缓存更新失败时，可以采用重试机制。如果重试失败，将失败的键（key）写入一个队列服务，等待缓存访问恢复后再进行处理，确保在缓存访问正常时重新加载这些键，从而保证数据的一致性。但是需要考虑重试的次数和间隔，以避免无限制地重试导致系统负载过高或长时间的延迟。

（2）调整缓存时间。

可以适当缩短缓存的过期时间，让缓存数据尽早过期，然后从数据库中重新加载，以确保数据的最终一致性。

（3）缓存分层策略。

考虑采用缓存的分层策略，而不是使用rehash漂移策略，以避免脏数据的产生。

综合上述解决方案，可以根据实际情况选择合适的方案或结合多种方案来确保数据的一致性。需要根据系统的特点、业务需求和性能要求，综合考虑缓存时间、重试机制、队列服务、缓存层级等因素，以获得最佳的解决方案。

6.4.5 如何解决数据并发竞争问题

一、问题描述

在互联网系统中，当多个进程或线程同时请求获取相同的数据，而该数据在缓存中不存在（如刚好过期或被剔除），这些进程或线程会无协调地一起并发查询数据库，从而导致数据库的压力瞬间增大，如图6-4所示。

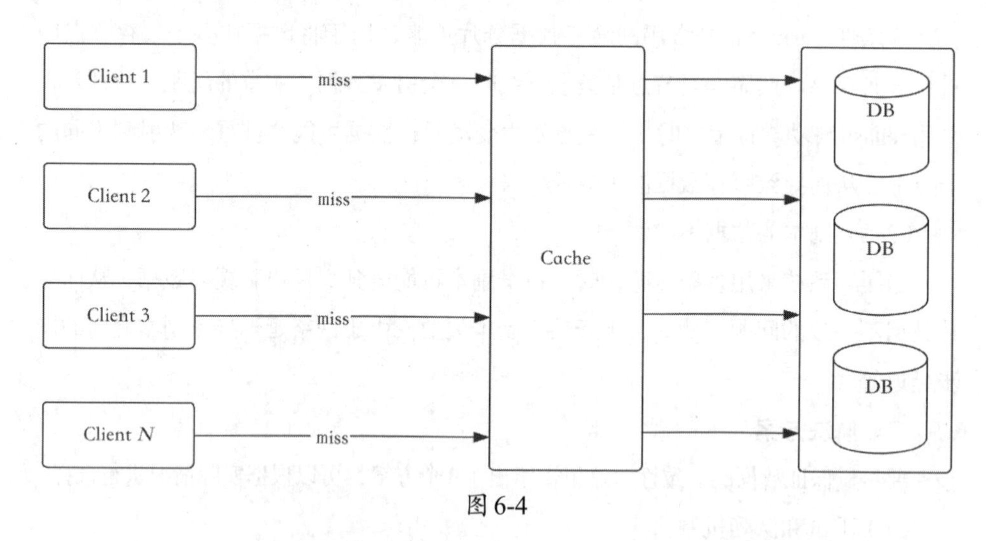

图6-4

这种情况下，由于数据库的读写操作耗时较长，可能导致请求的响应时间延长、系统性能下降甚至数据库崩溃等问题。

二、解决方案

要解决数据并发竞争问题，可以考虑以下两种方案。

方案一：使用全局锁。

在该方案中，当缓存请求未命中时，首先尝试获取全局锁。只有成功获取全局锁的线程才能访问数据库加载数据。其他进程或线程在读取缓存时，如果发现该数据对应的全局锁存在，它们将等待，直到之前的线程将数据从数据库加载到缓存中，然后再从缓存中获取数据。

该方案可以确保并发访问同一数据时的互斥性，避免数据竞争和不一致性；通过等待机制，避免了大量请求同时查询数据库，减轻了数据库的压力；简化了缓存与数据库之间的同步操作，提高了系统的性能和稳定性，原理如图6-5所示。

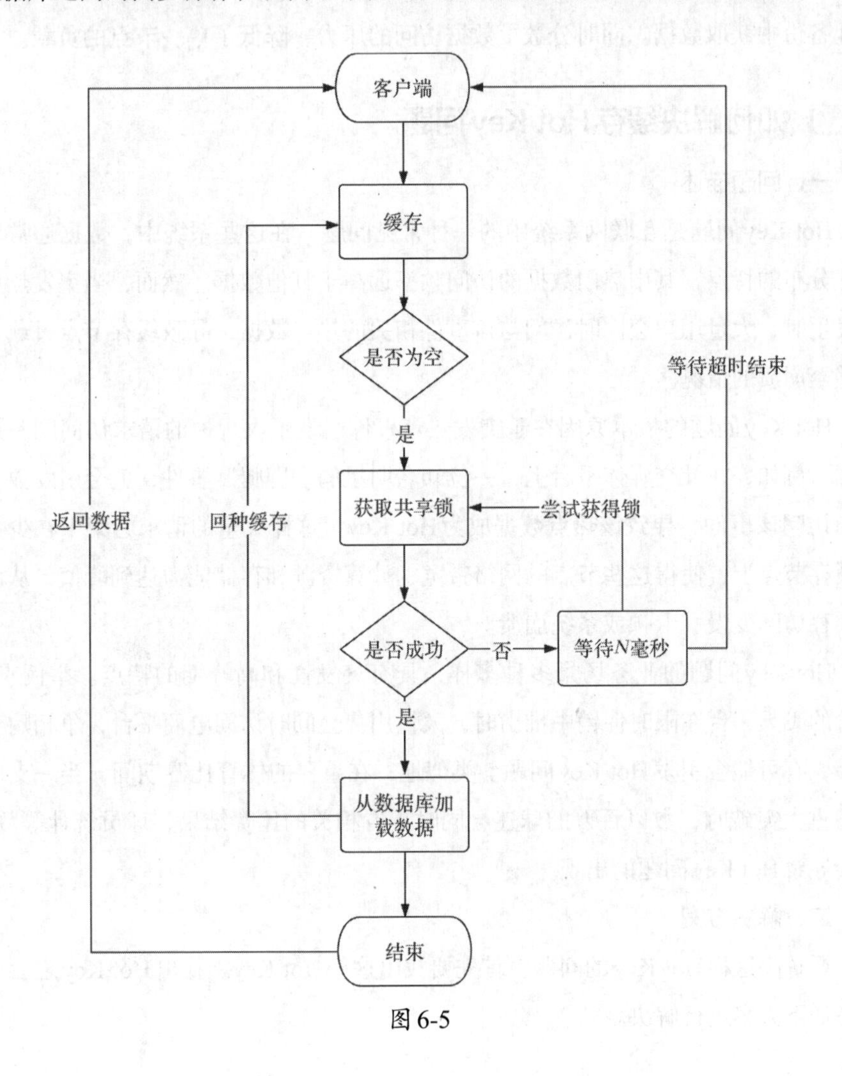

图6-5

方案二：使用多个数据备份。

该方案的核心思想是在缓存中保持多个数据备份，即使其中一个备份中的数据过期或被剔除，仍然可以访问其他备份，从而减少数据并发竞争的情况。

具体实施方式可以是将数据分散存储在多个缓存节点上，每个节点都具有相同的数据备份，当缓存未命中时，可以同时从多个节点中获取数据备份，减轻了单一节点的并发压力。在数据备份的选择上，可以采用一致性哈希算法或其他负载均衡策略，确保数据在各个节点上均匀分布，提高系统的可扩展性和容错性。

该方案增加了系统的冗余性和可用性，即使某个备份数据不可用，仍然可以从其他备份中获取数据。同时分散了数据访问的压力，降低了单一节点的负载。

6.4.6 如何解决缓存Hot Key问题

一、问题描述

Hot Key问题是互联网系统中的一种常见问题。在这些系统中，数据通常呈现冷热分布的特点，其中热门数据的访问频率远高于其他数据。然而，当突发热点事件发生时，大量用户会同时访问与该事件相关的热点数据，导致缓存节点过载、卡顿甚至崩溃的情况。

Hot Key问题的根本原因在于突发热点事件引发了大规模的请求访问同一热点数据。例如，在社交媒体平台上，一位知名明星的“劈腿”事件，就会引发数千万用户访问该事件，导致该热点数据成为Hot Key。这样大量的请求会集中在少数几个缓存节点上，使得这些节点的网络带宽、计算资源和存储能力达到峰值，从而导致缓存访问变慢、卡顿或系统崩溃。

Hot Key问题的业务场景多种多样，具有突发性和高峰期的特点。举例来说，平价的飞天茅台在限时促销中推出时，大量用户会同时访问电商平台，争相购买该产品，有可能会引发Hot Key问题。类似地，在重要的体育比赛期间，当一支球队取得重大突破时，数以百万的球迷会同时查看相关的比赛结果、球员统计等数据，也会导致Hot Key问题的出现。

二、解决方案

要解决这种Hot Key的问题，首先要找出这些Hot Key。找出Hot Key之后可以参考如下方案进行解决。

（1）数据分片和分布式缓存。

使用一致性哈希算法将热点数据分散存储在不同的缓存节点上，以平衡请求负载。为热点数据增加冗余副本，使得多个缓存节点都能提供热点数据的访问。

（2）动态缓存扩展和自动缩放。

监控缓存节点的负载情况，根据实时负载情况自动扩展或收缩缓存节点数量和资源。使用自动化的缓存管理系统，根据负载、容量和性能需求，动态调整缓存节点的规模和配置。

（3）Hot Key分散处理。

例如，对于一个名为“hotkey”的热Key，可以通过添加后缀进行分散，如“hotkey#1”“hotkey#2”“hotkey#3”，以此类推，将这些分散的Key存储在多个缓存节点上。当客户端发起请求时，可以随机选择其中一个后缀的hotkey进行访问，从而将热Key的请求打散，确保负载均衡，避免单个缓存节点的过载情况发生。

（4）引入访问限制和流量控制机制。

一旦检测到某个Key成为热点，可以针对该Key引入访问限制：对于频繁访问的热Key，限制单个客户端对该Key的请求频率或数量。可以使用令牌桶算法或漏桶算法来控制访问速率，确保缓存节点不会因过多的请求而过载。同时可以搭建专门针对Hot Key的热点缓存服务器，限流之后将Hot Key迁移到性能更强劲的热点缓存服务器。

6.4.7 如何解决缓存Big Key问题

一、问题描述

Big Key问题是缓存中的一个经典问题，指的是部分Key的值过大，在缓存访问过程中容易导致读写和加载操作超时的现象。

当缓存中存在大量占比较大的Big Key时，由于缓存中的资源有限，这些Big Key很容易被频繁地剔除出缓存，导致读取时需要重新加载，从而造成读写操作超时。如果大量的Big Key被频繁地访问，缓存组件的网络带宽可能成为瓶颈，无法处理高并发的读写请求，进而导致超时现象的发生。如果Big Key中缓存的字段较多，并且这些字段的更新频率很高，每次变更都会引发整个Big Key的更新操作。同时，由于Big Key也经常被读取，读写操作之间相互影响，造成了性能的下降和超时的问题。

在短视频社交平台中，也可能涉及Big Key问题的业务场景。

（1）用户关注列表。

抖音用户可以关注其他用户，以便在首页上看到他们的最新发布的视频。抖音可能将每个用户的关注列表作为一个Big Key存储在缓存中。当用户的关注列表很多时，包含了大量关注的用户，读取和更新操作可能会因为Big Key而导致性能下降和超时。

（2）用户个人信息和视频列表。

抖音需要缓存用户的个人信息，如昵称、头像、粉丝数量等，以及用户发布的视频列表。如果这些信息和视频列表被存储在一个Big Key中，当用户信息更新频繁或视频数量庞大时，读写操作可能会面临Big Key问题。

（3）视频评论和点赞列表。

每个抖音视频都可以有大量的评论和点赞，这些数据需要被缓存起来以提供给用户查看。当评论和点赞数量庞大时，将它们存储在一个Big Key中可能导致读取和更新操作的延迟。

二、解决方案

针对Big Key问题，以下是3种解决方案，其中第二种方案是针对在Redis中存储业务数据的情况。

方案一：拆分Big Key。

将Big Key拆分成多个小Key，以减少单个Key的大小。可以将Big Key的数据分散存储在多个小Key中，减少了单个Key的访问和操作的复杂度。例如，对于存储用户关注列表的Big Key，可以将其拆分成多个小Key，每个小Key存储一部分用户关注的数据。

方案二：序列化构建和批量写入。

针对Redis中存储业务数据的情况，如果Big Key对应的数据结构是集合（set）格式，并且集合中有几千甚至几万个元素，直接写入Redis可能会消耗很长时间，导致Redis卡顿。此时可以采用序列化构建的方式，让客户端在写入这些Big Key的缓存之前，将数据进行序列化构建，并通过Redis的`RESTORE`命令进行一次性的批量写入。这样可以减少单个写入操作的次数，提高写入的效率。

方案三：特殊处理和优先保留。

针对Big Key一旦穿透到数据库加载耗时就较长的情况，可以对这些Big Key进行特殊处理，比如设置较长的缓存过期时间，以减少对数据库的频繁加载。同时，在缓存淘汰时可以给予这些Big Key更高的优先级，尽量不淘汰这些Big Key，以保持其在缓存中的存在。

除了上述解决方案，还可以考虑以下优化措施。

- 数据按需加载：对于Big Key按需加载部分数据，而不是一次性加载整个Big Key的所有数据。
- 数据压缩：对于Big Key中的数据，可以采用压缩算法进行压缩，减少存储空间和网络传输的开销。在读取时，再进行解压缩操作，但是要考虑到压缩算法的开销。

通过以上的解决方案和优化措施，可以有效应对Big Key问题，提升缓存系统的性能和稳定性。

至此缓存中的7个经典问题我们就讨论完了。在面对互联网系统的复杂实际业务场景、巨大的数据量和访问量时，我们必须提前规避缓存使用中的各种问题。